U0198929

Shengtai Wenhua
Jianshe De Shehui Jizhi Yanjiu

生态文化
建设的社会机制研究

阮晓莺 著

经济管理出版社
ECONOMY & MANAGEMENT PUBLISHING HOUSE

图书在版编目（CIP）数据

生态文化建设的社会机制研究 / 阮晓莺著. —北京：经济管理出版社，2019.8
ISBN 978 - 7 - 5096 - 6830 - 6

Ⅰ.①生…　Ⅱ.①阮…　Ⅲ.①文化生态学—生态环境建设—研究　Ⅳ.①X171.4
中国版本图书馆 CIP 数据核字（2019）第 161312 号

组稿编辑：高　娅
责任编辑：高　娅
责任印制：黄章平
责任校对：陈　颖

出版发行：经济管理出版社
　　　　　（北京市海淀区北蜂窝 8 号中雅大厦 A 座 11 层 100038）
网　　　址：www.E - mp. com. cn
电　　　话：(010) 51915602
印　　　刷：北京玺诚印务有限公司
经　　　销：新华书店
开　　　本：710mm×1000mm/16
印　　　张：18.75
字　　　数：288 千字
版　　　次：2019 年 11 月第 1 版　　2019 年 11 月第 1 次印刷
书　　　号：ISBN 978 - 7 - 5096 - 6830 - 6
定　　　价：88.00 元

目录

导　论

一、生态文化的本质探析

"生态文化建设"的社会机制是个大题目，同时也是篇大文章。处事应提纲挈领，纲举才能目张。对于生态文化来说，生态文化的本质是"纲"，因此对于生态文化建设的社会机制研究，应从生态文化的本质特征破题开篇。只有在正确认识和把握生态文化特征的基础上，才有可能建造合乎发展规律要求的社会条件，进而构筑起有利于生态文化健康发展的社会机制。

在人类文明史册中，人与自然是最基本的主体。人类在利用自然、改造自然的过程中发明和创造了文化。正是这种改造自然界和环境的行为导致了今天严重的生态危机。这要求我们重新审视并建立一种新的文化来引导我们的行为，重新思考人与自然的关系，这就是生态文化。生态文化是一种崭新的文化形态，它起源于人类生态意识的觉醒，承担着实现人与自然和谐发展的文化使命。2000多年前，中国古人就有追求人与自然一体的"天人合一"思想。然而此时的生态文化形态还仅仅停留在人与自然关系的自发认知阶段。文艺复兴和启蒙运动后，近代科学技术应运而生。在工业革命之后，人类开始全面开发、改造和征服自然。一方面，人类以此创造了发达的物质文明；另一方面，科学技术的发展也破坏了地球生态的平衡，导致了严重的生态危机。在反思人与自然、社会的关系中，人们寻找一种人与自然和谐相处的新的生产方式和发展模式，它促使生态文明理念由自在到自为、由自发到自觉的理性回归，更多体现的是生态文化方面的一种文化自觉。中共中央、国务院印发了《关于加快推进生态文明建设的意见》，坚持把培育生态文化作为生态文明建设的重要支撑。大力繁荣生态文化，推进生态文明建设，树立人与自然和谐的价值观，是实现经济社会可持续发展的力量源泉。

（一）生态文化的核心内涵

文化是人类世界实践活动的精神导航，缺少了文化，人类社会将失去协调与控制。文化以精神的方式去把握世界，促进整个人类社会的自由与进步。正如恩格斯所言："文化上的每一个进步都是迈向自由的一步。"① 而"生态文化"正是先进文化中不可忽视的重要组成部分。这个概念最早由罗马俱乐部创始人佩切伊提出，他认为生态文化即"人类通过技术圈的入侵、榨取生物圈的结果，破坏了自己明天的生活基础，人类自救的唯一选择就是要进行符合时代要求的那种文化革命，形成一种新的形式的文化"。②

1. 生态文化的特征

生态文化是人与自然和谐发展的文化形态，是社会发展到一定阶段的产物，特指人类在实践活动中以"尊重自然""人与自然和谐"的价值观引导保护生态环境、追求生态平衡的一切活动。从这种角度来看，生态文化存在广义和狭义之分。广义的生态文化是一种生态价值观，或者说是一种生态文明观，它反映人类新的生存方式，即人与自然和谐的生存方式。③ 这种定义下的生态文化，涵盖物质层次、精神层次和制度层次三个层面；是一种逐层递进相互融合的关系，是功能上相互依赖、互相补充各种元素集结而成的功能系统。狭义的生态文化是一种文化现象，是以生态价值观为指导的社会意识形态，即精神层面的生态文化。本章着重从狭义的生态文化概念上来理解和论述。

从研究内容上看，生态文化包含人与自然关系的协调、人与社会关系的协调以及人与自身的协调发展。其一，生态文化的兴起正是基于人对自然生态系统的破坏而引发的生态危机，目的在于为解决生存困境而提供的价值观

---

① 《马克思恩格斯选集》（第 4 卷），人民出版社 1995 年版，第 6 页。

② 佩切伊：《21 世纪的全球性课题和人类的选择》，《世界动态学》1984 年第 1 期，第 99—107 页。

③ 蔡登谷研究员提出了建立广义的生态文化体系。他在提交给 2007 年 6 月 12 日于北京林业大学举行的中国生态文明建设论坛的《生态文化，和谐文化——关于生态文化体系建设的几点认识》一文中指出："生态文化体系建设是一个全新的命题和复杂的系统工程，涉及自然科学、社会科学、人文科学等诸多学科，渗透到经济、文化、科技、教育等许多领域。"这是一种广义的生态文化体系理解。广义的生态文化与生态文明难以区分开来，因而广义的生态文化体系也难以把握。我们侧重于探讨狭义的生态文化体系，其内涵和外延都是与广义的生态文化体系不同的。

念和行为准则。作为一种现代文化，在肯定自然系统对人的生存和发展制约作用的基础上，生态文化提出协调人类自身的发展与自然系统的演进，更强调人的主体价值，主张人与大自然一切生命体的平等、和谐。其二，人与社会关系的协调也是生态文化的重要内容。人是社会的一部分，个人的生存、发展与价值离不开社会，和谐安定的社会也是个人生存发展的重要前提和保障。其三，人与自身的协调。人的自然本性和社会本质的统一体现在人与自然的协调性。总之，从研究内容来看，生态文化必然涉及人与自然、社会、人自身的协调发展。

从内涵上看，生态文化体现的是思维方式的变革、文化方式的变革和生活方式的变革。其一，思维方式的变革。从人与自然相互关系的制衡到人与自然关系的互相合作，这是基于人与自然关系的合理思考后的选择，也是思维方式的大转向。其二，文化方式的变革。生态文化打破了传统的人类中心主义的论断，主张用人与自然和谐发展的价值观来形成全社会的共识。这是一次人类价值观的重塑，有力地影响了人类的生活方式。其三，生活方式的变革。面对生态窘境，人类意识到在进行生产和生活时，必须合理使用自然资源，维护自然生态系统的平衡。

从形式载体上看，生态文化包含生态物质文化、生态观念文化、生态制度文化等内容。其一，生态物质文化。它通过人类感官而逐渐影响个体的思维方式和行为模式。如生态建筑、绿色食品、有机食品、绿色建材等。这类物质实体往往借助社会生产、分配、交换、消费等环节来体现自身所承载的生态文化内涵。其二，生态观念文化。生态文化的核心就是其内在的价值观念、行为理念和行为方式。传播生态文化，必须从改变公民的价值观念、行为理念、心理状态开始。其三，生态制度文化。它是指国家、地区、各部门为了传播生态文化、保护环境而制定各类各项约束性的法律、法规、政策、制度。

2. 生态文化的形态结构

生态文化作为一种社会意识形态，是生态哲学、生态伦理、生态科技、生态教育、生态文艺等诸要素组成的有机整体。

（1）生态哲学文化。主张用本学科的基本观点和立场去观察和分析现实事物并更好地解释现实世界，主张"人与自然和谐"。实质上，它是一种互利型的思维方式，是生态文化的重要组成部分。恩格斯说过："我们连同我们的肉、血和头脑都是属于自然界和存在于自然之中的。"[①] 生态哲学强调：世界是由人、社会、自然组成的复合生态系统，人是自然界的一分子，自然是人的无机的身体。三者是相互依存、相互影响的，不可分割的一个整体。因此，在处理人与自然的关系时，人类应当从整体利益和长远利益角度去把握两者的统一。

（2）生态伦理文化。主要探讨人类应当如何处理人与人以及人与自然等诸多关系的道德态度和行为规范。也就是强调人类对自然生态活动中一切事物都应采取道德态度、道德行为的文化。它包括合理指导自然生态活动、保护生态平衡与生物多样性、保护与合理使用自然资源、对影响自然生态与生态平衡的重大活动进行科学决策以及人们保护自然生态与物种多样性的道德品质与道德责任等内容。生态伦理文化的核心在于主张以道德为手段，从整体上协调人与自然的关系。实践生态伦理思想，关键在于建立健全生态监管体制机制，完善生态法律法规，加强生态道德教育，培育生态道德价值观。

（3）生态科技文化。主要探讨人类在科学技术发展中本着生态保护原则，树立科学技术发展的生态意识，采用科学的生态学思维，进而提出生态保护和生态建设目标。该目标既包括社会和经济目标，又涵盖环境和生态目标，致力于促进人类社会的可持续发展。恩格斯有言："社会一旦有技术上的需要，则这种需要就会比十所大学更能把科学推向前进。"[②] 科学技术是一把"双刃剑"，在促使人类社会进步的同时，也不可避免地给人类造成诸多困扰，带来大量问题。生态科技文化将生态价值的概念引入科学研究领域和实践层面，着重强调发明和制造应当既要为人类造福，符合大多数人的利益，又应兼顾生态环境，最大限度地保护自然。它要求我们评价科学技术成果时，应坚持正确的生态原则和生态导向，使科学技术协调好人、社会、自然三方面的关系，引导其全面发展。对此，应当统筹推进生态理论科学、生态社会科

---

① 《马克思恩格斯选集》（第 4 卷），人民出版社 1995 年版，第 384 页。
② 《马克思恩格斯选集》（第 4 卷），人民出版社 1995 年版，第 505 页。

学和生态技术科学三个方面的建设。此外，还应将科学普及作为社会主义先进文化建设的一项重要内容，大力增强全民生态科技意识、提高科技素质。

（4）生态教育文化。即使用生态学的思维研究教学新内容、总结教育新规律、探索教授新方法。将这种思维方式贯穿于教育观念、教育功能和教育任务等领域，改进传统教育，减少社会不良生态行为的发生，使行为能力人具备相应的生态伦理观念和生态法制观念，为生态文明建设提供巨大动力。因此，政府应加大经费投入，宣传、普及、推广生态教育，学校方面应更加重视对青少年的生态教育，利用大众传媒和网络营造软环境。

（5）生态文艺文化。生态文艺是生态文化不可或缺的重要组成部分。它更注重在情感方面对公民进行教化，在不知不觉中渐进地受到文化的滋养与影响，潜移默化地实现教育的目的。正如马克思所说：狄更斯（C. J. H. Dickens，1812～1870 年）等作家"在自己的卓越的、描写生动的书籍中向世界揭示的政治和社会真理，比一切职业政客、政论家和道德家加在一起所揭示的还要多"。[①] 作为一种社会意识形态，生态文艺应当充分体现生态愿望要求、生态审美情趣、生态环境意识、生态思想情感，突出地展示社会主义社会的生态文化精神风貌，体现与传统文艺不同的精神愉悦。[②]

3. 生态文化的核心：人与自然和谐发展

生态文化意味着重塑生态价值观，将整个人类世界看作"自然—人—社会"复合生态系统，主张尊重自然，人与自然和谐共融，价值共享，永续相生。它将人类社会看作有机的系统，人类与其他生物及其环境因素共同构成地球生命系统中的一部分，形成鲜活的生命共同体。人与自然的关系也经历了从"人统治自然"到"人与自然和谐共处"的阶段。

（1）实现人与自然和谐的前提是把握自然生态系统的规律。自觉了解自然、真诚对待自然，科学地利用自然是人类与自然和谐相处的前提和基础。自然生态系统的特征主要体现为三点：一是系统性。自然生态系统是一个相互联系、相互制约、相互影响的有机整体。其中，海洋、陆地、大气这三大

---

① 《马克思恩格斯全集》（第 10 卷），人民出版社 1962 年版，第 686 页。
② 陈寿朋、杨立新：《论生态文化及其价值观基础》，《道德与文明》2005 年第 2 期。

系统彼此联系、相互依存。破坏生态系统中的任何组成部分，将会危及其他生命体的生存和发展。二是多样性。维持人类生态系统的生存和发展，必须保护和利用生物多样性。三是不可逆性。自然生态系统自我修复速度较慢，且无法复原已经消失的物种。这种不可逆性不以人的意志为转移，必须正确认识规律，尊重自然规律。

（2）实现人与自然和谐的关键是纠正思维观念和行为方面的差距。对于人与自然关系的认识，受到人类社会经济发展水平、科技水平和利益方面的制约。在当前，仍然存在一些不科学、不合理的认识偏差，主要包括：一是生态利益让位于经济利益；二是长远利益让位于眼前利益；三是整体利益让位于局部利益。这些不合时宜的思想认识在很大程度上造成严重的灾难。因此，弘扬生态文化，建设生态文明，就要摒弃那些不科学、不合理的思想观念，自觉将生态效益与经济效益、长远利益与眼前利益、整体利益与局部利益结合起来，从而促进人与自然的和谐。

（3）实现人与自然和谐的核心是树立科学的生态价值观。树立科学的生态价值观是实现人与自然和谐的核心所在。这就要求我们把自然与人类放在同等的位置上，树立人与自然协调发展的价值取向，坚持人类社会的可持续性发展。同时，在面对人与自然关系时，我们应保持端正的生态道德意识和观念，在社会生产和实践中自觉践行良好的道德习惯，尽己所能将人与自然和谐共处的价值观念贯穿到社会生活的各个领域，覆盖到各个利益群体，从而使每个公民都自觉地履行人类对自然生态系统的义务与责任。对于国家干部来说，应当树立生态政绩观，既谋求眼前发展，又着眼长远利益，将生态建设和保护与推动人与自然和谐发展有机结合起来。应当树立正确的生态消费观，在维护生态平衡的前提下，在满足人的基本生存和发展需要的基础上形成全面的、可持续的消费观念。生态消费是和谐健康的消费方式，对生态文明建设具有基础性作用。

生态文化是人类社会文化园地的一个既古老又新鲜的重要部分。生态文化有着深厚的理论底蕴和实践根源。其内涵广博丰富，因此它的本质特征表现在社会生活的诸多领域，这就需要从多个角度考察和研究生态文化的本质，并给予科学规定。

（二）生态文化是人本文化

生态文化是属于人本主义范畴的文化。它的宗旨是为人类的生存发展服务。从生态文化的价值观看，保护生态环境，是保护人类生存发展的物质基础，也是保护人类的精神家园。而在当今世界生态文化的人本主义属性更加彰显。21世纪，全人类面临一个共同的危机，就是生态危机；面对一个共同的灾难，就是生态灾难。而这种文化的兴起，正是生态危机的文化反映，是人类应对生态危机的文化性对策。应当明确和肯定，要想缓解消除生态严重失衡这个可能毁灭全人类赖以生存发展的物质条件的重大灾难，必须加强生态文化建设，充分发挥生态文化的引导和约束作用。可以说，21世纪人类的命运与前途，很大程度上取决于加强生态文化建设，以生态文化为指导推动社会生态化，从而早日建成生态社会。所以，我们寄希望于人类驾驶生态文化这只诺亚方舟脱离生态危机的苦海，驶向美丽安全的彼岸。

我们对于生态文化人本性质的认识与肯定，是由于生态危机对于整个人类的危害，无论怎样估计都不会过高；而生态文化对于生态危机缓解消除的积极作用，是无论怎样估计也不会过高的缘故。

当今的生态危机，就其危害的广度与深度以及严重程度来看，可以断言，它们是人类进入文明时代以来的最大危机与灾难，它们对于人类的生命与健康的伤害，没有任何其他一次危机能与之相比。历史上，生态灾害往往只是在局部地区发生，包括严寒冰冻、空气污染、沙尘暴、地震、海啸、洪水泛滥等灾害。对于人类生命财产的危害只是局部的、地域性的。从整体来看，人类可以承受。但是在今天，有些生态灾难已经遍及全球。例如，广袤的太平洋变身"暖男"，对全球气候产生深远影响。2014年5月开始的厄尔尼诺事件，令全世界各国都"吃不消"，许多国家出现气候异常现象，导致水旱灾害、高温严寒、风暴、地震等灾害袭击欧美及亚非广大地区。又如亚洲地区诸多发展中国家，在加速工业化、城市化的进程中，土壤、空气、水源受到极为严重的污染，致使亿万民众丧失了正常的生活、工作和成长的必要条件。蒋高明在《中国生态环境危急》一书中指出，全国有将近一半的农村人口喝不上符合标准的饮用水，地表水"有水皆污"。正是由于空气、土壤、水源污染日益严重，致使肺癌、肠癌、血癌及其他疾病患者成倍增长，严重威胁中国民众的身心健康。可见，生态危机已威胁到人类的生存。缓解消除生态危机已成为中国社会经济发展的重要议题。

若是从生态危机产生的原因来看，可以说，它们是文化危机。即由于人们的生产、生活缺乏科学的生态文化指导，从而带有盲目性，而这种因盲目造成对生态环境的破坏又是影响深远的。因此，我们极有必要充分认识和正确评估生态文化对于缓解消除生态危机的重要作用，并让它在恢复生态平衡的过程中充分发挥出来，从而让人类获得生存发展享受所需要的良好生态环境。

总之，在人们高举人道主义旗帜，倡言一切工作要以人为本的 21 世纪，认识和把握生态文化的人本性质，对于发挥生态文化在缓解和消除生态危机中的积极作用，从而让人们得以安全、健康、快乐地工作、学习和生活，无疑具有重要意义。

（三）生态文化是幸福文化

生态文化之所以在本质上是一种幸福文化，有以下两个理由：

第一，从"幸福终极目的论"来看，生态文化建设的最终目的是人类的幸福。"幸福终极目的论"是由古希腊的柏拉图、亚里士多德等思想家创造性地提出来的。"幸福终极目的论"的提出者和倡导者认为：人类所有从事的经济、政治、文化教育的一切活动的最终目的是人的幸福快乐。柏拉图在《理想国》一书中精心构建了"一个幸福国家的模型"，[①] 把幸福国家的一切活动的最终目的确定为"全体公民的最大幸福"[②]。亚里士多德更明确地指出："幸福是完善的和自足的，是所有活动的目的。"[③] 这位被马克思称为"古代世界最伟大的思想家"在"幸福终极目的论"的基础上，进而把一切社会科学各种理论都归结为幸福理论。亚里士多德认定伦理学就是"幸福论"。近代的不少哲学家也倡导和信奉"幸福终极目的论"。如费尔巴哈就认定："生活和幸福原是一

---

①② ［古希腊］柏拉图：《理想国》，商务印书馆 1986 年版，第 133 页。
③ ［古希腊］亚里士多德：《尼各马可伦理学》，商务印书馆 2003 年版，第 19 页。

个东西。一切追求，至少一切健全的追求，都是对于幸福的追求。"①

第二，生态文化从多个方面保证和促进人类幸福感的提升。随着科学技术的迅猛发展，劳动生产率的不断提高，发达国家和地区正进入"丰裕社会"。但在物质极为丰裕的社会，却出现新的贫困，即"幸福贫困"，人们成为"财产的富人"或"幸福的穷人"。人类陷入新的幸福危机。2008 年席卷全球的金融危机中，欧美发达国家"痛苦指数"飙升，幸福指数急剧下降，致使发达国家的经济成为"幸福短缺经济""无快乐的经济"，"幸福悖论"凸显。政治、文化教育领域同样出现日益严重的"幸福短缺"现象。如教育领域，由于学习负担过重、升学压力太大，致使学生家长和老师疲惫不堪，陷入焦虑的困境之中，甚至发生中小学生因为学习成绩不好，难以升入理想学校而自杀的现象。而教育就其本质来说，应当是以传授幸福知识、提高幸福能力、培养幸福人为目的的幸福事业。由此可见，当今有些方面的教育严重违背了幸福的本质。生态文化对幸福感的提升具体体现在以下几个方面：

首先，有助于身体健康。幸福学认为，健康是决定和影响人的幸福的首要因素。人们常说，身体健康是一，其他的东西是零。有了健康的人生，其他的东西才能存在，才有价值。健康对于幸福的作用也是如此。如果因为严重的疾病失去了健康，其他的因素对于个人的幸福也就无能为力，就没有什么价值可言。所以说，健康是一个人幸福的基本条件，是幸福的重要源泉。为此，在一定程度上可以说，健康就是快乐、就是幸福，而身处现代社会人们的健康，很大程度上取决于生态环境状况的优劣好坏。

在经济科技发达的现代社会，由于缺衣少食而影响人们健康状况的现象大大地减少了。而生态状况恶化、生态严重失衡对于人们健康的影响却日益增大。现在人们患的有些疾病，可以称为"生态病"，是由生态状况恶化引发的疾病。如肺癌、肠癌等疾病的增多，与空气、水源、食品污染有着直接或间接的关系，而要减少、消除因生态状况恶化而患病的现象，无疑需要发挥生态文化的积极作用。

在生态文化的引导下，生态平衡得以恢复，生态状况得以好转，不仅会

---

① ［德］路德维希・费尔巴哈：《费尔巴哈哲学选集》，商务印书馆 1984 年版，第 543 页。

减少空气、水源、食品、污染对人们健康的伤害，而且良好的生态环境、美丽的自然景物，有利于患病者战胜疾病，恢复健康。国内外大量的医疗事实表明，鸟语花香的自然环境不是医药，却胜似医药，是治病康复的"良药"，从而成为人类快乐、幸福的源泉。

其次，有助于经济的可持续发展。生态是指生物的生存状态，以及生物与环境的依存关系。不言而喻，生态状态的好坏对于经济的发展，尤其是对于农业及以农副产品为原料的加工业，以及旅游休闲产业的发展，无疑有着决定性的作用。而农业与以农产品为主要原料的加工业，是广大群众生活消费的重要来源；旅游休闲业则对于人们生活质量的提升，有着日益增强的重要作用。

总之，在靠天吃饭的情境下，大自然是我们主要的休闲、娱乐场所这种状况没有改变，很可能永远也不会改变，生态状况的好坏优劣，对于经济的生存发展，有着难以估量的决定性作用。因此，尽管今天科学技术的进步推动着经济迅猛发展，人类已进入"丰裕社会"，绝大多数人已无衣食之忧，亦可堪称丰衣足食，乃至锦衣玉食。但是，如果不采取有效措施使气温不再上升，或能控制在一定高度，而听任气温持续升高，导致"圣婴"任性成长的话，就将使农业遭受难以忍受的灾害，同时也将给旅游休闲业以毁灭性的破坏。如旅游景区雪山的雪线不断升高，乃至于亘古冰封的雪山不复存在。而雪山消融消失，就会导致以雪山、冰雪融化为水源的江河湖泊干涸消失；加上气候变暖带来的严重干旱，还将使草原及一些森林枯萎死亡。这样一来，不仅使农业遭受严重危害，更是使以雪山、湖泊、江河、草原为资源的旅游休闲业难以为继。

生态灾害对于经济发展造成的上述损害，无疑会或大或小地影响人们的幸福感。"幸福悖论"现象虽然存在，但是满足人们合理消费的生活资料，人们生存、发展及享受所需要的环境改善，任何时候都有利于幸福感的提升和保持，是人们得以快乐、幸福生活的必要条件，从而不可或缺。因此，我们极有必要加强生态文化，充分发挥它在恢复生态平衡、消除生态灾害中的作用，让农业及整个国民经济健康可持续地发展，成为广大群众可靠的幸福源泉。

此外，生态文化有助于营造美好祥和的生产、生活环境。这种环境有益人的心态平静安详。而幸福学认为，平静安详的心态，有助于人们摆脱忧郁烦恼，转悲为喜，获得幸福、快乐。在日常生活中，不少人有这种经历，在遭遇令人不快乃至极度痛苦的事情之后，在没有其他有效的办法排解时，不妨转向大自然。一旦处于宁静且美好的青山绿水、鸟语花香的山野田园中，你心中的烦恼痛苦，那些令你不愉快的人与事，便在不知不觉中被江水的浪花卷走，被田野的清风吹去，代之以幸福快乐充满你的心间。有些痛不欲生者在面对美好的自然景色时，脸上的愁云为之一扫，甚至破涕为笑，跳跃欢颜。他们深深感到并认定：美妙的自然风景，是解除他们痛苦的法宝，是他们幸福快乐的源泉。人只有在美妙且安宁的自然环境中，才能获得最大程度的宁静，进入最好的平和状态。而这种心理状态，致使人们得到最大的幸福快乐。所以，人类在 21 世纪要想获得更多的、更大的幸福快乐，应当把获取幸福快乐的努力放在建设良好的生态、保护大自然上，而这就需要推进生态文化建设，让科学的生态文化指导人们的生产、生活活动。

（四）生态文化是美丽文化

21 世纪是美丽的世纪。爱美之心人皆有之。但人类热爱美、追求美的意愿心情，从来没有像今天这样强烈和迫切。之所以如此，是由于"食必常饱，然后求美；衣必常暖，然后求丽"。我国古代哲人墨子的这句名言，中肯而明确地揭示了人类与美丽的关系：美丽成为人类生活中的发展变化规律与趋势。我们正是依据墨子所揭示的美丽变动规律，得出 21 世纪是美丽世纪的结论。我国作为发展中国家，由于 40 年经济奇迹般快速增长，13 亿多人口过上了丰衣足食的生活，有少数人已过上了堪称奢华的生活。在这种条件下，埋藏着的爱美之心，必然喷薄而出。人们正在并将继续以各种方式与途径热烈而执着地追求各种美丽的事物，使爱美、求美成为社会生活中一道亮丽的风景。在这种形势下，倡导和建设生态文化，从美丽科学的角度来看，也是人们爱美之心的一种文化表现。在当今中国乃至全世界，一切领域的各种文化，无一不打上美丽的烙印，各自在不同的方面、不同程度上表现为人们的爱美之心、求美之情。

具体说来，生态文化在这些方面表现出与美丽的密切关系：

第一，生态文化推崇和保护自然美。有位哲人赞颂说：自然的美，美的自然。大到宇宙天体，小到分子原子，无论它们的外形，还是其内部结构，都非常美丽，令人心动。而生态文化正是推崇和倡导保护"美好自然"，并且在实践上发挥了重要作用。可以说，保护大自然、保护天然的各种生活，就是保护美丽、保护人类的美丽家园。

认定自然美是大美、真美，这是建立在对美丽的本质要求的正确且深刻认识的基础之上的。真善是美丽的本质要求。只有真善的东西才是美丽的。而自然之美或者说天然之美的"真""善"品质最为显著。人们常说，回归大自然，就是返璞归真。的确，真在自然，自然为真。诗云："清水出芙蓉，天然去雕饰。"这诗句就是倡导以天然为真、以天然为美。若是"雕饰"，就谈不上真，不真也就不美了。同时，自然天性性"善"。天生万物并善待万物，使万物茁壮成长。所以说，自然是大真大善，从而是大美。而生态文化推崇自然，就是推崇真与善，也就是推崇美。生态文化的作用，就是教育人们什么是大美与真美，应当怎样追求它们。正是在这个意义上我们说生态文化是美丽文化。

第二，生态文化有助于"美丽经济"的发展壮大。经济社会的成长进步，不断呼唤着新的理论。"美丽经济"这个崭新的名词，近年来不时出现在报刊、电台及网络上。不仅实际经济部门在颇为热烈地谈论美丽经济，而且经济学界也开始对美丽经济的理论与实践问题开展研究。如有的学者给予美丽经济这样的定义：美丽经济是以美丽为资源所进行的财富创造和配置活动（王琪延，2007）。还有的学者这样定义美丽经济：围绕着能够使人类产生美的感官享受的事物所展开的经济活动和经济行为（朱焕良、王敏洁，2008）。由此可见，美丽经济与生态经济有着直接或间接的关系。在一定程度上可以说，美丽经济是生态经济。历来生态状况优良的自然环境及其所生长、埋藏的各种东西，无疑是最丰富多样的美丽资源，它们的美貌、美色、美形、美味都能够"使人产生美的感官享受"。

其实，早在古希腊时期，色诺芬在《经济论——雅典的收入》这部古老的经济学著作中，就对美丽经济做了深入浅出的全面论述，从而清晰地揭示了美丽经济与生态经济的内在关联。色诺芬是农学家，他极力推崇农村、农业和农民。在色诺芬看来，农业是美丽产生的聚合物。首先，农业的所在地是农村，是与美丽的大自然融为一体的美丽地方，是生产"美好东西的乐园"。其次，在美丽的田野中生长出来的农产品是色、香、味皆美的美丽物品，农业还能为人类提供"最优美的景色"。最后，农业生产有利于培养农民诚实、勤劳的美好品德，使他们成为"身心俱健的人"，由此可见，用我们今天的话来说，就是"最美丽的人"。

具有环境美、产品美、生产美这"三美"的农业，堪称是典型的美丽产业。农业经济是典型的美丽经济，若是从生态科学、生态文化的角度来看，农业则是典型的生态产业，农业经济是典型的生态经济。就是说，农业经济既是美丽经济，又是生态经济。生态经济是美丽经济的基础和前提，意味着如果某个地方的农业生产违反了生产经济的要求，它的生产环境和产品受严重的污染，对农业生产的可持续发展、人们的身心健康产生了令人难以容忍的伤害的话，它就不是真正的生态经济，这个地方的农业经济也就不能归入美丽经济。

在古代世界，尤其是中国古代，农业的确合乎美丽的本质要求。"三美"特征非常显著，人们用青山绿水、鸟语花香、田园牧歌、风调雨顺、勤劳朴实等美好词语描述、讴歌农村、农业和农民。但在农业、农村现代化、自动化、化肥化的当代，一方面，农业生产有了突飞猛进的发展，农村的面貌日新月异，城市化水平有了显著的提高；另一方面，农村的自然环境、土壤水源、森林草原遭到了严重的破坏，生态严重失衡，由此形成了令人不能承受的生态灾难和生态危机。由此看来，今天的部分农业以及农副产品，以农村资源为主要原料和基础的工商服务业，已严重违背美丽经济的要求。

为了传统的美丽经济的复兴和新兴的美丽经济的发展，需要自觉地发挥生态文化的作用，以缓解和消除生态灾难、生态危机。生态文化对于美丽经济的恢复和新兴经济发展的重大作用，是由它的美丽本质所决定的。因此，我们应大力加强生态文化的建设。

第三，生态文化有助于传递社会正能量。近年来，我国及各个地区、各个部门都在评"最美的人"，涌现了一批全国性和地区性的最美人物，如"最美女教师""最美警察""最美司机""最美医生"等。这些最美人物的评选，表现了广大群众对美丽的热爱、渴望和追求。

正如人的身体长成需要多种营养、多方面的条件一样，培育最美丽的人，也需要多种营养和多方面的条件。而良好的生态环境，也是"最美的人"健康成长的一个不可或缺的条件，是重要的"营养"之一。这是由于"最美的人"具有合乎真、善、美原则的道德情操和心灵。而这三者的养成，除了亲人师友和书本的教导指引之外，还有自然界的万物万象如春风化雨，对人产生潜移默化的影响。古希腊的色诺芬就曾明确指出：土地、农业生产就是一个教人正直、诚实、勤劳的优秀"老师"。他认为："土地诚心诚意地教育那些能够学习的人，使他们公平正直，因为你们服侍得好，报偿你的东西就越多。"① 色诺芬充分肯定了土地、农业生产这个能给人类生产"美好东西的乐园"对于培养品德高尚、心智美好的农民，也就是那个时代"最美的人"的重要作用。

的确，优良的生态环境，不仅可以治病安神，令人忘忧消愁，而且可以美化人的心灵，祛除人的心胸中丑恶的东西。这是美丽的大自然给予人的"美育"，它所蕴含的真、善、美本性，对进入它的怀抱、目睹它的风采者潜移默化，以美化人。

因此，通过生态文化建设促进生态恢复，让大自然重新向人们展示其真、善、美本质，更好地以美育人、以美化人。这无疑有助于"最美的人"的培养和塑造。这就要求我们自觉地开发、利用良好的生态环境、美丽的自然所具有的"美育"功能。具体来说，中小学与大学要尽可能布局于生态环境优美的地方；同时要安排时间和机会让青少年学生尽可能多地接触大自然。让自然界的大美、真美直接影响他们、感化他们，从而得以美化他们的身心。当然，让社会各界的中老年人也要有机会尽可能多地进入大自然的怀抱，得到更多美的享受和美的教育，而生态文化的价值观念，让人们崇敬自然、关爱生态，这也是当代"最美的人"具备的道德生态修养。这是生态文化对于"最美的人"的培养的另一个作用。具有美丽本质的生态文化的以文化人，实

---

① ［古希腊］色诺芬：《经济论——雅典的收入》，商务印书馆1981年版，第13页。

际是以美化人。

我们认定生态文化是人本文化、幸福文化和美丽文化，旨在通过人本文化、幸福文化和美丽文化深入认识、全面把握生态文化的本质属性。全面准确地把握生态文化的本质属性，对于构造生态文化建设的社会机制，无疑有着重要的指导作用。

二、生态文化建设与生态转型

进入 21 世纪以来，我国进入了新的历史发展时期。一个国家从一个历史时期进入到另一个历史时期，它的社会经济等各个方面都要发生转型。我们首先提出和阐述的是生态转型，因为这一转型对于生态文化建设有着重要的影响。

（一）生态转型

所谓"生态转型"是指整个社会发生广泛深入的生态化变革，使原有的非生态化社会转型变成新的生态化社会。由于整个社会是由众多单元组成的复杂系统，因此，社会各单元的生态转型，进行生态化的方式与内容有别，从而形成不同类型。不言而喻，我们要明确生态化转型，就要明确社会生态化对于生态文化建设的影响，进而正确认识和构建生态文化的社会机制。

21 世纪是生态文化建设的黄金时期。近年来，整个社会的各个领域正在或快或慢，或迟或早地进行生态化，按照生态规律的要求进行发展变革，从而为生态文化建设提供了前所未有的发展机遇。而这个良好机遇是由一系列社会生态化诸多具体类型从不同方面，以不同方式、在不同程度上共同提供的。

从生态社会化方式的角度，可以将生态转型划分为直接转型和间接转型。这里所说的直接转型，是指以生态状况的改善，实现生态平衡的目标；以发展生态经济为主要形式和主要手段的生态化发展改革。间接转型主要是指那些虽无生态之名，却有生态之实，也就是实际上有助于消除生态危机、实现生态平衡、改革生态状况的发展改革。应当说，间接转型同直接转型一样，对于实现社会生态化、建设生态社会，有着不可或缺的重要作用。中国有句俗语说，有意栽花花不开，无心插柳柳成荫。这种出人意料的现象多了，很可能表现出事物生成发展的一般规律。因此，为了顺利实现生态转型，彻底完成社会生态化，应在充分利用直接转型的同时，有意识地发挥间接转型的作用。

综观这些年社会生态化、生态转型的态势，表明间接转型的空间广阔、内容丰富、形式多样、效果显著。我们在论述生态文化的本质时认定生态文化就是幸福文化、美丽文化。如果站在幸福文化、美丽文化的角度评判生态文化，我们也可以说，幸福文化、美丽文化就是生态文化，因为幸福文化、美丽文化合乎生态文化的本质要求。为了让我们的生活幸福快乐，让人们的爱美之心得到满足，享受大美真美，必须缓解消除生态危机，改善不良的生态状况，实现生态平衡。良好的生态是人们得以幸福生活的基础，是人们幸福的源泉。同样，我们所热爱和追求的大美真美、重要源泉也是生态优良的自然界。因此，从实践来看，社会幸福化、美丽化，在一定意义上可以说就是社会生态化。而这些年来，由于社会经济文化的迅猛发展，生活水平不断提高，人们追求幸福与美丽的热情空前高涨、愿望十分迫切，从而加快了社会幸福化、美丽化的进程，形成了两化的高潮。而幸福化、美丽化的高潮，在一定程度上就是生态化的高潮。例如，中国多年来，每年都进行幸福城市和幸福乡村的评选活动。不言而喻，这些评上幸福城市和幸福乡村的地方，生态状况相对来说比较好，甚至堪称优良。这就是生态状况影响市民幸福感的重要因素之一。如福建省近十年开展的美丽乡村活动使福建农村的社会经济、文化教育各个方面出现了美丽化的高潮。在这个美丽化高潮的推动下，福建农村乃至全省的社会生态化、生态转型也加快了步伐和进程。福建由于美丽乡村进而提出建设美丽福建。而美丽乡村其实就是生态乡村；美丽福建就是生态福建。这些事实充分显示了间接转型对社会生态化有着难以估量的重大作用。当然，实现社会的生态转型，主要力量还是直接转型、直接生态化。之所以强调间接转型、间接生态化，目的是让我们对于生态转型、社会生态化的途径与方式有一个全面的了解，从而得以全面认识和把握生态文化建设的社会机制。

若是从社会生态化、生态转型的对象性质来看，则可以分为经济生态化、政治生态化、文化教育生态化等生态化类型。还可以从地域的角度划分类型，如城市生态化、乡村生态化。此外，也可以从人与物的生态化转型的类型来划分人的生态化与物的生态化。

上述这一系列类型的生态化、生态转型形成一个系统。整个社会生态化、生态转型就是在这个系统中开展和完成的；也可以说，这一系列类型的生态化形成一股强大的合力。在它的推动下，伟大而艰难的生态转型得以展开和完成。

（二）经济生态化

从生态转型的这个角度来看，经济生态化属于直接转型，是由陷于生态危机的非生态经济转变成生态平衡、生态状况良好的生态经济。经济生态化包含生态环境的生态化、生产资料的生态化和生产成果的生态化。

生态环境的生态化包括空气生态化、土壤生态化、水源生态化。空气生态化，要求空气新鲜纯净，没有遭受有害气体与粉尘的污染；还要求气温适中，并且变化正常。但现在的空气状况离这两个要求相去甚远。让空气达到新鲜纯净、气温适中、正常实现生态化，是摆在人类面前的一项十分艰巨的任务。这要求人们的生产、生活方式绿色、环保，有利于恢复和保持生态平衡。土壤生态化，实现绿色环保，同样是一件十分艰巨的任务。因为长时期的工业化、现代化生产、生活，势必给土壤造成直接、间接的污染。如化工厂及有些矿山的废水、废渣对所在地区的土壤造成污染就是直接污染；而一些工厂排放的气体致使雨水变成"空中杀手"酸雨，酸雨对土壤所造成的污染，对于使雨水酸化的工厂来说，就是间接污染。这犹如我不杀伯仁，伯仁却因我而死。间接污染的危害同样不容小觑。因此，治理土壤，不仅要根治直接污染之源，而且要防治间接污染，要打总体战、歼灭战和持久战。土壤一旦污染，要彻底清除污染物质，恢复生态平衡，往往要花费几十年甚至更长的时间。

水源生态化更是当务之急。因为水源的生态状况优劣直接关系到生产、生活。"多收少收在于肥，有收无收在于水。"水是农业的命脉，也是人与一切生物的命脉。中国 600 个城市中，有 400 多个城市不同程度地缺水。缺水的原因之一是水源遭受污染不能饮用，是谓"水质性缺水"。水质性缺水现象在广大农村也日益严重。为此，各级政府在农村实行"饮水工程"，以保证广大农户饮用水的安全。

关于生产资料的生态化，要求各种机械、农药、化肥以及育种育苗用品要绿色环保。机械的生态化要求使用清洁能源；化肥则要求严禁使用对人畜有害或破坏土壤结构抑或残留物过多的产品；并且要求适时适量使用农药化肥，尽可能减少农药化肥用量，以减少残留物的数量。病虫害应当尝试采用生物杀虫灭害的方法；至于施肥，要尽可能施用农家肥。有的地区现在多种中稻，不需化肥催苗。还可以上山"杀青"，用野草树叶做肥料。而农用薄膜等辅助性农用生产资料，要采用以生物资料为原料的产品，以便减少污染，并且易于化解。

至于生产成果及其消费的生态化，直接关系到人们生活能否环保和安全。因此，这是经济生态化的一个最为重要的环节。整个经济的生态化的状况和水平，最终通过生产成果及其消费的生态化表现出来。换言之，通过把握生产成果的生态化状况，可以大致了解和评判整个经济生态化的水平。但是，无须讳言，目前我们国家及世界上大多数发展中国家和地区的生产成果及其消费的生态状况不容乐观，问题非常严重。由于过量施用化肥、农药，致使相当多的食物农残显著超标，以致连农户都要对自己生产的粮食、蔬菜与水果进行挑选才敢食用，而把自己不放心、不敢吃的农产品投放市场。当然农户这样做实属无奈，总之食品安全问题令人触目惊心。至于生产成果消费的生态状况，同样问题不少。突出的是狂吃滥喝、高消费、浪费这些现象，从生态学角度来看，既不利于生态平衡，又是造成生态灾难的另一个不容忽视的原因。如高消费、高浪费一方面破坏了人这个高等生物体内平衡，从而引发各种疾病；另一方面高消费、高浪费造成大量的废弃物，无论用何种方法处理，都会给生态环境造成不良影响。因此，为了彻底实现经济生态化，要重视抓好生产成果及其消费这个环节的生态化。

经济是基础，文化艺术等是上层建筑，这就意味着，实现经济生态化，对于生态文化建设有着极为重要的价值。它是生态文化供给机制的重要组成元素。因此，我们进行社会生态化的建设，实行由非生态化社会向生态化社会的转型，必须下大力气实现经济生态化。当然，经济生态化不能孤立进行，因为它受到其他多种因素的影响和制约。

（三）政治生态化

这里所说的政治生态化，是指国家的政治理论与政治活动符合生态规律的要求，有利于保护生态环境，维持生态平衡。

之所以要求实行政治生态化，使政治进行生态转型，让政治在一定意义上成为生态政治，是因为生态问题已成为政治家们共同面对的一个极为重要的社会问题，甚至上升为政治问题。这表现为西方发达国家"绿党"的出现。这个政党诞生于生态危机之时，他们把消除生态危机、解决生态问题作为自己的宗旨和担当的使命。而世界众多国家的首脑多次举行高端峰会研究气候变化的对策，《巴黎协定》于 2016 年 4 月 22 日开放签署，这一切把政治生态化推向了高潮。尤其在我国，政治生态化更是广泛深入、轰轰烈烈。为了应对不断出现的食物污染事件，特别是雾霾灾害，中国的各级政府都把生态问题列入了自己的议事日程。从中央政府到地方政府陆续制定出台了有关治理生态灾害、恢复和保持良好生态环境的一系列法规和政策。人们纠正和抛弃了过去"唯 GDP 论"的错误观念，以牺牲生态环境为代价换取短期发展，片面追求经济增长的非科学发展观，树立起绿色增长、科学发展的正确的发展观。政治生态化还有两个重要表现，一是建立生态责任机制。一些地方政府制定和实行有关规定，让治理生态灾害、保护生态环境的责任具体落实到人，地方政府的主要领导人甚至一把手担负生态保护之责。如在新制定的《"十三五"规划纲要》中，绿色发展理念凸显，40 多次提到绿色，30 多次提到节能低碳，与此同时，中国政府积极探讨应对气候变化的国际合作，推动各级政府走绿色发展之路。各级政府生态环保出了问题，实行"问责制"，以政纪、国法追究责任人的责任，进行严肃处理。二是实行"一票否决制"。地方政府制定和实施经济发展规划时，凡是危害地方生态环境、破坏生态平衡、影响群众生命健康的生产项目，就实行一票否决，绝不允许审批通过。

上述两点进一步表明，我国政治生态化、政治的生态转型已被提升到相当高的地位，向生态政治迈进了一大步。而政治生态化对于生态文化的建设，无疑具有重要的促进作用。生态政治是生态文化不可缺乏的社会条件。尤其是在我国，实行共产党领导下的多党合作共事制度、政治导向、方针政策，对于生态文化主体有着重要的影响力。政治生态化和经济生态化就如左右两个轮子，共同推动着生态文化建设的列车滚滚向前。若是这两个轮子坚韧结实，就将使生态文化建设的列车顺利且快速向前。

（四）文化教育生态化

同经济生态化和政治生态化相比较，文化教育生态化步伐迟缓，不尽如人意。

首先，从文学艺术领域来看，在我国及世界范围内生态灾害如此严重的时期，虽然有个别作家关注并在自己的作品中反映生态问题，但未能形成"生态文学"，对于生态灾害的描述缺乏力作，未能有全面深刻的表现。现实生活中，对那些破坏生态的人与事，文学作品缺乏有深度的揭露和批判；而那些维护生态环境的优秀人物，也没有得到应有的道德颂扬。因此，文学艺术必须尽快改变目前这种与整个社会生态化快速发展不相适应的状况。要像生态经济、生态政治一样，鲜明地亮出"生态文学"的旗帜。文学艺术要加强对于社会生态化转型的宣传力度。生态文学艺术要力争出精品，从而为加快社会生态化发挥应有的积极作用。其次，从理论研究领域来看，尽管打出了生态经济学的旗帜，但主流经济学仍然被西方学者批评为"无快乐的经济学""不幸福的经济学"。从生态学的角度来看，主流经济学片面关注和倡导物质财富的增长，无法解决"外部不经济"的问题，未能顾及生态环境的承受能力。它在事实上为破坏生态平衡，造成生态灾难的经济关系、经济行为提供了理论支持，因而实际上是不合乎生态化要求的经济学。而目前，在我国及世界大多数国家，正是由于这门工具理性的经济学居于主流地位，因而使幸福经济学、美丽经济学被边缘化，不能发挥应有的作用。由于经济学是显学、是社会科学王国的"普照之光"，致使整个社会科学界对于生态学的研究与宣传未能提到应有的高度，没有摆到应处的地位。

从教育领域来看，显然也不合乎生态化的要求。生态化的教育首先要让教学内容生态化，从而通过教学培养受教育者的生态观念与保护生态的能力及习惯。但当今的教育变成典型的"就业教育""谋生教育"。大部分高校向应用型转型的同时，传授给学生的东西只有知识、技术和手艺，只有赚钱的观念与本领，至于热爱大自然、关爱天地万物、保护生态平衡的观念、能力和习惯这方面的内容非常少，有也是掉入形式主义的窠臼，轻描淡写、浅尝辄止。由于学校教育缺位，需要认真总结教育非生态化所带来的严重后果，力争早日完成教育的生态转型。

三、生态文化建设与各因素相互关系

影响生态文化建设的因素很多。经济、政治、文学艺术、教育生态都是不可忽视的因素。

首先要提出，生态经济、生态政治、生态文艺、生态教育是与经济生态、政治生态、文艺生态、教育生态含义完全不同的范畴。如生态经济是生态化的经济，即合乎生态规律要求的经济。而经济生态则是指社会经济生活中，经济主体、经济组织的生存状态，经济主体与它所处的社会环境的依存关系。不言而喻，经济生态、政治生态、文艺生态、教育生态范围中的生态一词，是从生态科学借用而来的，它所代表的含义，与在生态学中完全不同。但是，经济生态、政治生态、文艺生态、教育生态同生态经济、生态政治、生态文艺、生态教育有着间接关系，前者对后者有一定的影响。所以，很有必要考察生态文化建设与经济生态、政治生态、文艺生态与教育生态之间的关系。

（一）生态文化建设与经济生态

经济生态对于生态文化建设的影响与作用虽然是间接的，但却是客观存在的，不容忽视。不难理解，在市场化机制健全完善，企业享受平等的权益、处于公平竞争的环境，政府对经济的管理规范，宽严适度的优良的经济生态中，一方面，无论企业或个人都会自觉地遵守政府有关保护生态环境的法规和政策；另一方面，也有利于政府有关部门对企业和个人进行生态环保的监督惩处。因此，我们要花力气下决心建设好经济生态，改变目前这种不尽如人意的状况。

（二）生态文化建设与政治生态

政治生态是指政府与政府工作人员的生存状态，政治主体与社会关系的依存关系。

目前从世界各国总统的情况来看，政治生态欠佳。例如，特朗普在美国总统的竞选大战中，突破美国精英阶层设置的重重防线和障碍，在总统竞选秀中大出风头。美国不少民众对于个人与国家的前途表示担忧，患上了严重的"焦虑症"。而其根源在于美国广大选民对于政府与政府官员乃至总统的政绩与能力存在很大的分歧。又如那些不时发生反政府行为乃至存在反政府武装的国家，其政治生态显然更加恶劣。可以断言，政治生态欠佳必然会给经济生态化、社会生态化和生态文化建设带来不良影响。由于在政治生态欠佳的情况下，一是由于社会问题丛生，可能使生态问题排不上政府的议事日程；二是政府管理乏力，难免给不法分子破坏生态造成可乘之机，而且对于破坏生态者，没有相应的法律法规约束，势必使破坏生态者更加肆意妄为，也不可能形成爱护生态光荣、破坏生态可耻的舆论氛围。因此，为了加快社会生态化和生态文化建设，必须重视政治生态状况的改善。我国近年来加大了反腐倡廉力度，着力建设"责任政府"，反对官僚主义，改进工作作风，这些措施都是旨在改善政治生态。随着政治生态状况的逐步好转，我国的雾霾等严重的生态灾害问题将会逐渐消除，生态文化建设进程也将会加快。

（三）生态文化建设与文艺生态

所谓文艺生态是指文学艺术界的团体与作家、艺术家的生存发展状态，文艺主体与社会环境的依存关系。文艺生态对社会生态化、生态文化建设的作用不容低估，更不容忽视。

在一个国家，如果文艺生态良好，作家、艺术家就有远大的理想、高尚的道德修养、精湛的艺术水平，也就是德艺双馨，有使命感和责任心，从而在自己的作品或所塑造的舞台艺术形象中歌颂正义、坚贞、仁爱等美好的东西，揭露、批评错误、黑暗、腐朽等丑恶的东西，担负起文以载道、以文化人、传承文明的光荣责任，颂扬光明、引导美好，而德艺双馨的艺术家就会得到群众的爱戴和社会的尊重。这种良好的文艺生态，不仅有利于艺术家的成长进步，也有利于社会生态化和生态文化建设。这是由于真、善、美是文学艺术的本质属性，因而在本质上是与生态文化相通的。正是这个原因，真正杰出的作家、艺术家一定是关爱生态的生态人。他们热爱大自然、欣赏大自然，倡导返璞归真，回归自然。伟大的文学作品、著名的艺术形象会以真、善、美的价值观念，热爱大自然、追求自然美的思想品德像春雨一样润物无声地影响、引导、规范、约束广大观众。这就是文艺生态对于生态文化建设的促进作用。为了充分发挥文艺生态的积极作用，我国的文艺生态状况还有待改善。有部分作家缺乏崇高的理想信仰，从而缺乏使命感和责任心。他们的文艺创作局限于个人狭小天地，或者单纯地描述现状、展示丑恶，甚至鼓吹享乐主义、拜金思想，传播颓废萎靡风气。毫无疑义，这种缺乏爱心，缺乏真、善、美的文艺作品，必然无助于乃至有害于人们树立正确的生态价值观念，不利于培养生态人。

（四）生态文化建设与教育生态

这二者的关系是最为密切的直接关系。这是由于教师是人类灵魂的工程师。如果处于良好的教育生态，教书育人者也应当是合格的生态人。他们通过言传身教，把自己头脑中的生态价值观念、对自然之美、对生态环境的关爱之情传授给学生，使学生信奉"保护生态为荣，破坏生态可耻"的荣辱观，养成爱护生态环境的良好习惯。综观从古至今的优秀教师，大多数是既有知识又有文化、拥有崇尚真善美人文情怀的人。他们既擅教书，又知育人，使学生成为品学兼优的人。这样的学生走向社会后，无论是从政、经商还是从事艺术领域的工作，都会自觉地保护生态环境，成为生态经济、生态政治、生态文化教育的倡导者、建设者和保卫者。毫无疑义，这些既善教书，又能育人的优秀教师，定会得到学生的敬爱和社会的信任，从而使尊师重教之风盛行。这种有着良好教育生态的社会，必然是"最美的人"的成长摇篮，而有着真、善、美心灵的人，必定崇尚自然、关注生态、保护环境，是宣传、保卫生态文化的中坚力量。因此，从生态文化建设的角度来说，也要求尽快改变有关生态教育欠佳的现状，重点是改善目前青少年学生的生存发展状态。教育机构与家长齐心协力减轻学生过重的学习负担和升学压力。至于教师生存状况的改善，一方面，需要教师自身重视师德修养，以求得社会的尊敬；另一方面，社会也需要适当降低对学生的升学率、就业率的过分关注，减轻教师的心理负担。可以期待，随着教育生态的好转，必将出现生态文化建设的高潮。

以上论述表明，生态文化建设的社会机制，确实是个大题目，需要写一篇大文章。这是由于生态文化生成发展的社会环境是一个大系统。这个庞大的社会系统的各种因素不可避免地以各种方式给处于其中的生态文化以影响。为了认识和把握生态文化的发展规律，为生态文化建设构建有效的社会机制，需要重点探讨下列问题：生态文化的本质特征，决定和影响生态文化发展变化的因素，以及诸因素在哪个方面并以何种方式作用于生态文化；它们在决定影响生态文化生存发展的社会机制中的地位，以及它们之间的相互关系等。要弄清楚这些复杂且艰深的问题，需要运用科学的研究方法。而研究对象的性质决定研究方式，由此决定主要的研究方法有二：一是系统论。按照系统论的要求，把生态文化建设的社会机制作为一个有机的系统予以剖析。二是唯物论。生态文化属于上层建筑。唯物论的基本原理告诉我们存在决定意识，经济基础决定上层建筑。我们在探索和构建生态文化的社会机制时，必须遵循这一基本原理，避免犯唯心主义的错误。生态经济的壮大、生态文化的发展，都需要以一定的经济体制与经济条件为前提。唯物论能使我们沿着正确的思路，采取科学的方式对生态文化建设社会机制进行深入的探索与思考。

第一章　继承与发展：生态文化建设的生成机制

生态文化是历久弥新的生态主题，更是中国生态文明内容的重要组成部分之一。探究生态文化建设的生成机制，必须以历史为线索，追根溯源，从古今中外的生态文化思想中去理解、重温中国古代优秀生态文化以及马克思、恩格斯经典生态文化理论。同时阐述中国共产党将马克思生态文化理论与中国实际相结合的过程中，对前人优秀生态文化成果的继承、丰富和发展，逐渐形成一系列中国化马克思主义生态文化理论。

一、重温历史：中国古代优秀生态文化思想

中华传统文化源远流长、博大精深。上下五千年的悠久历史造就了独特的传统生态文化智慧结晶。这些圣贤先哲的生态文化思想经过长期历史积淀，涵盖各种各样的优秀生态文化元素，是现代生态文化建设的可靠基石。

（一）古代优秀生态文化思想的哲学基础

现代环境伦理学的哲学基础——"人与自然和谐共生"，最早可以追溯到中国古代，由中国古代思想家们提出。在西周时期，"天人合一"思想已经开始兴起，逐渐发展成为中国古代哲学的主流理念。"天人合一"思想主张人与自然的和谐统一，在儒家、道家、佛家思想中均有所体现。

1. 儒家思想："天人合一"

作为中国古代传统文化的主流思想，儒家文化主张人是自然的一部分，与万物同等。儒家思想的代表人物——孔子，通过探讨人与自然的关系表达

自己对于生态道德的见解。孔子曾说："知者乐水，仁者乐山。"① 他主张"钓而不纲，戈不射宿"，坚决反对并抵制使用任何容易导致生物物种灭绝的工具，带有很强的"取物不尽物"的生态道德。② 孟子继承发展了他的生态思想，从"诚"的角度讨论天人关系，认为上天具有"诚"的品质，人类也应当向上天学习，从而达到人与自然的和谐境界。因而主张"诚身有道，不明乎善，不诚其身矣。是故诚者，天之道；思诚者，人之道也"。③ 孟子所说的"诚"，是倡导我们加强道德修养，以诚相待，最终实现天人两者之间的和谐统一。同时，儒家要求人们善待自然、顺应自然。"不违农时，谷不可胜食也。"④ 汉代儒家学派代表董仲舒推陈出新，提出天人感应论：从人的身体构造和情感意识与"天"做对比推导出"天"与人是同类事物，天是具有意志的自然整体，认为天人交相感应，得出人类的行为应当尊重"天"意、顺应自然的结论，如"事各顺于名，名各顺于天。天人之际，合而为一"。⑤ 董仲舒的学说丰富了中国古代对于人与自然关系的认知。到了宋代，儒家关于人与自然的理论越加成熟。北宋思想家张载第一次明确提出"天人合一"的说法，他主张"性与天道合一存乎诚"⑥，认为"性"与"天道"具有一致性，要把握事物的本质，承认人与自然的内在统一，顺应自然，这便是"儒者则因明致诚，因诚致明，故天人合一"。⑦ 程颢主张"仁者以天地万物为一体"⑧，人性本善正是因为仁者与天地万物统一于自然整体，人类应当重视人与自然万物的密切关联，追求人与自然的和谐状态。这就表明，"天人合一"这一具有儒家特色的自然生态文化思想体系已经形成。

2. 道家思想："道法自然"

道家学派以"道"作为自然界万物存在的本源，也是宇宙的根本法则。在人与自然关系的问题上，道家主张"无为"，遵循自然无为、道法自然的自

① 张燕婴译著：《论语》（雍也第六），中华书局 2006 年版，第 80 页。
② 葛荣晋：《儒家"天人合德"观念与生态伦理学》，《甘肃社会科学》1995 年第 5 期。
③ 万丽华等译：《孟子·离娄上》，中华书局 2006 年版，第 157 页。
④ 万丽华等译：《孟子·梁惠王上》，中华书局 2006 年版，第 5 页。
⑤ 董仲舒：《春秋繁露·深察名号》，华龄出版社 2003 年版，第 35 页。
⑥ 《正蒙·诚名》。
⑦ 《正蒙·乾称》。
⑧ 《河南程氏遗书》（卷二），《四部备要·子部》，中华书局 1989 年影印版。

然生态文化理念。老子和庄子是道家的代表人物。老子第一次提出并研究人与自然的关系。他提倡"道法自然"，认为自然界中的所有事物（包括人类本身）都是由自然孕育而生的，因而倡导人类要遵循自然规律，顺应自然发展，不做违背自然规律的事。庄子在世界本源方面也做过专门的论述："泰初有无，无有无名；一之所起，有一而未形。物得以生，谓之德；未形者有分，且然无间，谓之命；留动而生物，物成生理，谓之形；形体保神，各有仪则，谓之性。"① 在庄子看来，世间万物的本源都是同一的，"万物皆一也"，② "道通为一"，③ 人与万物不仅在本质上具有同一性，而且共居于自然这个统一整体中；不仅相互关联而且相互依存。"各种生命之线织成一张'天网'。"④ 各种生命体正是因为相互依存，才能逐渐实现自然界世间万物的和谐共生共荣。当然，"道法自然"还表现为"自然无为"，道家倡导的"无为"思想，要求我们不能肆意妄为、与自然对立起来，而应该敬畏自然、尊重自然，使世间众生均处在最自然的状态、最平等的关系中。

3. 佛家思想："众生平等"

佛家学派的"众生平等"生态理论，在中国古代优秀生态文化思想中占据着非常重要的地位，也可供现代生态文化建设参考，具有较强的应用价值。中国古代佛家思想家纷纷提出了生命平等、万物平等的生态思想，这正是人类所追求的永恒理想。佛家的"众生平等"，认为世间万事万物没有高低等级贵贱之分，都是平等共生的。自然所有物都具有生存的权利，这种自然生存权是人类不能肆意剥夺、糟蹋、破坏的。相反，人类要保护自然的生存权，尊重和关爱自然，合理地利用和改造自然，真正体现自然本身的内在价值，构建人与自然和谐平等的关系。这就形成了一条遵守爱护自然界万事万物的规矩，也体现了佛教普度众生的包容。佛家秉持着普度众生的慈悲之心，保护自身，更关怀其他生命体，甚至在必要的时候可以舍弃自身的利益保全其他利益，故有舍生取义的情怀。佛家所倡导的敬畏生命、善待万物的"众生

---

① 何宗思：《庄子·天地》，新华出版社 2003 年版，第 239 页。
② 何宗思：《庄子·德充符》，新华出版社 2003 年版，第 173 页。
③ 何宗思：《庄子·齐物论》，新华出版社 2003 年版，第 138 页。
④ 佘正荣：《中国生态伦理传统的权势与重构》，人民出版社 2002 年版，第 240 页。

平等"生态文化，不仅是一种理念，也是一种社会伦理，更是一种衡量人类善恶美丑的标尺，这种优秀的佛家生态文化思想是值得我们推崇发扬的。我们应树立平等和谐的思想观念，将平等观念深入自然的各个方面，彻底摒弃以人为中心的错误观念，反对只顾眼前利益不顾长远利益的狭隘思想，人类不能凌驾于自然之上，而应该保有一颗万事万物平等的赤诚之心保护自然生态环境，强烈呼吁人与人、人与自然和谐平等发展。

（二）古代生态文化思想的价值观

在道家和宋、明儒家的生态伦理思想中，万物平等的价值观表现得非常突出。道家学派认为，道是万物的起源，是世间万事万物最普遍、最终的价值根源。"物无贵贱"是道家生态伦理思想遵从的一种价值论，认为事物的价值都处于平等状态之中，我们要平等地看待事物的价值属性。也就是道家所说的，"以道观之，物无贵贱"。① 事物一旦创生，说明它已经内化"得道"，我们将这种"所得之道"定义为"德"，"物得以生谓之德"，② 说的正是此意。不难理解，道家所说的"道"与"德"存在一种辩证关系，两者是统一的，彼此关联又相互依存。万物并不是相同的，每个事物都有其区别于其他事物的自身特征和独特价值，即特殊性。但是从整体性角度去观察，万事万物皆平等，没有贵贱之分、高低之别，用价值去区分事物也是无意义的。在道家学派看来，众生皆平等。这不仅体现在物与物之间没有高低贵贱之分，还体现在人与物同样也是平等的关系。正是因为道产生了人类和万物，所以万物与人是平等的，具有同等的价值尊严。人的本性是自私自利的，但是人类在对待万物的态度上，却不能从自身的需要、利益出发，不能只考虑自己，更不以高低贵贱的标准来衡量万事万物。由此，庄子曰："夫随其成心而师之，谁独且无师乎！"庄子提醒我们不能固执己见，不能将自己的喜恶作为衡量和评判的标准，不能带有主观想法去对待一切事物。因此，我们应该摒弃"以物观之，自贵而相贱"③ 的成心，不要从自我去审查万物而是站在道的角度上

---

① ③　何宗思：《庄子·秋水》，新华出版社 2003 年版，第 271 页。
② 　何宗思：《庄子·天地》，新华出版社 2003 年版，第 239 页。

去看待万物、衡量万物，只有这样我们所能看到的万物才是平等的，没有"成心"的，也没有高低贵贱之分的。人的本性是贵己而贱物的。这都是因为人只站在自己的立场、角度去看待世间万物，而没有以平等的眼光去尊重万物，可以说人类思想和观点还存在一定的狭隘性，有待进一步深化和提高。"万物一齐，孰短孰长"①便是道家认为人类应达到的最高境界。

宋明儒家张载的思想最能体现"万物齐平"的价值观。在他眼中，人与世间万物同是生于自然，都是自然界的必然产物，虽然它们不乏"类"的区别，但是它们并没有高下之分，人不论男女、不论出身贫富贵贱，都是平等的，人与万物并不是奴隶与被奴隶的关系、控制与被控制的关系，而是兄弟同胞和朋友伴侣的亲密关系。当然，张载认为人不能将自己混同于物，人与物又有所不同，要看到人与物的差异性，做到"平物我，合内外"。②这句话点出了人的真正德性所在，也就是热爱并平等看待自然界的一切生命。同时，宋明理学家程颢也赞同人与自然皆平等的理念，主张"天理"是无处不在的又是公正无私的，万物皆平等。人与自然是和谐统一的，人类要平等对待自然界的万物，"放这身来，都在万物中一例看"。③人类对待万物要摒弃偏见和歧视，正确地看待自己和自然万物，既不能自以为是也不能妄自菲薄。"万物齐平"的生态伦理理念在中国传统优秀文化中体现得淋漓尽致，对当代甚至长远的自然环境保护具有重要的借鉴价值。

在强调"万物齐平"生态价值观的同时，古代先哲们还提出了"和实生物，同则不继"，要求我们应该努力保持生物多样性，促进自然界动态平衡。"夫和实生物，同则不继。以他平他谓之和，故能丰长而物生之。若以同裨同，埘，尽乃弃矣。故先王以土与金木水火杂以成百物。"④"埘"可以理解为差别、等级，若"以同裨同"，万物则容易失去差异性、缺乏多样性，必然会导致自然界生态系统的逐渐退化直至衰亡，这说的正是"同则不继"。可见，世界上的万事万物，只有保持其多样性才能更好地实现自然界的稳定性。同

---

① 何宗思：《庄子·秋水》，新华出版社2003年版，第273页。
② 《经学理窟·义理》。
③ 《河南程氏遗书》（卷二），《四部备要·子部》，中华书局1989年影印版。
④ 《国语·郑语》。

样,《孙子兵法·势篇》中也有保持生物多样性的思想,体现在:"声不过五,五声之变不可胜听也。色不过五,五色之变不可胜观也。味不过五,五味之变不可胜尝也。"中国古人认为,"五行"中的金、木、水、火、土是一切生命存在与发展的最基本的环境因子。金、木、水、火、土之间相生相克、相互依存,"五行""五色""五味""五声"正是万物"和"机制的最好体现,也是物质循环再生的具体体现。

(三) 古代生态文化思想的实践观

在中国传统道德规范中,倡导艰苦朴素、勤俭节约,反对铺张浪费、大肆挥霍的价值观念,被认为是民族的传统美德并流传至今。在中国传统生态文化思想中,要求我们遵守道德规范,节制物质享受,爱护自然资源,真正做到节俭爱物。

在生活态度方面,儒家不反对人类求富,追求高水平的生活质量。但是儒家主张人应该遵从一种"合于义"的节俭的生活方式,在求富的过程中也要厉行节俭、合理消费,不应该大肆挥霍。儒家代表孔子则追求精神上的充实、情感上的满足,精神富足才是真正的幸福;而仅仅拥有物质财富并不意味着就拥有了幸福或者人生的满足。孔子称赞满足于"一箪食,一瓢饮,在陋巷,人不堪其忧"的颜回"贤哉,回也",[1] 他强调"奢则不逊,俭则固。与其不逊也,宁固"。[2] 同时他也很重视礼,但他看重的不是礼的外在形式。孔子曰:"礼,与其奢也,宁俭;丧,与其易也,宁戚。"[3] 意思是说,礼仪,与其隆重操办,不如节俭行事;丧事,与其周全完备,不如让人悲戚哀伤。思想家荀子也肯定了节俭的必要性和重要性,他提道:"强本而节用,则天不能贫……本荒而用侈,则天不能使之富。"[4] 节俭是人类减轻天灾人祸所带来负面影响的有效举措,也是顺应天时、符合自然规律的明智之举,更是求得富裕的必要条件。明末清初大儒朱用纯(号柏庐)所撰的《治家格言》中也

---

① 张燕婴译著:《论语》,雍也第六,中华书局 2006 年版,第 75 页。
② 张燕婴译著:《论语》,述而第七,中华书局 2006 年版,第 102 页。
③ 张燕婴译著:《论语》,八佾第三,中华书局 2006 年版,第 26 页。
④ 《荀子·天论》。

列举了相当数量教育后人勤俭节约的金玉良言，如"自奉必须俭约，宴客切勿流连。器具质而洁，瓦窑胜金玉；饮食约而精，园熟愈珍馐""勿贪口福，而恣而杀禽"等。

儒家思想家们除了提倡"节俭"、反对浪费之外，还强调"爱物"的重要性。"爱物"就是珍惜大自然的馈赠，保护生态，要遵循"取之有时，用之有节"的原则，合理利用自然资源。孔子提出"钓而不纲，弋不射宿"，① 便是倡导人类在迫于生计不得已捕猎时留有余地，使自然可持续发展。《吕氏春秋》中写道：肆意破坏生态环境、影响生态平衡被认为是不详的行为，会造成极为恶劣的后果，使象征吉祥的动物远离人类，从而严重影响着人的生产、生活及运气。"覆巢毁卵，则凤凰不至；刳兽食胎，则麒麟不来；干泽涸渔，则龟龙不往。"② 人类不能一意孤行，肆意妄为地破坏生态环境，忽视自然规律；只有珍惜自然、保护生态，人类才能更好地生存下去，自然万物才能良性发展、生态环境才会绿色和谐。要想达到这种状态，就要求人类合理、有度地开发和利用自然资源，保护自然界的物种，减缓甚至遏制物种灭绝的趋势，进而维持自然资源的良性发展，继而适度利用造福人类。正如朱熹在《孟子集注》（卷十三）中所说："物，谓禽兽草木。爱，谓取之有时，用之有节。"

道家"节俭爱物"、讲求"知足"的生态文化思想，主要体现在对待物的态度上。道家认为利用万物要根据实际的需要，对于有害的物质欲望要加以节制，同时不要把财富看得太重。"鹪鹩巢于深林，不过一枝；偃鼠饮河，不过满腹"，③"量腹而食，度形而衣"，"少思寡欲"。④ 正因如此，老子主张清心寡欲，限制物质方面的享受。提出过高的物质要求，对现有物质生活不知足，物质欲望的膨胀，这些都会影响身心，阻碍人的健康发展。他尤其反对不知足的物质欲望。"祸莫大于不知足，咎莫憯于欲得。故知足之足，恒足

① 张燕婴译著：《论语》，述而第七，中华书局2006年版，第97页。
② 张双棣等译：《吕氏春秋译注》，北京大学出版社2000年版，第342页。
③ 何宗思：《庄子·逍遥游》，新华出版社2003年版，第124页。
④ 何宗思：《老子》第十九章，新华出版社2003年版，第34页。

矣"。① 他认为，对人而言最大的灾祸源于不加节制的欲望，若想做到知足则需克制正常生活之外的物质欲望，限制过高的物质要求。不能过度，尤其是不能超过自己正常之需，厉行节俭，从而改变这种不当的、不知足的行为习惯。此外，道家认为应该维护天地万物和谐秩序，这是人类合理、有效利用自然资源的必要前提，要效法"道"的和谐以及有度的法则。爱护自然的同时，还要掌握度的原则，做到适度利用自然资源，不能无节制地浪费甚至破坏自然资源。人类要懂得适可而止、有度开采、利用自然资源，才能更有效地保护生态环境和自然资源。

二、经典回放：马克思、恩格斯生态文化思想

近代工业革命时期，马克思、恩格斯的生态文化思想已经形成，对当时的资本主义社会产生了一定程度的影响。另外，由于受到工业革命影响，社会、自然领域都发生了翻天覆地的变化。资本家被利益蒙蔽了双眼，因财富激起了野心，不惜以牺牲自然环境为代价无休止地疯狂攫取自然资源以求得高额利润，使生态环境日益遭到破坏。扩张带来人与自然关系紧张，马克思、恩格斯开始思考生态环境与人类行为之间的关系，这为共产主义学说提供了有力的论证。马克思、恩格斯虽然没有形成一部专门的生态文化著作，但是将他们不同时期有关自然、生态方面的学说、论著概括起来，主要体现在以下几个方面：

（一）逻辑主线：追求人与自然的和谐相处

人与自然实现本质的统一，是马克思生态文化思想的逻辑主线，更是其核心价值所在。这种高尚的生态价值观，是人类社会应有的基本价值理念和根本的价值规范。

1. 人类是自然界的存在物

人类诞生于自然界，在自然界中生长发育，开展各种各样的行为活动，一直以来都是自然界的家庭成员之一。从进化论的角度分析，人类是自然界

---

① 何宗思：《老子》第四十六章，新华出版社 2003 年版，第 58 页。

发展到特定历史阶段的产物，并且是自然界的重要组成部分。马克思还认为：
"人直接的是自然存在物，人具有自然力、生命力，并且具有主观能动性。这
些力量作为天赋和才能、作为欲望存在于人身上。同样地，人也跟动植物相
似，是被动的，会受到制约和限制。"① 这就意味着，人类作为一种存在物，
属于自然，来源于自然，人不仅存在于原始自然界，也可以存在于现实自然
界。无论如何，都表明人类这一物种与其他生物共存于自然生态系统，人是
自然发展到一定阶段的产物，人与自然相互共生。人类掌握了人与自然的关
系，就应该懂得科学地善待自然，主动承担起保护生态环境的责任，这样才
能促进自身更好地生存与发展。

2. 自然界是人的无机身体

马克思、恩格斯主张，人类与自然相互依存，彼此影响，共生共荣，和
谐发展。不能将人与自然对立起来，片面地认为人类是世界万物的核心，忽
视自然的存在性和内在价值，主观上认为自然是人类谋取利益的工具和手段。
在以人为中心观念的驱使下，人们无限制地肆意攫取自然资源，严重扰乱生
态平衡，剥夺其他生命平等生存的权利，极大破坏了人与自然的和谐关系，
更加不利于可持续发展。人离不开自然界，自然界也不可能脱离人类而自由、
单独存在。为此，马克思提出了"人化自然"观。人化自然不是为了单方面
地掠夺自然资源，而是要在尊重自然和客观规律的前提下适度地开发自然、
利用自然，使之更有效地为人类服务。马克思还强调，人类是自然的主体，
自然又作用于人类。但是，人类不能肆意地去征服自然，更不能无休止、无
限制地去破坏自然环境。要明确自然是人类赖以生存和发展的无机身体，人
类一旦脱离自然将无法生存。从这点上来看，人类与自然是一个有机的统一
整体，不可分割。人类肆意地破坏自然环境，不仅是在破坏人类赖以生存和
发展的物质基础，更是在毁灭人类自身，是在"自杀"。因此，马克思、恩格
斯的人化自然，要求人类必须爱惜、保护生态自然环境，禁止无休止地人为
破坏自然、毁灭自然。一旦自然被人为破坏，人类自身赖以生存的"无机的
身体"将荡然无存，后果将不堪设想。

---

① 《马克思恩格斯全集》（第42卷），人民出版社1995年版，第167页。

3. 劳动实践是人与自然的中介

人与人、自然、社会的关系，都是建立在人类劳动实践基础之上的一种互动状态。马克思认为，整个物质世界的产生和发展属于"人通过人的劳动"的一系列过程，也就是"自然界对人来说的生成过程"。劳动实践是实现人与自然内在统一的唯一手段。这也进一步阐明了马克思"人化自然"观，人类的实践劳动无疑就是"人化自然"最有说服力的印证。劳动是人类最基本的实践，它作为沟通人与自然的纽带，对于促进人与自然和谐起到重要作用。它通过自身使人和自然发生交互性关系，进而认识自然、利用自然、运用劳动工具改造自然，并且赋予自然界使用价值达到满足人类的需求。换言之，如果没有人类的劳动实践，自然界将仍处于原始蒙昧、简单朴素的状态，资源欠缺挖掘，价值有待开发，文明演进也不会得到跨越式发展。人和动物最根本的区别在于人具有主观能动性，是天然的存在物，人能发挥主观能动性去改造世界。而动物只能通过自身的特点来引起外界的变化。对人类而言，脱离自然界的人是不存在的，没有自然，人类难以生存。劳动实践是人与自然的关系的中介。整个劳动实践过程中，劳动主体（人）、劳动工具和劳动对象三要素是有机结合的。自然是存在于整个劳动实践过程中的：劳动主体、劳动工具甚至天然的劳动对象都具有自然物质形态，属于自然的存在；劳动主体的活动环境也处于自然中。人与自然是共生共荣的。另外，人类的劳动实践反作用于自然。人类在通过实践手段改造自然的过程中，要在充分认识自然规律、尊重自然规律的基础上，善待自然，合理地开发与利用自然资源，不能按照自己的主观意志肆意胡为，否则必将遭到自然的报复，将使人类自身面临危机。马克思、恩格斯深刻地批判劳动实践异化危害人性、危害环境，人类既不应当否认并割裂人与自然的关系，更不应当用人类至上的狭隘观念去统治自然。因此，我们应该树立正确的生态观，科学认识自然规律，努力正视人的行为对自然环境所造成的长远影响，从而积极调整劳动实践方式，更好地改造自然。

（二）基本核心：探寻破坏生态环境的根源

既然人类认识到了自然对人类本身所具有的重要意义，为什么人类还是自觉不自觉地破坏生态或者自己的"无机身体"呢？马克思创造性地运用新陈代谢理论，分析人与自然、人与社会之间出现的新陈代谢断裂现象，找出产生生态环境危机的根本原因。

首先，马克思从生态学原理上，剖析新陈代谢断裂破坏农业生态环境。在资本主义生产方式下，唯利是图的资本家只关心生产利益和眼前的经济利益，破坏自然资源，实行大土地所有制。大土地所有制使农业人口不断减少，纷纷往城市聚集，这就造成农业土地的严重浪费。农业人口劳动力不断下降，大工业生产引进大量农业人口，按照资本主义的生产方式，盘剥自然资源，肆无忌惮地破坏着农业生态环境。虽然农业实行大工业的农业生产，但是农业在发展的同时，农业劳动力也被滥用、榨取和破坏。资本主义农业与传统农业截然不同，不择手段地追求短期效率和产量，这种提升以侵占劳动者技术、霸占先进劳动工具与压榨土地肥力为前提，完全无视土地的可持续发展。

其次，马克思从新陈代谢的角度借助劳动实践来分析人与自然的有机整体关系。劳动实践正是二者正常进行新陈代谢的动力和载体。"劳动就是人和自然之间的过程。在这个过程中，人通过自身的活动来掌握、协调人和自然之间进行物质交换，并从自然中获取物质能量。"[1] 所以，马克思以劳动实践为出发点，提出必须构建生态劳动实践观，这种观念既合乎人性又合乎物性。基于此，他还提出了实践标准理论，巧妙地将内在尺度与外在尺度结合起来。这里所说的内在尺度，是指人能够以自己本身的需要作为取向对待自然，能够认识自然、利用自然、改造自然。而外在尺度则强调人作用于自然，以自然物本质属性为取向，尊重自然规律。当然，劳动实践并不是自由的，它必须受自然生态规则和万物演变规律的制约。一旦脱离自然规律的制约、约束，就会对人类带来不可估量的灾难。可见，劳动实践不仅是人从自然界中获取物质能量的一种有效手段，也是人与自然乃至整个生态系统实现生态平衡必

---

[1] 《马克思恩格斯全集》（第 23 卷），人民出版社 1972 年版，第 202—208 页。

不可少的机制。通过调节人与自然之间的物质变换，有效推动生态系统的健康发展，保障人与自然关系和谐、有序发展。

最后，马克思运用新陈代谢理论，从资本家的内在本性出发研究并揭示了资本主义经济危机产生人口过剩的现象。资本家疯狂地追求最大限度地谋取剩余价值，同时资本主义的生产方式无休止地肆意掠夺自然资源，主要体现在对土地资源的滥用与掠夺，破坏土壤本身的肥力，也在一定程度上掠夺劳动者，导致自然系统的人口承载量不断下降。这无疑深刻地指出了资本主义社会之所以会产生新陈代谢断裂现象的根本原因。马克思在《资本论》中明确提到出现人口过剩现象的主要原因就是资本主义制度对人口的掠夺。在资本主义生产方式下，工厂中的工人身心饱受摧残。这些资本家为了节约成本，不惜将工人置于狭小、阴暗、潮湿、嘈杂、闷热的生产环境中，对工人的身体器官进行人为破坏，甚至剥夺工人的劳动力，降低福利待遇，严重影响其身心健康。在资本主义制度下，资本主义生产的社会化与生产资料的资本主义必然占有之间的矛盾对资本主义甚至整个世界有着深远的影响。一则使资本主义生产不断扩大，二则无产阶级的购买力却在不断缩小。这种情况势必会影响资本主义社会中的劳动、价值和商品等产品的新陈代谢活动，还容易使资本主义社会新陈代谢活动停滞或终止，直至新陈代谢断裂。对财富的渴望、对利益的需求使资产阶级不满足单纯地剥削工人劳动，开始将视线投向自然，疯狂掠夺自然资源，而这一过程也伴随着对生态环境的破坏，严重影响了人与自然原本和谐的关系。

（三）最终目标：探索和谐关系的最佳"和解"方案

由于资本主义社会新陈代谢的断裂，资本家为了自己的利益、攫取最高利润，只好通过破坏环境的方式来解决。在资本主义条件下，人与自然不和谐的关系无法得到解决，那么又该如何解决生态问题呢？马克思、恩格斯认为，要解决生态环境问题，必须清醒地认识到人与自然、社会是一个完整的生态系统，通过系统自身的新陈代谢促使人与自然、社会的和谐。根据新陈代谢理论，马克思从根本上提出了实现人与自然"和解"的具有生态学理论特点的思想和方案——共产主义和循环经济。

一方面，要处理好人与自然的关系，实现可持续发展必须消灭资本主义制度，尽可能缓和人与自然之间的矛盾冲突，尽快找出解决的有效途径。在资本主义时代，主要面临着两大"和解"难题，"即人类同自然的和解以及人类本身的和解"。①马克思和恩格斯站在这一角度去高屋建瓴地审视人与自然的矛盾，努力找出"和解"之道。而实现这两大"变革"，根本在于"瓦解一切私人利益"②，完善制度上的漏洞，铲除产生私利的土壤，为可持续发展奠定基础。简言之，就是极力解决人类社会自身内部的各种矛盾。③因此，马克思把劳动者联合起来，消灭私有制，构建共产主义社会。马克思认为，共产主义扬弃对人的自我异化、对劳动的异化，完成了自然主义和人道主义，能够真正解决人与人、人与自然之间的矛盾冲突，是人与自然、人与人、人本身"和解"的最高理想。可见，人与自然之间最终的和解，必须将生产关系和社会制度的和解作为依据。全社会都要统一认识，认清人与人的关系制约着人与自然的关系，共同致力于解决自身制造的生态问题。资本主义生产方式已经严重影响生态环境，因而马克思预言，资本主义高度成熟之后，资本主义制度会被社会主义所取代，社会主义生产方式也必将取代资本主义生产方式，最终到达最高理想社会——共产主义社会。到那时，人与自然的关系就会达到高度和谐、融洽；同时也实现了人类的全面发展与个性自由发展。在这种社会形态下，人类才能正确地对待自然界，也才能更好地保护人类自己，真正实现人与自然的和谐共存。

另一方面，要发展循环经济。人类应该倡导对自然资源取之有度、取之有道、用之有益的观念以及清洁生产、节约资源、理性消费的生产生活方式。生产和消费是相互统一的，彼此互为媒介。消费创造生产，没有需要的生产就没有其存在的价值，生产就是徒劳。人类的存在就是为了不断地生产消费，但是不能为所欲为，脱离生态系统。要实现生产与消费的良性互动，必须遵循自然发展规律，社会才会进步和发展，反之则会阻碍其发展。此外，马克思利用生物学上的新陈代谢理论来阐述排泄物循环再利用的可能性。"工业废

①②　《马克思恩格斯全集》（第1卷），人民出版社1956年版，第603页。
③　《马克思恩格斯全集》（第25卷），人民出版社1974年版，第926—927页。

弃物和人类排泄物的循环利用，只有在共同生产和大规模生产的过程中才会对生产产生积极的意义，才有交换的价值。这种废料，撇开它作为新的生产要素，可以重新出售的程度用以降低原料的费用。在正常范围内的废料，也就是在原料加工时，平均必然要损失的数量都是要算在原料费用中的。在可变资本的量和剩余价值确定时，减少不变资本的费用，相应地提高利润率。"①同时，马克思、恩格斯主张革新旧式机器，改进技术，对工业废弃物和生产废物进行再加工，提高资源利用率。随着科技的创新，可以通过先进的技术手段从原本无法再利用的废弃物中提炼出有价值的部分重新参与生产，变废为宝，是节约资源、提升效率的重要手段，有效促进了经济的可持续发展。从而可见，马克思的生态经济思想蕴含着可持续发展的理念。而这种发展思想，逐渐被许多资本主义国家和资产阶级学者认可和接受，并将其应用到资本主义的生产实践中。这也成为环境经济学的奠基石，对后人产生深远影响。

总之，马克思、恩格斯以人与自然和谐共生为价值取向的生态文化思想，不乏丰富、系统、完整、科学的生态文化内容；创造性地运用新陈代谢理论来探寻资本主义社会产生生态环境危机的根本原因。在此基础上，还提出了解决资本主义生态环境危机的两条"和解"之道，那就是共产主义和循环经济。在共产主义社会里，异化劳动已经被消除，"物质变换"也达到有序、可控的程度，实现了人与自然的和谐统一。或者说，达到了"人实现了的自然主义""自然界实现了的人道主义"的境界。② 在马克思、恩格斯看来，生态问题已经上升到社会制度层面，需要用制度的外在力量解决生态危机。由资本主义过渡到共产主义，实现人类自由而全面的发展，首先需要我们彻底解决影响生态环境平衡的根源。马克思提出的循环经济，更是可持续发展思想的雏形。这种思想对我国树立科学发展观、构建社会主义和谐社会的生态文化有着具体的理论指导作用，也对解决当时资本主义社会面临的严重生态危机问题具有可资借鉴的实践价值，甚至有助于指导解决全球生态问题。马克思、恩格斯关注全人类共有的生态利益，在理论上反复强调正确认识人类活

---

① 《马克思恩格斯全集》(第25卷)，人民出版社1974年版，第95页。
② 中央编译局：《马克思恩格斯文集》(第9卷)，人民出版社2009年版，第187页。

动与生态环境之间的联系，是中国共产党人生态文化思想的重要理论基础。

三、发展升华：中国共产党生态文化思想的形成与发展

改革开放 40 多年来，在中国共产党几代领导人的正确带领下，我国取得了令世界瞩目的成就，中国的政治经济社会面貌焕然一新，让世界刮目相看。但是，在经济社会发展的同时，生态环境问题却日益凸显，阻碍了我国现代化建设的进程，我国的生态环境保护仍然任重道远。我国是人口大国，人口问题一直以来都是中国发展过程中的最大障碍。日益增多的人口对自然的需求也随之增加，对资源、能源、交通、住房等需求不断升级，深刻影响着中国的生态环境。一方面资源供给有限，另一方面需求不断增加。在当前情况下提高人口的整体素质是中国教育事业的重心，只有大量高素质人才，才能将人口的劣势转换成人力资源的优势。立足中国的现实国情，将马克思主义生态文化理论运用于中国的具体实际中，是摆在中国共产党人面前的一大课题。自新中国成立以来，历代国家领导人坚持以马克思、恩格斯有关生态文化理论为指导，不断继承、丰富、发展和创新马克思主义生态文化理论。历经新中国成立初期毛泽东的"绿化祖国"和倡导节约、改革开放时期邓小平法制生态文化建设、江泽民可持续发展观、胡锦涛科学发展观，一直到改革决胜期习近平的"两山理论""美丽中国""五位一体"等生态文化思想，不难发现我国领导人都高度重视生态文化建设，结合中国生态环境的现实状况、实践成果和中国发展的不同阶段提出了符合中国实际的生态文化思想。

（一）毛泽东生态文化思想

人与自然和谐相处是马克思生态文化思想的逻辑主线，是我国共产党人改造自然的理论依据。以毛泽东为代表的第一代领导集体，针对新中国成立时的生态环境状况，研究和继承马克思生态文化思想，是中国共产党人生态文化思想的萌芽。

1. 植树造林，兴修水利

马克思认为："只有对社会的人来说自然界的人的本质才是存在的；自然界才是人与人之间相互联系的桥梁；才是他为别人的存在和别人为他的存在；

才是人自己的存在的基础。"[1] 人与自然关系不和谐的问题在新中国成立初期就开始显露，社会再生产与环境再生产之间严重失衡。因而，毛泽东将资源开发与生态建设相结合，考虑到工业与农业相协调，适时提出了"植树造林，绿化祖国"。他指出："所有的自然现象都不是偶然的，而是有一定规律的。关键在对它的了解，只有充分了解了，才能让大自然为人类服务。"[2] 他多次强调领导干部要学习自然辩证法，合理利用自然规律，正确处理好兴修水利与水土保持的关系，实现环境保护中综合治理和综合利用的统筹兼顾，而且早在1934年1月，毛泽东同志就指出："水利是农业的命脉。我们应予以极大的注意。"这一论断为当时苏区的农业建设指明方向，也为新中国成立后的水利兴农决策奠定基础。在此之后，我国还先后展开大型水利工程项目的建设，通过治理黄河、淮河等一系列大江大河，使中国人民摆脱了几千年来洪涝灾害频发的历史。

2. 加强公共卫生，注重环境保护

新中国成立之初，城乡的公共卫生问题极为严重。血吸虫病、鼠疫肆虐，不仅影响了国家的长远发展，也直接危害到人民群众的生命安全。毛泽东不仅号召广大民众养成良好的卫生习惯，还别出心裁地兴起一场"动员起来，讲究卫生，减少疾病，提高健康水平，粉碎敌人的细菌战争"的爱国卫生运动，将卫生与否提升到道德的高度，要求广大民众要以讲卫生为荣，以不讲卫生为耻。为使广大人民群众彻底摆脱"千村薜荔人遗矢，万户萧疏鬼唱歌"的困境，消除各种疫病和传染病的困扰，彻底净化环境，毛泽东要求在全国范围内消灭血吸虫病，还不断追加防治经费，请求苏联专家帮助防治鼠疫，并提出了具体的七年规划，即在七年内，基本上消灭若干种危害人民和牲畜最严重的疾病，如血吸虫病、血丝虫病、鼠疫、脑炎、牛瘟、猪瘟等；在七年内，基本上消灭"老鼠（及其他害兽）、麻雀（不久，麻雀改为臭虫）、苍蝇、蚊子"等"四害"。由此，一场全国性的爱国卫生运动拉开了大幕。实践证明，经过这一场运动，有效地提高了新中国的公共卫生质量，很好地改

---

① 《马克思恩格斯全集》（第42卷），人民出版社1979年版，第122页。
② 毛泽东：《毛泽东早期文稿》，湖南人民出版社1990年版，第94页。

善了旧中国遗留下来的垃圾成堆、传染病流行的状况。较之对公共卫生问题的重视而言，毛泽东对于环境问题的认识有一个变化过程。新中国成立之初，百废待兴，出于尽快进入世界强国的渴望和实现国家工业化的热切期盼，毛泽东在看待环境保护问题时一度发生偏颇。如提出一切以发展为要务，"大干快上"，严重的环境污染在全国范围内多次发生，严重影响了人民群众的生活质量。如大炼钢铁运动，有些地方烧秃了万顷荒山。不断频发的环境污染事件，引起了毛泽东的高度重视。他在各种场合多次提到环境保护问题，并做出了关于开展环境保护工作和发展中国国家环境科学研究的重要指示，要求各地迅速控制污染态势，尽快治理好环境。1973 年 8 月，首次全国环境保护会议在北京召开，表明毛泽东对加强环境保护工作逐步重视。

3. 倡导勤俭节约

勤俭节约是中华民族的传统美德。我国是人口大国，又是经济穷国。要想中国强起来、富起来，需要中国人民长时间的坚持不懈和艰苦奋斗。因此，全民要遵守中华民族勤俭节约的传统美德，全面、持久的厉行节约是勤俭建国的重要方针政策。毛泽东认为节俭是一项原则，贪污和浪费是一种犯罪。早在 1957 年 2 月 27 日，毛泽东就清醒地认识到我们是一个很穷的国家，要进行大规模的经济建设，厉行节俭，争取用较少的钱，办较多的事，努力改变中国贫穷落后的现状。他提倡要节约闹革命，坚决制止追求奢侈、铺张浪费的生活作风。1968 年 2 月 26 日，上海市积极响应毛泽东"要进一步节约闹革命"的指示，掀起了一场增加生产、增加收入、反对奢靡浪费、提倡理性节约的群众活动，得到群众的一致称赞。铺张浪费是消费异化的一种变相表现，大量消费就需要大量生产，大量生产必然消耗过量的资源，从而产生一系列的连锁反应。因此，实行增产节约、反对铺张浪费的伟大举措，不仅有助于经济社会的发展，改变中国贫穷落后的面貌，也有利于改善生态环境。

综上所述，毛泽东分别从不同的角度阐述其生态文化思想。第一，从人与自然的角度，提出"植树造林，绿化祖国"的举措；第二，从人的角度，提出加强公共卫生，注重环境保护；第三，从自然的角度，在细节、小事中厉行勤俭节约。这些生态文化思想都是中国特色社会生态文化思想的萌芽，体现了在新中国成立初期就开始重视生态环境，提出了许多可行的生态建议，对中国今后的生态文化建设有重要作用。

（二）邓小平生态文化思想

1958 年全国"大跃进"和人民公社运动，由于急于求成，违背了自然发展规律，以牺牲、破坏环境为代价发展农业，却遭到自然无情的报复，直接影响农业生产发展。邓小平不仅是我国现代化建设的总设计师，也是生态文化建设的先驱，为我国生态文化建设做出了重大的贡献。在农业生产上，主张依靠科学技术的力量，重视科技，努力实现农业的可持续发展；在保护生态环境方面，提出抓法制，预防先于治理，号召全民植树。

1. 狠抓科技引领生态农业，实现农业可持续发展

马克思主义最注重发展生产力。我们现在所讲的社会主义是共产主义的初级阶段，生产力水平还比较低下，人民生活水平不高，而共产主义的高级阶段，是在社会主义高度发展、社会物质财富极大丰富的前提下，实行各尽所能、按需分配。所以，社会主义阶段的最根本任务就是发展生产力，不断满足人民的需求，改善人民群众日益增长的美好生活的各种需要。新中国成立以后，我国存在着生产力发展严重不足、人民生活水平低的问题。社会主义要消灭贫穷。贫穷不是社会主义，更不是共产主义。中国社会经济发展的目的，在于发展生产力，增强国家的综合国力，提高人民的整体生活水平。中国特色社会主义不仅体现在经济的平稳运行良性增长，还要把社会秩序、社会风气搞好，给经济社会发展创造良好的社会环境。发展涉及经济、社会、教育、道德等各领域全面发展，要注意保护生态环境，追求可持续发展，造福后代子孙。

民以食为天。农业是国民经济的基础，农业发展是否科学，也会影响生态环境。农业生产需要自然提供阳光、雨露、土地等资源，在良好的生态环境下才能得以实现。当然，在农业生产的过程中，人类也会对自然环境产生破坏，比如过度开荒、施用化肥农药等，间接威胁到农业生产。邓小平针对这种情况提出了通过改革手段来解决农业生产发展的问题。当时，我国实行家庭联产承包责任制和发展集体经济，这两项举措都促进了农业的生产发展。

这样不仅可以理顺农业生产力与生产关系的关系，还能有助于发展生态农业。同时，生态农业是未来农业发展的方向，农业要发展，必须依靠科学技术。正是看到生态农业的重要性，邓小平极力推广农业技术，并指出："保护生态环境，解决农村能源、农民生活等问题，都要依靠科学的发展。"① 1988年，他概括出"科学技术是第一生产力"。② 此外，在农业生产方面，邓小平说："农业、能源和交通、教育和科学，搞好教育和科学工作，我看这是关键。"③ "我们充分认识未来技术的重要性：未来农业的出路靠的是尖端的技术，最终还要由生物工程来解决。"④ 生态与科技相结合为我国现时期解决生态问题提供了出路。通过发展生物技术促进农业现代化技术的发展，实施科学种田和科教兴农，这为我国生态发展留下了一笔财富。可以看出，就农业方面，邓小平强调农业的可持续发展涉及经济、环境领域，这也是他生态文化思想中的重要部分。

2. 加强生态环境保护，重视生态法制建设

在经济和社会发展中，邓小平仔细研究中国当时经济发展与环境保护两者之间的关系，深刻地认识到自然环境与经济发展之间、生产力之间的辩证关系。他提出不能让自然环境成为经济社会发展的牺牲品，在处理好经济发展与环境保护之间关系上，他更倾向于将生态环境保护好。纵使当时的中国，经济建设是主要任务，但是他从长远考虑，否定非理性生产，着眼于社会经济与环境保护的双赢和共赢。另外，邓小平提倡并组织动员全民积极参与环境保护、植树造林，还将每年的3月12日确定为中国的植树节。为鼓励人们积极地参与到环境保护的生态行动中来，邓小平还设置了一套奖惩措施，保障植树造林活动。当时邓小平已经有了依法治国的思想。在生态文化建设中，他强调一手要抓建设，一手要抓法制。

1978年的中央工作会议上，邓小平说："必须集中主要力量制定刑法、民

---

① 朱建堂：《中国共产党领导人生态伦理思想论析》，《湖北大学学报》（哲学社会科学版）2010年第6期。

② 邓小平文选（第三卷），人民出版社1993年版，第274页。

③ 邓小平文选（第三卷），人民出版社1993年版，第9页。

④ 邓小平文选（第三卷），人民出版社1993年版，第275页。

法、诉讼法和其他各种必要的法律法规，真正做到有法可依、有法必依、执法必严、违法必究。"① 1978 年，在国家的根本大法《宪法》中首次列入环境保护，从此生态环境有了法律保护，不难看出邓小平对环境保护的重视。1983 年 12 月 31 日，确定环境保护是我国的一项基本国策；还提出了"三同步，三统一"的方针。1989 年，提出要"能够持续，有后劲"，贯彻实行自然生态的可持续发展战略。邓小平从法律和制度上保障我国生态文化建设，他的生态法制思想为我国民主法制提供理论基础，更指引着我国环境保护。

（三）江泽民生态文化思想

新时期，中国在发展过程中必须把经济发展与保护生态环境辩证统一起来，将马克思生产力论与生态文化论相结合，努力实现生产力与环境保护的"共赢"。这就要求我们在"加快经济发展、保护生态环境"之间相互权衡，掌握并处理好经济与环境的关系。江泽民同志提出两手抓，一手抓经济发展，一手抓环境保护。各级领导干部要加强环境思想认识，明确"破坏环境等同于破坏生产力，保护环境等同于保护生产力，改善环境等同于改善生产力"。② 对此，江泽民提出"三个代表"重要思想，进一步深化并发展了生态文化观。

1. 先进生产力发展的迫切需要：促进人与自然的协调与和谐

江泽民同志指出：保护环境的实质就是保护生产力。其一，人和自然的和谐统一，可以拓展人类的发展空间。在更为和谐的生态环境中不仅扩大了人类生产生活的活动区域、提高了自然资源的开发潜能，而且调动了人们的积极性，间接地推动着生产力的发展。当然，自然环境是人类生产生活的物质基础。人与自然的关系和谐了，整个自然生态系统会保持良性循环，经济社会就有无限的发展空间。其二，保护环境、改善环境，可以促进科学技术的进步。世界经济正朝着节约资源、保护环境，循环经济、绿色经济的方向发展，再加上循环经济、绿色经济发展的环境技术已经被列入世界先进技术范畴，成为世界各国争相角逐的对象。近年来，我国在不断地淘汰落后的基

---

① 邓小平文选（第二卷），人民出版社 1994 年版，第 136 页。
② 中共中央文献研究室：《江泽民论有中国特色社会主义》，中央文献出版社 2002 年版，第 282 页。

础设施和设备，严查并严惩那些污染严重的企业，促进环境技术的发展，更能带动我国产业优化升级和产业结构调整。其三，人和自然的协调与和谐，体现我国的生产力发展水平。人类利用自然和改造自然的实际能力，也就是我们所说的生产力。人类不能违反自然发展规律，超出自然界所能承受的范围去索取自然资源，否则人类必将受到自然的惩罚。因此，发展生产力必须以人与自然的和谐关系为基础，保证社会生产力与自然生产力、经济再生产与自然再生产相协调，实现在生态良性循环和自然持续供应的前提下，生产力能够持续发展，只有这样，才能称得上是生产力的高度发达。

2. 先进文化前进方向的伦理要求：环境保护的生态思想

长达200多年的工业文明历史，使人们的生存环境遭受极大的破坏、污染，人类自身也在不断地膨胀，无限制地开发资源。面对大自然的无情报复，人类必须做出理性的选择，厘清人与自然的关系，形成科学的、理性的生态文化观。这既是在继承和发展中国古代"天人合一"自然观，也是在反思天人对立自然观，是中国今后实施可持续发展战略的伦理基础。

当前，在人类改造客观物质世界的过程中，要不断克服改造带来的负面影响；另外，也需要积极开展面向领导干部、面向社会、面向青少年的环境宣传教育，宣扬人与自然和谐共处，倡导和谐绿色的生态观。实施可持续发展战略，走资源节约型、环境友好型的发展道路，倡导绿色消费，营造良好的生态环境，建设有序的生态运行机制。江泽民的发展理念，是在马克思关于人与自然关系和谐的基础上，对邓小平生态文化思想的进一步提升、深化。针对当前我国经济社会发展所暴露出的环境问题，可以说及时采取和调整合理有效的发展战略迫在眉睫。我们要坚持可持续发展，提高人口质量，减少人类对自然的破坏，提高环境承载能力。另外，提高人口素质贵在教育，强调"科教兴国""人才强国"战略，将学校教育、家庭教育和社会教育同时开展、同步进行；认清环境教育的重要性，培养正确的生态自然观念，自觉投身于环保行动。2002年11月，党的十六大正式将江泽民提出的可持续发展写入党的十六大报告，并将可持续发展作为全面建设小康社会的目标之一。

3. 人民群众根本利益的伦理本质：优美的生态环境

环境保护是一项复杂的系统工程，不仅关系着国家的发展，还事关广大人民群众的切身利益。"三个代表"重要思想保障广大人民的根本利益，尽显以人为本的生态伦理本质。江泽民始终坚持为民谋利益，将改善环境问题、巩固党的执政地位和坚持可持续发展相结合，努力建设小康社会。人民是推动历史进步的中坚力量，如果没有人民的支持，生态保护就只能是空谈。21世纪初，党要解决的最棘手的问题便是改善人民生活水平与保护环境协调发展，真正做到为人民服务。

提升人类的生活质量与优美的生态环境是紧紧联系在一起的，不能将它们分开。社会在不断地发展、进步，而人们的需求也在变化。人们在解决温饱问题后，不再满足于基本的生理需要，会去追求更高层次的需要，即要求更好的生产、生活环境。生态环境越来越好，说明人们的生态意识逐渐形成，生活质量在不断地提高。在良好的生态环境下，可以使人们愉悦身心、激发潜能；还可以改善人们的生活质量，提高人们的活动效率。优美的生态环境还能满足人们的审美享受的需要，使人们不断丰富和拓展自己的审美对象。在经济快速发展、生活压力加大的情况下，优美的环境确实能净化人的心灵，陶冶人的情操，减少心理压力，给人以美的享受。而这一切都离不开大自然，离不开生态环境。由此可见，"三个代表"重要思想中蕴含着丰富的生态文化伦理精神，坚持以人为本，时刻凸显中国共产党全心全意为人民服务的政治本色；同时，还将共产党崇高的政治品格与优秀的生态伦理完美结合，彰显良好的政治生态面貌。

（四）胡锦涛生态文化思想

在全面建设小康社会进程中，中国共产党致力于全力解决生态环境问题，狠抓节约资源、保护环境和改善生态的各项攻坚工作。此外，还提出了建设资源节约型、环境友好型社会和发展循环经济的生态文化思想。2002年党的十六大，胡锦涛提出要坚持走新型工业化道路，将科教兴国战略、人才强国战略和可持续发展战略确立为国家的基本战略，这一举措深受人民群众的支持与称赞。胡锦涛总书记在党的十六届三中全会上明确提出"坚持以人为本，树立全面、协调、可持续的发展观，促进经济社会和人的全面发展"，简称"科学发展观"。"统筹人与自然和谐发展"是科学发展观的内容，也是中国实现社会全面协调发展的重要方面。① 党的十六届六中全会上，提高资源利用率、改善生态环境已经作为构建社会主义和谐社会的重要目标和主要任务之一。② 接着，颁布了《关于加快发展循环经济的若干意见》（以下简称《意见》），该《意见》要求"以尽可能少的资源消耗和尽可能小的环境代价，争取最大的经济产出和最少的废物排放，从而努力建设资源节约型和环境友好型社会"③。2005 年 10 月，在党的十六届五中全会通过的"十一五"规划建议中，建设资源节约型、环境友好型社会被确定为国民经济和社会发展中长期规划的一项战略任务。2006 年 3 月，"十一五"规划纲要进一步强调，要"贯彻落实节约资源和保护环境基本国策，建设低投入、高产出，低消耗、少排放的生态型国民经济体系"。④ 2006 年 10 月，党的十六届六中全会进一步要求，努力解决影响国家可持续发展的环境问题，找出并解决危害人民身心健康的问题，加快步伐构建社会主义和谐社会。由此，在科学发展观的引领下，中国社会正一步步努力朝着建设资源节约型、环境友好型社会的宏伟目标砥砺前行。以科学发展观为基础的胡锦涛生态文化思想，标志着中国化马克思主义生态文化思想的初步形成。

1. 统筹人与自然和谐发展

当时，我国正处于社会主义改革和发展的关键时期，在这个特殊的重要时期，要严格按照"八个统筹"的要求，协调处理好人口、资源、环境和经济社会发展之间的复杂关系，将局部利益与整体利益、眼前利益与长远利益的关系处理好。把经济的增长、社会的进步建立在生态良性循环的基础上，走生产发展、生活富裕、生态文明的可持续发展道路。在加快经济建设的同时，也要大力发展教育、科技、文化、体育、卫生、医疗等社会事业，实现各个领域、各个方面全面统筹发展。在全面统筹发展中，需要注意权衡各方的利益关系，避免矛盾激化；密切关注农村及偏远、经济落后地区的发展，极力解决"三农"问题；还要缓和人与人、人与自然之间的矛盾冲突，进一步推进人与社会、

① 中共中央文献研究室：《十六大以来重要文献选编（上）》，中央文献出版社 2005 年版，第 15 页。
② 《中国共产党关于构建社会主义和谐社会若干重大问题的决定》，《人民日报》2006 年 10 月 19 日。
③ 中共中央文献研究室：《十六大以来重要文献选编（下）》，中央文献出版社 2006 年版，第 959 页。
④ 《中华人民共和国国民经济和社会发展第十一个五年规划纲要》，《人民日报》2006 年 3 月 17 日。

人与人、人与自然以及各种社会组织的协同发展；在满足当代人的利益需求时，要注意节约资源、保护环境，为后代人的发展创造广阔空间和有利条件。科学发展观是我们解决经济发展问题的一盏指路明灯。在全面建设小康社会和现代化事业中，它能带领全国人民走可持续发展的道路。

发展是第一要务。只有处理好经济社会发展中遇到的各种问题，追求速度和结构、质量、效益相统一，才能确保后代在实现协调发展中的连贯性、持续性。人类的社会实践带有很强的主观能动性，如果不加以约束，人们就会对大自然无节制、无休止地索取，最终彻底中断整个自然系统的可持续性。反之，自然界又会报复人类，甚至向人类加倍索偿。因而，还要求我们做到统筹兼顾，在发展中实现各方面的均衡，处理好改革过程中遇到的种种难题。做到"以人为本"，就要始终坚持人与自然、人与社会、人与人三者关系的和谐协调发展，从而推进人的全面发展，促进经济社会可持续发展，进而保障生态环境与经济社会的良性循环发展。

2. 树立正确的生态文化观

2005 年，胡锦涛在省部级研讨班上强调，要建设"民主法治、公平正义、诚信友爱、充满活力、安定有序、人与自然和谐相处"的社会主义和谐社会。构建社会主义和谐社会一经提出，中央领导同志们纷纷深入各地实践调研，并且多次发表重要讲话。

构建和谐社会，建设生态文化。这是我国第一次将生态文明与政治文明、物质文明、精神文明等并列，表明我国的生态文明建设已经迫在眉睫、任务艰巨。建设生态文明，提高国家综合实力，根本还是要看人民的整体素质如何。全民整体素养的好坏，将会直接影响到和谐社会的构建和生态文化的建设，还会影响到中国经济社会的快速发展。提升全民素质的关键在于全民在思想上培养正确的生态自然观和生态发展观。然而，生态观念的养成不是一天两天就能看到成效的，而是一项长期的民生工程，甚至需要几代人的共同努力才能完成。可见，要使全民确立长期持久的生态意识和生态文化理念，一是要强化生态观念教育。通过多种教育途径，科学施教，全面灌输生态理念，让生态理念深入人心，以保护环境为荣，破坏环境为耻。二是依靠人民群众，发挥群众生态文化建设坚实力量的作用。人民群众的力量不容小觑，在生态文化建设中充当着主要的角色，必须发挥群众的作用，充分调动人们参与生态建设的主动性和积极性，将有限的个人力量汇聚成无穷的集体社会合力，发挥团队的效能；组建环境保护组织，搭建生态环保平台，加以引导，将保护措施落实到位。三是重点培育生态文化观，树典型、立榜样。主要领导干部是生态文化建设的"领军人物"，他们能否对生态文化观有正确的认识和理解，直接关系到党的生态文化建设方针政策是否能够贯彻落实下去。在正确生态文化观的引领下，就能鼓励更多的人民群众对我国的生态文化建设提出宝贵意见和建议；端正主要领导干部的政绩观，全面推动中国生态文化建设，构建社会主义和谐社会。

　　3. 转变经济发展方式

　　改革开放40年来，中国的经济社会取得飞速发展，其发展速度之快让世界震惊。但是，在这背后，我国依然存在着生产技术落后、以劳动密集型产业为主、高精尖产品少的情况。这些粗放型企业更多的是带来高污染、高能耗、低产出，致使经济发展与生态建设相对立。当前，我国经济结构仍然不完善，还处于较低水平的层次。传统粗放的经济增长方式容易使"自然系统整体功能不断下降，人口与环境矛盾日益尖锐，制约着中国经济社会的发展，甚至影响到人民群众的身体健康"[①]。因此，转变经济发展方式，发展循环经济、绿色低碳经济便成了缓解生产与自然的矛盾冲突的必然选择。粗放的生产方式已经不适应社会经济发展，反而会阻碍中国社会经济的快速发展，更会引发一系列的环境问题。为此，胡锦涛同志尤其重视科技自主创新能力，主张加大技术的应用与推广力度，大力研发生态技术降低资源损耗，最终实现自然资源的合理有效利用，以高端的环境技术引领中国发展，进而增强国家的核心竞争力。

　　胡锦涛有关生态文化的思想始终贯彻人与自然和谐统一的理念，认为二者的统一是社会和谐的有机载体，构建社会和谐离不开人与自然的和谐。在构建社会主义和谐社会的过程中，要接受科学发展观的正确引导，尊重自然，保护自然，合理开发利用自然，朝着人与自然和谐发展的伟大理想目标奋进。

---

① 　中共中央文献研究室：《十六大以来重要文献选编（上）》，中央文献出版社2006年版，第820页。

（五）习近平生态文化思想

党的十八大以来，习近平同志充分吸收马克思生态文化理论和前几代中国共产党人的生态文化精髓，创造性地将我国的生态文化建设进一步提升到更高层次的理论深度和战略高度。在继承和发展中体现人类生态文化思想的先进性、科学性，不断升级生态文化的理论认知和实践。以习近平为核心的党中央，第一次提出包括构造生态文明建设在内的"五位一体"总体布局；第一次提出"美丽中国"这个概念，把生态思想意识与生态具体实践相结合，强调将人类活动控制在自然界所能承载的有限范围内。不难看出，习近平生态文化思想是符合中国新时代特色的实践运用，坚持生态文化建设也将是中国在实现全面建成小康社会决胜期的重要举措。

1. 生态自然观："生态兴则文明兴"

新时代，习近平同志在继承传统生态文化思想的基础上对其进行了丰富和发展，为构建中国特色社会主义理论体系增添了重要内容。它不仅强调了生态文化建设的重要性，并且要以生态自然观为指导，协调好人口与自然的关系。生态自然观是习近平生态文化思想的重要内容之一，将生态与中国的文明兴衰联系起来。习近平同志在继承马克思主义生态文化思想，深刻把握自然发展规律、人类发展规律和社会发展规律的基础上，认真探索人与自然的关系，结合我国生态文化建设实践经验，提出了"生态兴则文明兴，生态衰则文明衰"。[1]习近平高瞻远瞩地将生态文明建设放在突出地位，紧紧围绕我国现阶段生态环境问题提出了一系列意蕴丰富、意义重大的涉及生态文化建设的论断，形成了一整套逻辑紧密、系统科学、自成一体的习近平生态文化思想体系。

生态兴衰与文明兴衰关系密切。生态环境的状况、类别和特征不仅会关系国家和社会的发展，也会作用和限制文明发展的程度和走向。在人类历史上，古代文明因为林茂、水丰的优美生态环境而兴盛一时，但是却因为生态严重失衡、环境遭受破坏而衰败。习近平"生态兴则文明兴，生态衰则文明

---

① 李雪松、博文、吴萍：《习近平生态文明建设思想研究》，《湖南社会科学》2016年第5期。

衰"的生态自然观，符合现阶段中国社会发展的方向，是中国化马克思生态文化的最新智慧和理论结晶。随着中国进入生态文明新时代，新时代的使命要求我们必须将生态文明建设融入政治、经济、文化、社会的各个方面和全过程中，将建设好美丽中国作为实现中华民族伟大复兴不可或缺的重要步骤。因此，习近平提出了一系列有关保障我国生态文化建设的有效措施。比如，要求全民在思想上树立尊重自然、顺应自然、保护自然、合理利用自然的生态观念；还要始终坚持节约优先、保护优先、自然恢复为主的方针政策。这些举措的根本目的在于通过完善生态制度、维护生态安全，最终优化生态环境。因此，我们要构建和弘扬这种生态自然观，宣传普及绿色观念，让生态文化扎根于人们的心中，形成尊重自然、保护自然的生态文化意识；在实际生活中，我们要尽自己个人的绵薄之力，从身边的小事做起，厉行勤俭节约、保护环境，理性消费、环境友好的生活方式。

2. 生态民生观："最普惠的民生福祉"

一直以来，中国共产党高度重视民生问题，致力于改善民生，提高人民生活质量。在现阶段经济发展与环境失衡的情况下，习近平始终站在人民的立场，关心人民群众，重视人民的呼声，更重视人民的生活幸福。他指出："要以人民福祉为出发点全面深化改革，从而促进社会的公平正义。"[1] "环境就是民生，青山就是美丽，蓝天就是幸福。" "必须紧紧抓住环境治理这项重大的、复杂的民生实事，认真研究解决，不容懈怠。"民生关系国家兴衰，生态威胁人类生活。"问题是时代的声音，人心是最大的政治"[2]，以习近平为代表的党中央，致力于改善生态环境、解决资源环境问题，关注人民的切身利益。为了缓解人民对于不断提高的生活质量要求与日益严重的生态环境问题之间的矛盾，习近平高度评价生态文明建设，认为生态文明建设不仅关乎人民当下的福祉，还事关中华民族的未来。此外，他还认为最公平的社会公共产品就是优美的生态环境，全民共享、共有是最普惠的民生福祉。因此，保护生态环境，人人有责。这关系着人民群众的根本利益和中华民族的长远利

---

① 林祖华：《十八大以来习近平民生思想探析》，《中国社会科学院研究生学报》2016年第9期。
② 吴晶晶等：《全国政协举行新年茶话会》，《人民日报》2015年1月1日。

益，更是功在当下、利在千秋的伟大民生事业。①

伴随着人民生活水平的不断提高，更高质量的生活环境和绿色的食品、优美的环境、清新的空气等都成了人们追求的目标和方向。可以说，生态环境的质量好坏已经影响到人民生活的幸福感、满意度，人们也逐渐认识到了这一点，对生活环境质量也有了更高的要求。习近平总书记积极响应人民群众的呼声，提出"美丽中国"的伟大构想；还把生态文明建设纳入"五位一体"格局中，这是对人民期盼良好生态环境的高度尊重，满足全民的生态需求，体现人民有所呼，党就有所应。

3. 生态生产力观："两山理论"

在推进生态环境保护的过程中，各级主要领导干部是生态保护的主要力量，对广大人民群众起着表率、模范带头作用。因此，习近平抓住领导干部这一关键因素，强调必须要树立坚定的环境保护观，坚决摒弃一切损害甚至破坏环境的消极做法，告诫我们决不能再采用过去以牺牲环境为代价换取一时经济增长效益的粗放发展模式。习近平同志还明确指出，"我们既要绿水青山，也要金山银山，宁要绿水青山，不要金山银山，而且绿水青山就是金山银山"。习近平提出的"两山理论"，紧跟时代发展趋势。该理论体现了保护、改善生态与发展生产力三者间的密切联系，是对以往观念的突破与创新。

传统生产力理论认为人的主观能动性具有很大的潜能，人可以向自然任意索取，自然资源取之不尽、用之不竭。然而，它并没有看到人类依赖于自然，忽视了人与自然的协调发展。先污染后治理，以牺牲环境为代价的发展经济方式已经被时代所摒弃，更多的需要我们自觉发展绿色经济、循环经济，要清楚地认识到蓝天白云、绿水青山才是人类赖以生存的物质基础，国家发展的重要前提。习近平深入研究并发现了传统生产力理论存在的弊端，清楚分析了传统生产力理论对生态造成的破坏，生态一旦破坏不仅很难恢复，甚至会造成不可逆的后果。唯有良好的生态环境才能推动社会生产力健康有序发展，才能为社会主义建设提供充足持久的活力。辩证看待开发和保护的关系，实践过程中要协调统一；要清楚地知道保护社会生产力就要保护生态环

---

① 习近平：《青山绿水就是金山银山》，《人民日报》2014年7月11日。

境，发展社会生产力就要改善生态环境。习近平的环境生产力理论，正是对马克思生产力理论的丰富，并向更深程度发展。它把生态生产力理念融入社会经济发展的各个方面，极力调整国家产业结构，转变经济发展方式，让绿色理念根植于具体实践中，指导人类的生产实践。

4. 生态法治观："生态安全底线不可触碰"

造成生态问题的主要原因之一在于制度的不完善。虽然我国建立了生态环境法律体系，但是还不健全、不完善，不能完全覆盖生态文化建设的各个领域、各个方面。环境制度的健全，大多是由于社会事件的发生，倒逼生态法律法规的完善，带有很强的被动性。生态安全有利于保障经济社会有序发展，但是生态安全也需要通过国家的约束力和强制力来保障。习近平还专门提出了"生态红色"这一概念。习近平"生态红色理论"中的"生态红线"是生态安全的底线标准。该理论对我国的生态建设提出了最基本的底线要求。"生态保护的红线就是生态环境保护的底线，对于自然资源的利用以及生态环境的损害绝不能够突破底线，否则就会受到自然的惩罚"，① 这无疑是站在新的立场、新的高度去处理经济社会发展与环境保护的关系。同时，习近平还指出，"最严格的制度为生态建设提供可靠坚实的后盾作保障，实时跟踪生态建设的进展情况，将其纳入经济社会发展评价体系中，增加考核比例"。② 要想恢复生态环境，必须建立健全相关的生态制度，使法律法规落到实处，划定生态红线，规范生态制度，严格追究责任，发挥法律的作用。

习近平的生态法治思想，着重强调法律法规对生态文化建设行为的约束、规范作用；鼓励实行最严格的生态保护制度，完善生态环境责任追究制，发挥法律制度在生态建设中的作用。同时，建立自愿有偿使用制度和生态补偿机制来管理生态建设，用严格的法律制度保障"美丽中国"目标的实现。当然，要真正实现生态文化建设法治化，必须紧密联系生态文化与法治思维，树立绿色发展理念，同时将法律思维、法治理念融入生态建设的全过程，落到细节之处，不断提高生态法治的执法力度。可见，我国生态建设需要有更

① 李雪松、博文、吴萍：《习近平生态文明建设思想研究》，《湖南社会科学》2016年第5期。
② 胡洪彬：《从毛泽东到胡锦涛：生态环境建设思想60年》，《江西师范大学学报》2009年第6期。

加完善、健全的法律制度，这样才能逐步实现生态建设的法治化，推动新时代生态文化建设。习近平生态法治观，正是在这种形势下应运而生的，为生态文化建设保驾护航。

5. 生态系统观：建立生态治理协调机制

自然界中的山水、云林、霜雪等自然物是客观存在的，而且还总是成对出现。这些自然物统一于自然这个有机载体。可见，山水田园紧密联系在一起，山水林田湖就是一个生命共同体。不过，它们之间有"致命"的"关节"和"经脉"，只有打通"关节""经脉"，生态的生命才会永续，才能全面、全方位地推进生态建设，自然界才会焕发生机和活力。山、水、林、田、湖是自然系统中不可分割的重要因素，习近平总书记认为它们之间休戚相关，是部分与整体的辩证关系。任何局部的细微改变都会致使整体发生变化，生态系统内各个要素都极为重要。为此，习近平提出了"山水林田湖"生命共同体统筹生态治理的思想。他指出，"山水林田湖是一个生命共同体，环环相扣。人的命脉在田，田的命脉在水，水的命脉在山，山的命脉在土，土的命脉在树。生生相息，彼此依存"。自然系统实现良性循环发展，生态环境必须摆在首要位置，推行生态改革。当然，单独推行生态改革很难，需要经济、政治、文化、社会的积极配合。如果各个领域改革相互牵制、相互制约，那么全面深化改革将难以顺利推行下去，必会困难重重。即使我们勉强推行下去，也达不到预期效果，终将成为泡影。所以，我国的生态建设需要立足于实际，从整体着眼、从整体谋划，并做好全面深化改革的顶层设计，制定系统性、完整性的行动纲领。

过去，生态治理归于一个部门全权负责，对其管辖的所有领土和国土空间上的一切自然物（即山水林田湖）进行统一利用、统一保护，甚至是统一修复。这种生态治理的方式，不仅忽视了山水林田湖各有权益，也没有看到它们是一个生命共同体。正因如此，传统的生态治理模式已经不能适应新时代的发展需要。我们必须要打破传统模式的束缚，冲破"博弈思维"，割舍"部门利益"，从而建立和完善更高层面的生态治理协调机制，把山水林田湖等自然资源纳入统一治理的框架中。另外，粗放型的开发模式、"竭泽而渔"的开发思路不利于国家的可持续发展，致使资源严重浪费和生态环境遭受破坏，必须彻底摒弃过去错误的资源开发方式，转变方式。生态资源必须得到保护和合理开发利用，要走集约型道路，节约资源，杜绝违法开采；宣扬合理、健康、绿色的消费观念；大力发展先进的环境技术，全面深入推进新能源产业建设，优化产业结构。

6. 习近平生态文化思想的当代价值

习近平生态文化思想符合社会历史发展规律，是人类社会走向生态文明的精神产物，为中国各项事业的发展推波助澜。习近平在前人的基础上，对我党生态建设规律进行深化和发展，将人口、资源、环境等诸要素纳入现代化事业进程中加以考虑，从整体上宏观规划、具体统筹。习近平从多角度、全方位阐述了当前中国生态建设的内容，提出了许多新思想、新观点、新思路，不仅蕴含科学理论价值，还在建设美丽中国、实现中国梦和全面建成小康社会的道路上具有很强的实践指导价值，是党带领全国人民走向富强民主文明和谐奋斗目标的行动标杆。

（1）理论价值。人与自然的和谐关系是生态文化的主线，同样也是习近平总书记关于生态文化思想的核心内容。习近平总书记在我国生态环境问题日益突出，人民群众环保意识不断提高，对美好生态环境殷切期盼的背景下，提出了实现人与自然和谐的系列观点和举措。习近平坚持以人为本，为人民勾勒出了中国特色社会主义新时代"美丽中国"的蓝图，体现了人民群众追求美好生活，对优美生态环境的向往。一是他赋予生态文化建设全新的认知，将生态文化建设向前推进一大步，并指出生态建设关乎群众根本利益；"蓝天白云、青山绿水"不仅是中国经济发展的"本钱""资本"，也是社会生产力的再生资本。习近平还将生态建设与党的执政能力相结合，生态建设的好坏体现党的执政能力。因此，要求全党加强执政能力，贯彻落实生态文化建设。二是他将中国梦与生态建设结合起来，既是时代的发展要求，同时也是社会主义建设实践的现实需要。还把生态文化建设与生产力相挂钩，将保护环境放在首位，摒弃一味地追求经济效益而牺牲环境的发展模式，在确保环境的前提下谋求发展，在发展的过程中加强保护，着力推动生态环境的改善，这无疑是中国生态文化建设史上的一大进步。三是他将生态建设制度化、法制化，实行最严格的制度，从而保障我国的生态文化建设。生态建设日益受到全民的关注，更加有必要将其上升至国家发展战略高度，纳入"五位一体"总体布局中；还提出了创新、协调、绿色、开放、共享的发展理念，引领新时代生态文化建设。

（2）实践价值。

第一，提高生态文化修养。生态文化是我国从古至今发展过程中的优秀历史积淀，也是人民智慧的结晶，更是推动我国全面发展的潜在驱动力。习近平站在历史的高度，从人民的角度着眼，学习和借鉴前人的生态文化观念，形成了符合新时代社会发展规律的习近平生态文化思想。他主张树立绿色经济理念，将生态文化融入人民生产生活中，并在全社会范围内宣扬生态文化，营造绿色环保的良好氛围。生态文化建设离不开人民群众的广泛支持，更加需要人们以正确的环保意识来指导生态治理。因此，培养公民的生态责任意识至关重要，灵活运用新兴媒体加大宣传教育，搞好家庭教育、学校教育，培养人们的生态忧患意识、生态责任意识，积极参与环保行动，从自身做起，坚决抵制一切损坏和破坏生态的不良行为。当然，生态文化建设也会在无形中约束、规范人类的生态行为，产生潜移默化的影响，提高人们的整体幸福指数。低碳绿色的生活方式与环保行动依靠的正是全民的自觉行为，共建美丽中国。

第二，规范生态文明制度。习近平认为，一切行动都需要法律和制度作为根本保障，生态环境保护也不例外。对于中国当前的生态环境问题，必须要找出破坏环境的当事人，严格追究其生态责任，处以最严厉的惩罚。这需要我国完善相关的法律法规，《防沙治沙法》《环境保护法》《大气污染防治法》等规章的出台和补充，使生态考核评价体系更加健全，让生态行为在法律制度的约束下得到规范。另外，要加大环境治理力度，树立绿色、理性的消费观和生活方式，让环保理念深入人心，做一名具备现代生态意识的公民。

第三，加强国际合作。生态环境问题是全球关注的焦点。中国历来重视国际环境问题，也在努力想办法解决国际环境问题，并且积极投身于国际环境保护行动之中。我国在加快推进本国生态文明建设的同时，必须站在全球的角度，以全球的视野看待生态问题，加强国与国之间的沟通协作，统筹国内与国际的生态环境建设，更要努力营造负责任的生态大国形象。生态问题已经不仅是某个国家内部的事情，或者说不单单是发展中国家存在的生态问题，而是事关全球各个国家，涉及全球各个国家和人民的利益。生态问题波及全球，其影响之大，不可想象。一个国家的力量微薄、弱小，是很难真正解决全球性生态问题的。只有通过国家间的强强合作与协调，凝聚全球力量、形成合力，才能有效地解决生态问题，守护人类共同的家园。中国作为国土面积居于世界第三的环境大国，在国际环境合作中理应承担更多的责任和义务。在新时代背景下，习近平生态文化思想中关于生态合作的新思路、新点子，对我们乃至国内国际人员参与到国际环境行动中去解决全球生态问题具有重要的指导价值。

我国文化中关于生态建设的历史源远流长。从中国古代"天人合一""道法自然""众生平等"的人与自然相统一的关系，衍生出了节俭爱物的生态实践。马克思、恩格斯的生态文化思想以人与自然和谐相处为逻辑主线，运用新陈代谢理论探寻破坏环境的根源，探索人与自然和谐关系的最佳"和解"方案——共产主义和循环经济。随着马克思生态文化理论引入中国，在中国共产党几代领导人的正确带领下，中国生态文化思想逐步萌芽并不断发展，指引人民群众展开生态行动。马克思生态文化观经过中国历史的洗礼和积淀，形成了毛泽东、邓小平、江泽民、胡锦涛生态文化思想，以及新时代背景下的习近平生态文化思想。这些不同历史阶段的生态文化观都对当时的生态文化建设起到了很大的指导、推进作用，促进我国社会经济生态的良性可持续发展。尤其是习近平系统的生态文化观，对当代乃至长远都有很强的理论指导和实践价值。正确的生态理论指导中国生态实践，促进生态实践，而中国的生态文明建设离不开生态文化指引正确方向。有了正确生态文化理论指引，才能够更深、更高程度地建设美丽中国，真正实现中华民族的伟大复兴。

第二章 培育与整合：生态文化建设的供给机制

生态文化建设需要道德、观念和价值等内在约束力量的配合和补充，而这种内律的效果只有通过教育整合，培育全民的生态素养方能实现。生态文化建设的供给机制的核心在于生态素养的培育，特别是加强生态专业教育和生态普及教育；通过有效的教育机制和平台，将教育、科研系统的知识创造和知识传播以及企业的生态责任连接在一起，形成生态知识教育、企业生态责任与绿色消费相生相长的发展态势。

一、规范培育：公民生态素养的锻造

（一）生态素养的基本架构

生态素养的培育是生态文明建设的内在要求和集中体现。公民作为生态文化的传承者与创新者，其思维方式和行为方式直接关系到我国生态文明建设成败。生态素养是公民应对生态危机和生存困境背后的根源，它不是简单地使用和掌握生态知识，而是深刻理解生态系统的多样性和复杂性，从哲学、历史、文化、社会等多层面、多角度来理解分析解决生态问题。具有生态素养的人，能运用适当的生态价值观思考个人与自然、社会问题，主张既满足当代人需要又满足后代子孙长远生存和发展的需要。当然，这种生态价值观的构建必须建立在公民的生态意识和生态行为上。只有当公民将生态素养自觉内化为个体素养的一部分，才能在更大程度上推动社会环境协调、和谐和可持续发展。

1. 生态文化素养的内涵及要素

美国学者大卫·奥尔于 1992 年首次提出"生态素养"（Ecologicalliteracy）的概念。他认为人类面临日益严重的生态危机，源于人类不具有全面的自然科学和社会科学知识，因此不可能形成对自然生态系统的全面认知。他主张对公民进行新的生态教育，培养生态素养，构建人与自然和谐共存的后现代社会。[①] 卡普拉则重申并强调了奥尔提出的生态素养概念，他在《生命之网》中，指出人类重建生命之网与社会成员的生态素养之间存在着普遍联系，它对于保障人类后代的长期生存具有重大意义。[②] 由此可见，生态危机的解决、生态文明建设都离不开公民的积极参与，而这种参与是建立在公民的生态素养不断提高的基础上，为此，建设生态文化，推进人与自然和谐相处离不开生态素养系统的构建。生态素养是人与人、人与社会、人与自然共生共荣共情的产物，其主要内容包括生态知识储备、生态主体的价值认知和生态行为能力三个方面。要培育生态素养必须从以下三方面着手：

（1）生态知识储备。提升生态素养的基础是公民对生态文化建设的理念及相关生态知识的把握、了解的程度。其中，最关键的是人们掌握生态知识的广度和深度。生态知识是指人们对相关生态文明建设知识的理解和把握，主要包括生态知识的基本概念、内涵外延和规律；生态环保有关政策制度、法律法规等方面的掌握；相关生态法律、政策、制度的内在逻辑关系。只有公民具备相应的生态科学知识，才能在社会生产和生活实践中自觉参与并监督对生态造成破坏的项目，并对政府的生态政策和法规提出合理的意见。

（2）生态主体的价值认知。生态主体的价值认知涉及价值观问题。在人和自然关系严重失调，生态危机威胁人类生存的形势下，人类对于处理人与自然的生态关系、人与人的社会关系以及达成人与社会的和解的生态伦理观念至关重要。为了维护人与自然、人和人的生态和谐局面，建设生态文明的社会，生态主体价值认知主张抛弃人类中心主义观念，必须以严格的标准和

---

① Davidworr. Ecologicalliteracy: Education and the Transition to a Postmodern World, Albany: State University of New York Press, 1992.

② Fritiofcapra. The Web of Life, a Newscientific under Standing of Living Systems, New York: Anchor Books Doubleday, 1996.

规范保护人、社会和自然界的利益，约束损害人、社会和自然界利益的行为。

（3）生态行为能力。生态理念最终要落实在实际行动层面，这样才可以真正促进人与自然的和谐。生态能力指的是公民将自己生态知识储备、生态主体的价值认知转化为实际行动的一种能力。它包括养成文明的生态行为习惯、培养生态消费观念、自觉抵御和制止不良生态行为的能力等。

由此可见，生态素养涵盖了生态的知识储备、生态的认知（生态价值观）和保护生态的行动能力三方面内容，它包含人与人、人与社会、人与自然的知情意结合。生态素养强调通过主体掌握系统科学的生态知识、培养良好的生态价值观、养成良好的生态习惯来实现人类主体性在生态领域中的复归，从而推动社会生态文明的进步和发展。

2. 生态素养与生态文化的内在关系

随着生态危机的逐渐显露，人们开始意识到，生态问题已经不单纯是生态失衡问题。文化失范、人的价值观念错位才是产生生态问题的症结所在。要保证人类安全地生存，需要每个公民转变观念，自觉树立尊重自然、顺应自然、人与自然和谐的生态理念，并将这种意识贯穿于日常生活的方方面面。当广大公民在进行社会生产活动时能自觉将发展经济与保护环境结合起来，并主动融入生态治理，才能更好、更快地实现美丽中国梦。

（1）生态素养是生态文化的重要组成部分。一部人类历史往往是人类文化不断演进的历史。上一阶段形成的文化成果，总是对后期的社会产生较大影响。作为人类社会的先进文化，生态文化是人类在长期的社会生产、生活实践过程中产生的，秉承"尊重自然""人与自然和谐"的精神价值，用于协调人与自然的生态关系、人与人的社会关系、人与自然的关系，追求生态平衡的一切活动。从广义上看，生态文化既包括显性层面也包括隐性层面。从显性层面来看，它包含生态化的生产方式、生活方式和生态化的经济社会发展制度。生态化的生产方式倡导绿色、环保、低碳，生态化的生活方式主张文明、低碳、节俭，而生态化的经济社会发展制度则包含生态经济制度、生态政治制度、生态文明制度等内容。从隐性层面来看，生态文化即生态意识。生态意识包括生态道德意识、生态伦理意识、生态审美意识、生态消费意识等，从这个意义上说，生态素养就成为生态文化的一个重要的组成部分。

（2）生态文化建设为生态素养培育指明了方向。人类的非生态理性行为导致全球性生态危机，严重威胁人类的生存和自然生态的可持续发展。然而，思想是行为的先导。传统的人类中心主义价值观支配人类非生态理性行为，从而造成人与自然的二元对立。要挽救生态危机必须大力建设生态文化，因为生态危机的实质是生态文化危机。罗马俱乐部的创始人奥里奥罗·佩西提出"人的革命"，就是通过变革人的观念、思想、思维方式，谋求更高生存层次上对自然法则的能动顺应和人的生态理性回归。这体现在生态文化建设上主要就是培育科学的生态素养。具体来说，就是要通过生态教育、生态实践等形式，塑造人们的生态价值观，养成生态行为能力，促使人们在与自然和谐相处中发现生态内在美。生态文化的构建是一项复杂的系统工程，需要对人们的生产方式、生活方式等进行全方位的调节，需要彻底转变人们的思维方式。因此，构建生态文化必须首先使人们养成生态化的思维方式，形成生态化的行为方式。为此，生态文化建设为生态素养的培育指明了方向。

（二）公民生态素养培育的瓶颈制约

生态素养是在良性关系中实现人与自然和谐共处的综合素养。从本质上看，生态素养的培育过程实际上是公民生态品德和品质的教育和培养过程。作为公民环境价值观的一部分，提升公民生态素养的能力与水平成为新时期我国加强生态文化建设的重要内容。然而，当前我国公民生态素养仍然存在不尽如人意的地方，这主要表现在：

1. 价值观念与认知上的偏差

生态治理的最根本思路是重塑公民的价值观和树立新的认知。这需要培养主体意识的复归。生态素养培育即主体意识在生态领域的具体表现。然而，当前我国公民对于生态问题的关注度不够。许多公众只有当环境问题直接危及日常生活时才会特别关注环境问题。部分民众在社会生活和生产中仍秉持着"先破坏再治理"的观念，这种错误的生态价值理念一旦形成，将会直接影响人们在处理生态问题时的态度、方法。公民关注生态建设的主动性、积极性欠缺。相当部分公民只有关注新闻报道时才会对生态问题有所认识，只有少部分公民会主动选择报纸或互联网方式来关注生态问题。

2. 生态知识的匮乏

生态知识涉及人们对生态保护的基本认识，包括对国家有关生态治理的法律法规、制度政策，生态的内涵、规律等知识的了解。当前我国积极通过电视、网络、报纸等多媒体方式宣传生态文明建设、美丽中国建设等国家大政方针，大部分公民对此虽然有所了解，但对其实质内涵和核心要义缺乏深入认知。当前我国已颁布《环境法》《环境保护公众参与办法》等一系列生态环保法律法规，然而大部分公民对法律法规的具体内容却所知不多或知之甚少。相当部分公民对于生态系统的维护和平衡等方面的知识也有所欠缺。生态知识的匮乏直接导致公民无法认清生态灾害的根源，对于生态破坏行为听之任之。

3. 公民生态能力需要加强

生态能力指的是公民将自己的生态价值观转化为生态行为的一种能力。养成良好的生态行为习惯，必须具备生态价值观念以及相应的生态知识储备。然而，现实生活中，公民的生态行为习惯却亟待养成。这体现在：公民在使用一次性餐具、环保袋、垃圾分类方面普及性仍然不够，究其原因，是公民环保行为出于保护环境、爱护自然的角度，更多的是基于生活支出或者方便程度来考虑问题的，这反映了公民的生态行为能力仍然存在不少问题，故此必须寻找更符合当今社会现实的生态素养培育路径。

（三）建立稳定的培育队伍，增加生态文化有效供给

习近平总书记在党的十九大报告中提出建设美丽中国的总目标，并提出到21世纪中叶把我国建设成富强、民主、文明、和谐、美丽的社会主义现代化强国。建设美丽中国，核心与关键是提高人们的生态素养水平。为实现这一目标，需要建立稳定的培育队伍，增加生态文化的有效供给。

目前，我国生态意识培育的教师队伍非常欠缺，尚处于起步阶段。零星的项目往往由一些国际组织发起并推动，没有形成常态化机制。有限的关于生态知识方面的教学培训，往往不是官方组织，而是由非政府组织倡导或发

起的，如地球之友、自然之友等。参加培训的学员大多是中学地理教师或生物教师或思政教师，高校从事生态文明研究的教师介入甚少。而从事学生管理方面的教师更是极少参加这方面的培训。大多数高校也普遍认为，高校是生态专业知识最集中也是生态人才荟萃的地方，但对于如何让这部分专业型教师发挥他们对生态知识的普及和培育作用，并没有深入研究。虽然生态素养在各学科中可以渗透，但是生态素养培训如果仅仅局限于地理教师或生物教师，远远不能满足各层级学生提升生态素养的要求。正如塞萨洛尼基宣言所说："包含人文、社会科学在内的所有学科领域，都需要考虑环境和可持续发展问题。在保持各自学科基本性质的同时，可持续性要求用一种整体的、跨学科的办法，把不同的学科、机构整合起来。"①

1. 发挥学校在生态教育中的推进作用，培养生态主体人格

学校作为公民生态素养的教育者与推进者，对于生态价值观及法规条例的深入人心具有极强的推动作用。开展生态教育的最基本方式就是学校教育。学校教育的主要任务是培育学生的生态价值观和生态行为能力，使之成为对社会有贡献的生态环保战士。为此，需要在小学、大学、成人教育等各个阶段进行生态素养知识与能力培养，使公民自觉遵守生态保护的法律、法规和政策，在生活中践行生态环保行为。目前有的国家和地区已经将环保课程作为学校教育的必修内容；环保教育内容成为学校教育的重要组成部分。为了更好地宣传环境保护相关的知识和法律规则，不少国家在中小学教育课程中也专门开设了各种课外活动。主要通过生动活泼的教育形式，加强对小学生生态习惯的养成和培育，形成良好的生态观念和意识。可针对小学生特点，采用丰富多彩的多媒体手段，如通过小朋友们喜闻乐见的图片、动漫、故事等方式，直观生动地将环保知识和教育有机结合起来，让孩子们在潜移默化中接受教育。中学生开始形成理性认识，可以将生态知识融入中学的生物、地理、政治课程中，培养学生形成初步的生态人格，并通过社会实践的形式，体验生态情感，养成自觉的生态行为。可以采取知识竞赛、诗歌朗诵、辩论

---

① Ninth Meeting of the Heads of State and Government，The Thessaloniki Delaration，http://www.mfa.gr/www.mfa.gr/Articles/en－US/09－05－06－NXEN2.htm.

等形式，帮助学生系统掌握生态文明知识，形成对生态知识的准确认知。大学阶段，生态教育的培育方式将更加灵活多样，可充分利用第二课堂和第三课堂活动，以大学生社团为载体，引导大学生积极参与各项生态环保活动并从事相关的宣传和教育，带动全社会公民生态素养的提高。

2. 重视生态素养方面专业教师队伍的培养，促进生态知识的系统传播

我国的生态素养培育是一项系统工程，其中稳定专业的教师队伍以及相应的科研队伍是中坚力量。当前这支师资队伍常态下由地理、生物、政治理论课等学科的教师及部分专职辅导员兼任。特殊情况下，如重大活动时，环保部门的干部也参与宣传和教育活动，但受限于学科知识，缺乏生态素养方面的系统培训，主要目标为应付完成上级布置的阶段性任务。所以这支队伍流动性很大，往往没有固定的一套人马。因此，建立一支熟悉生态知识、掌握系统的生态知识体系、具有高度社会责任感、对生态教育有浓厚兴趣的专任教师队伍不可或缺。

第一，整合完善教师进修培训体系，将生态课程作为其中的必修环节。根据当前的政策需要，教育主管部门必须有远见地将生态课程纳入教师培训体系，如成立专门的生态知识进修班，或者在各单科培训进修中，加入环境问题观察、环境科学与人类文明等科普类课程，提出相应的考核要求，对结果进行评估，将其成绩作为结业的基本条件。教育厅可将生态教育作为学校的日常工作，提出规范性要求；并根据学前、小学、中学、大学的特点，编写可衔接的教材；将生态教育纳入文明校园创建和评估内容中，规定合理的生态教育课程比例，设置一定的分值，进行督导和考评。建设大学内部生态系统，将美丽的校园环境、良好的精神风貌、和谐的人际关系、规范的管理制度作为综合考评的指标，拓展生态教育的社会维度，将生态良知、生态正义和生态义务贯穿在生态教育的全过程；高校应结合各校实际并发挥人才优势，提出生态教育方面的工作目标、计划、内容、实施途径和方法，对教师进行生态教育培训，营造党、政、工、青齐抓共管的全员育人环境。同时，应提高领导班子对大学生生态素养教育的重视程度，将其纳入人才培养方案并作为学校的一项重要工作。校内培训具有常态化和可持续性的特点，同时也是成本最低的继续教育形式。在校本培训中注入生态文明教育相关内容，

既可以对校外培训进行补充，又可根据学校情况打造个性化生态文明教育。如闽江学院开展教授大讲堂的第二课堂活动，不少教授就结合自己的专业特点给全校师生开设通识类的生态讲座，如"大树里面有乾坤——漫谈植物的生态、景观和人文价值""推进生态文明，建设美丽中国"等系列讲座，起到了很好的生态教育效果。当然学校还可以通过举办学术论坛的形式，邀请本校或国内外知名的生态专家、学者、作家、社会名流来校做相关讲座；在教职工政治理论学习中设置专题，通过学习和讨论生态伦理道德知识，启发不同角度的思考和碰撞，达成生态文明的共识。

第二，积极创造条件提供教师到国外生态文明程度较高的地区访学进修的机会。发达国家民众的环保素质总体较强，生态伦理、环境教育等水平也很高，不仅环保管理体制比较完善，而且社会公众生态文明程度很高。如笔者访学的校园里，不仅有非常完备的垃圾分类桶，而且校园中许多细节都彰显了生态文明的理念。如校园偏僻的一角，有专门供抽烟的场所和存放烟蒂的设备。走在路上，时常能看到地面上横放的小纸圈。细看之后才明白，原来路人发现一棵小树苗，就从随身带的物品中找出纸张挖个小洞，让树苗从中钻出。为了避免别人踩踏，又另做了插在旁边的小旗。类似的许多细节对我们生态素养的提高有潜移默化的影响。如果加以挖掘、反思和延展，将极大地提升现有生态道德教育的实效性。由于各校历史沿革、办学定位和学科建设的不同，许多学校都形成了别具一格的校园环境和人文环境。校园文化与学校长期形成的科研、育人方式融为一体，个性化特色明显。而且，当前国内不少大学在"双一流"建设的过程中，同时重视绿色大学的建设，许多学校形成了良好的生态文化氛围。因此，要积极采取措施鼓励教师到历史悠久、生态良好、育人成果突出的学校交流访学，不断优化生态知识结构，实现专业知识和生态教学能力的同步提升。

第三，增加生态课程模块，遵循各学科知识的演进规律，把生态素养教育内容融合到培养方案、教学内容和学科体系中。可效仿世界发达国家开设专门的环境教育课程的先进经验，将生态教育列为大学教育的必修课。法国在1990年举行的"大学在环境管理和持续发展中的角色"国际研讨会上，提出了"绿色大学"的概念，得到了全球300多所大学的响应并积极参与。清华大学是我国最早提出建设绿色大学的高校,早在 1998 年就"提倡用'绿色'思想培养人,用'绿色科技'意识开展科学研究和推进环保产业,用'绿色校园'示范工程熏陶人"。通过设置"专业＋生态文明"的课程模块,开设与生态教育相关的通识教育选修课程。各高校可因地制宜,结合自己的学科和专业建设,以及自身的校园环境,建立富有个性化的生态教育体系,开展生态普及教育。着力培养拥有必备的生态知识,能够承担生态责任和义务的理性生态人。对于旅游、地理、林业等专业的学生,可重点培养具有系统的生态知识,掌握生态保育和改善环境的技能,能够从事生态科研、教育、管理等的专业技术人才。

第四,鼓励和引导教师参加生态文明建设实践。人们的认识要经历实践到认识,再由认识到实践的循环往复的过程。系统的生态文明理念也需要在实践中循环往复才能固化和确认。建构主义认为,"学习者在进行知识的自主建构时,最有效的方法就是让学习者到现实世界的真实环境中通过获取直接经验去学习。生态文明的教育过程就是学生不断更新自己认知结构的过程"。教师可通过挖掘丰富的教学资源,在课程中设计多种场景,如生态环境、低碳生活、绿色产业等,着眼于学生的情绪体验,让学生寓学于行,躬身践履。各学校可依托环保社团,组织学生在校内外,通过多渠道和形式开展生态实践活动,如各种主题社会实践活动中,增设生态建设方面的调研项目,让学生在实践中进一步观照自己的认知和行为,增强生态忧患意识和责任意识。也可通过建设一批高标准的大学生生态教育基地,如森林公园、动物园、湿地公园等,为大学生开展生态实践活动提供良好的物质载体。

(四)拓展传播体验活动,优化生态文化建设传播体系和平台

大力实施生态文化宣教活动能为生态文化建设提供积极的精神动力和智力支持。生态文化作为生态文明新时代的主流文化,也应顺应新的世界潮流,将生态文化渗透进全民宣传和教育中,充分利用现代网络技术和信息化传播媒介,通过有计划、有目的地开展各种喜闻乐见的宣教活动,引导民众对比分析传统文化和生态文化的特质和优势,逐步深化对生态文化的认识和关注,增强社会主体的生态文明意识,提升对生态文化的兴趣和体验。广泛开展行

之有效的生态文化宣教活动，也是保护生态环境、促进生态资源的科学开发、形成良性循环经济社会发展态势、造福子孙后代的重要要求。

政府是推进开展生态文化宣传与教育活动的主导。生态教育的质量越来越成为衡量一个国家文明发展程度的重要标志。在我国经济社会持续发展的背景下，加强生态文化建设、推行生态教育是关乎国计民生、关乎中华民族永续发展的重大事业。一方面，政府应科学规划生态教育，广泛推行生态教育，面向全体社会成员，将生态教育纳入国民教育体系，渗透于家庭教育、学校教育、社会教育、企业教育、职业教育等各方面；另一方面，政府必须努力构建全方位、多领域、系统化、常态化的生态文化宣教活动体系，助推生态文化宣传和教育。积极依托自然保护区和森林、湿地、沙漠、海洋、地质等公园、动物园、植物园及风景名胜区等多样化的活动区域，因地制宜地创建面向公众开放、各具特色、内容丰富、形式多样的生态文化普及宣教场馆；倾力打造统一规范的国家生态文明试验示范区，发挥良好的示范和辐射带动作用，力求通过生态文化村、生态文化示范社区、生态文化示范企业等创建活动和生态文化体验等主题性活动，提高社会成员参与互动传播的积极性和参与热情，让人民群众更好地共享生态文明建设和改革的成果。

民间环保组织是开展生态文化宣传与教育活动的重要力量。民间环保组织在为各级政府建言献策，组织动员公众参与生态环境保护，支持、监督生态环境保护，推进环境保护工作，维护公众生态权益，促进生态环境保护国际交流与合作等方面发挥着重要的作用。保护生态环境，不只是政府的责任，也是每一位公民应尽的义务。生态环境保护必须加强政府大力倡导、民间广泛参与、国际深度合作。首先，各级政府和有关职能部门要为民间环保组织创造必要的有利条件和发展空间，建立健全社会监督机制，优化配置生态环境公共资源，在公共资源配置方面给予更多的政策支持和优惠，为民间环保活动和运行能力建设提供资金保障，促进建立民间环保发展基金，为民间环保组织参与创造条件，发挥民间社会团体的积极作用。其次，政府有关部门要加强对民间环保组织的指导和培训力度，提升政治意识、管理水平、业务能力和专业化水平，促进民间环保组织健康有序地发展。再次，要充分发挥民间环保组织在关联政府与公众、国内国际之间的桥梁纽带作用，积极拓宽生态环保工作的交流沟通渠道，开展国内外生态环境方面的民间交流合作，借鉴有益工作经验，促进组织发展。最后，要团结和凝聚各方环保力量，密切关注一些紧迫的现实生态环境问题，来推动生态环境保护和经济社会的可持续发展。

新闻媒体是开展生态文化宣传与教育活动的直接载体。首先，必须充分发挥主流新闻媒体有利于弘扬生态文化、凝聚社会力量、推进生态文明建设中的主导作用，做好宣传普及工作。利用新闻媒体具有便捷、理性、正面的宣传教育和舆论导向作用，促进报刊与数字化新媒体深度融合，在加强生态环境宣传教育的同时，将生态文化建设渗透进生态文明建设进程中，构建起更加立体化、全面多样的宣教报道新格局。利用主流新闻媒体系统报道我国重要典型的生态环境保护工程和治理工程，增进公众的知情权，切实提高资源节约意识和生态环保意识。大胆创新宣传报道形式，结合创建生态文化村落、森林生态城市、绿化模范单位、自然生态保护区、国家地质公园等活动，开展典型案例专题宣传报道，利用喜闻乐见的形式、通俗亲切的语言向公众宣传普及生态环保法律法规和生态文化科学知识等。重视人民关切，多在引导正确的社会舆论氛围、积极宣传传播生态文化等方面下功夫，广泛开展生态文化宣传教育，扎实推进生态文化进企业、进机关、进学校、进社区、进乡村活动，努力创建绿色企业、绿色校园、绿色社区和绿色乡村等活动，潜移默化地培育公众养成良好的生态意识、生态道德，践行生态行动，形成崇尚生态、共建生态文化的美好社会氛围。

其次，要创新利用现代传播媒体的积极作用，开展生态文化宣传与教育活动，努力创建协调性强、功能优、广覆盖、富成效的生态文化传播体系。充分利用有益的宣教资源，灵活借助权威的中央和地方两个主流宣传媒体，创建优势不断凸显、协同发展效果更加显著的生态文化宣传和教育格局；发挥生态环保、国土资源、住房建设、教育培训、文化艺术、社会科学等各行各业的报刊媒体、官方网站等平台的积极作用，建设网络化、体系化的生态文化宣传教育阵地，丰富媒体传播的手段和形式，增强新闻宣传的吸引力、感召力和实效性；依托现代信息技术和网络技术，构建和发展现代传播体系，整合利用微博、微信、论坛、QQ等多样时兴的数字化、微型化、交互性强的即时通信载体，营造良好的生态文化宣传与教育活动氛围；紧密围绕自然动物、植物等生态领域进行生态文化科普宣传教育，多出精品图书，不断提高生态文化领域新闻和图书期刊出版水平，发行一批通俗易懂、生动新颖的生态文化科普宣传教育系列读本，增添生态文化宣教的趣味性，增强宣传的吸引力和影响力。坚持繁荣生态文学艺术创作，通过广泛开展与生态文化主题相关的文学、摄影、书画、影视、动漫等各类文艺作品征选收集和成果展览活动，积极推介优秀生态文化艺术作品，充分展现新时期生态文化建设的优秀成果。创新艺术创作实践活动形式，联合组织文联、作协、美协、音协、影协等文化艺术团体，激励广大文艺工作者深入基层、融入群众，开展丰富多彩的生态文化采风实践活动，激发文艺灵感，创作出更多富有思想性、艺术性、观赏性、人民群众喜闻乐见的优秀成果和作品[1]。

最后，创新实施新媒体建设工程，建立健全生态文化现代传播平台。整合报纸、广播、电视等传统媒体信息资源，推进新闻主页、网络视频、数字报、手机报等新型媒体建设，通过为公众提供更高效、更优质的内容服务和信息服务，不断丰富生态文化宣传载体，全面助推繁荣生态文化。紧扣现代传媒业迅猛发展的新趋势、新要求，强化新闻信息资源数据库建设，为提升新闻宣传媒体的传播能力、弘扬社会主义生态文化奠定强大的技术基础。

二、绿色生产：企业社会责任的培育

作为一个社会主体，如何在竞争日益激烈的市场经济社会保持核心竞争力，在市场上处于不败之地，是每个企业必须要回答的问题。一般而言，企业创造物质财富，为消费者提供符合其需求的产品，同时在进行生产活动时做好环境保护、节约能源，形成可持续的发展模式，这样的企业才是具有社会责任的企业，才会得到更多消费者的支持和认可，才能实现其健康持续发展。

---

[1] 中国林业网：《国家林业局关于印发〈中国生态文化发展纲要（2016—2020年）〉的通知》，2016年4月11日，http://www.forestry.gov.cn/main/89/content-861381.html。

（一）企业生态责任的内涵及其现代意义

1. 企业生态责任的内涵

由于企业进行生产活动所采用的原料来自大自然，因此，现代意义上的企业不单单是经济人，更是生态人。企业必须为自己的行为承担相应的社会责任。企业不单单是经济系统的基本构成单位，更是生态系统不可或缺的一部分。企业的行为必须符合生态人的要求，规范自己的行为。在当代社会，社会不但要求企业生产和提供优质的产品和服务，而且还要成为道德角色的表率，即有责任的代表。承担生态责任，对企业行为进行规范是实现可持续发展的必然要求。

企业生态责任是企业社会责任（CRS）的组成部分。雷蒙德·鲍尔（Raymond Bauer）最早提出社会责任的概念，他认为企业社会责任是认真思考企业行为对社会的影响。在过去，人们衡量一个企业是否成功更多的是侧重于经济责任，即该企业创造的财富或经济效益，往往忽视了企业在进行社会经济活动过程中对人类、环境、生态造成的潜在影响和伤害。因此，在利益与保护环境方面，企业显然优先考虑前者。基于经济利益为导向的价值观，企业在进行经济行为时较少或不考虑保护环境问题，这直接造成对生态环境的极大破坏。到了21世纪的今天，企业社会责任已成为全球关注的热点。美国著名经济伦理学家乔治·恩德勒提出企业社会责任包括三方面内容：经济责任、政治和文化责任与环境责任。他指出，环境责任主要是以"可持续发展"为宗旨，消耗更少的自然资源，减少废弃物的排放。现代社会，企业的生态责任越来越受到关注。其原因主要是，企业对环境污染负有不可推卸的责任，应主动承担起生态保护责任。可见，企业生态责任是企业社会责任的组成部分。

企业生态责任是指在生产经营过程中由于企业排放废弃物造成资源的不可持续利用，导致生态环境破坏，致使企业所应承担的责任。为了解决环境问题，实现人类社会的可持续发展，企业应承担生态责任。可持续发展要求企业在生产活动中充分考虑环境和资源问题，通过污染物零排放和资源循环利用履行生态责任，把保护环境、节约资源作为刚性需求，在满足这两个基本条件下谋求发展。

目前，任运河将企业的生态责任划分为三种：一是企业对自然的生态责任；二是企业对市场的生态责任；三是企业对公众的生态责任。第一，对自然的生态责任指企业摒弃传统的人类中心主义思想，确立关心自然、爱护自然、公正地对待自然的责任感，自觉承担起保护生态环境的义务。这就是企业在生产经营活动时充分考虑环境生态的价值，应该担负起维护生态平衡的义务，本着对全人类负责的精神，走技术进步、提高效益、节约资源的道路。第二，对市场的生态责任主要是指企业在生产经营活动中遵循"高效、低污染、低能耗"理念，这表现在企业严格遵守环保措施和制度，以市场为导向，生产符合消费者需求的绿色产品。第三，对公众的生态责任意味着企业本着"机会平等""代际公平"等原则，不牺牲子孙后代的利益，满足当代人的利益。

2. 企业承担生态责任的意义

(1) 有利于提高企业效率，从源头上控制环境污染。在当代社会，人类面临的日趋严重的环境污染绝大部分是由高排放造成的。据估计，在中国，工业企业污染在总污染中约占 70%，而且 50% 是由企业经营不善引起的。环境污染的主要制造者是企业，一方面企业往往追求经济利益，为了节省成本放弃使用节能环保型的工艺设备；另一方面企业环保责任意识淡薄，一些企业主认为治理污染主要是政府的职责，这导致其在防治污染中生态责任缺失，可持续发展理念行动不力。通过培育企业的生态责任意识，提高企业生态责任能力，能从根本上减少高污染排放问题。

(2) 有利于提高企业的品牌效应。企业的品牌关系到企业的形象，尤其是在全社会环境意识不断增强的今天，企业要想提高知名度，必须学会对环境负责，树立良好的公益形象，这样才能在市场上更具有竞争力。对此，企业在生产活动时应积极开展技术改革和环境治理，力求经济效益、社会效益和生态效益的统一。生态责任与经济效益呈正相关关系。因此，培养企业生态责任感可以提高企业的品牌效应。

(3) 有利于引导绿色消费，营造健康消费理念。满足人的基本需求是企业的重要责任。提供合乎消费者需求的优质产品是企业获利的关键。当前我们主张创新、绿色、共享、环保、开放先进的理念，企业也应顺应时代潮流，迎合人们的消费习惯，提升产品质量，生产出耐性好、环保节能的产品，并将环保理念始终贯彻于产品生产和流通的每个环节中，这就是企业生态责任能力的具体体现。因此，培育企业生态责任有助于引导绿色消费，营造健康的消费理念。

（二）企业生态责任的生成逻辑

马克思曾指出，劳动是人类以自身的活动调整和控制人和自然之间的物质变换过程。在马克思看来，劳动是一个生态过程，而且劳动本身具有生态性。人类与自然之间完成生命循环和能量循环，从而满足人类自身需要。为了维持人类的生存和发展，人类可以在平衡和谐的状态下实现人与自然的关系。

作为人类社会的重要生产活动，企业的生产过程实质上是能量和信息的交换过程，在这个交换过程中，物质在不同用途之间进行转换。因此，从根本意义上说，整个企业生产过程就是人类利用智慧，以自然生态系统为主界面，从自然生态系统中获取原料来源，将其转化为人类所需要的物质形式，并向环境排放废物的过程。

为了保持有限的自然资源平衡，必须有效地利用自然资源。这意味着人类在长期消耗自然资源和自然环境的同时，必须遵循生态规律和保护生态环境。由此可见，为了挽救生态危机，我们必须修复人与自然物质转化过程中出现的裂缝，实现人与自然的生命循环和能量循环。要做到这一点，就必须正确定位企业的性质、功能及责任，不能狭隘地将它当作纯粹的经济组织。我们必须明确，企业既是一个社会组织，也是一种生态组织。确认企业的生态性对于可持续发展意义重大。在自然资源开采的过程中，企业必须从自然获取资源并向环境排放废弃物，以此形成人与自然之间生命能量的循环。作为一个生态组织，意味着企业必须承担环境保护的责任。具体来说，企业的生态性特征意味着企业的最终目标是达到人与自然的和谐、协调和平衡发展。企业的生态性本质也体现企业必须履行生态责任，即为了满足人类的需求，实现人与自然之间的物质交换，企业应实现人与自然之间的生命周期和能量循环。可见，企业必须履行道德义务，这是其生态性的表现。因此，企业要长久生存，必须认清其生态本性，主动承担起生态责任，将生态道德转化成企业的自觉行为。企业必须以自然环境来获取原材料，即必须向社会提供消费品，这样，企业对自然环境的要求就具有了生态价值的合理性和生态的合法性。也就是说，企业的生态本质与其自然环境及经济功能并不矛盾。企业作为物质改造的场所，必须与自然环境相统一。一个完整的循环链可以从自然环境的补偿中获得，以保证人与自然的和谐关系和人与自然的共同进化。

生态危机的发生，不仅是对企业本质的挑战，更是对企业道德责任的挑战。这就要求企业必须摒弃纯经济性的狭义思想，彻底改变生态企业的经济性，在人类的经济生活中赋予社会道德责任，赋予其伦理和道德思想，使企业从经济人向生态人转变。从本质上讲，生态企业是人与自然的本质，是人与自然融合的产物。生态企业意味着企业具有实现人类利益的经济责任，同时也涵盖了履行社会利益的社会责任，以及相应的生态责任。当企业把自己作为人类生活和自然环境的一部分，定位为生态企业时，它才会承担起道德责任，保护自然环境的同时保护人类社会。

（三）企业生态责任建设的主要路径

承担企业的生态责任，是指企业以保护生态环境为经营的基本环节，以可持续发展的理念贯穿企业经营的方方面面。这就要求企业转变观念，主动承担生态责任。这就需要加强全方位、多层次的企业生态责任建设。

1. 塑造企业生态责任价值观

企业文化是企业在长期的生产经营过程中所形成的价值观以及与之相适应的思维方式和行为方式规范的总和。健康积极的企业文化能引导企业成员的行为并产生重大影响，反之亦然。因此，企业应当努力培育出绿色、生态环保的企业生态责任价值观。在当前绿色经济成为社会发展潮流的背景下，企业作为社会发展中的重要主体，应该转变观念，深刻意识到生态环境资源对于企业发展的价值所在，积极、主动承担起生态责任。企业领导者应当起到率先垂范的作用，在日常企业管理中将企业环境责任作为未来企业发展的指导思想，强化节能环保意识，树立绿色资产理念，实现经济效益、社会效益和生态效益的有机统一。具体来说，其一，企业应树立生态责任意识。作为生态文明建设的重要主体和主要供给者，企业必须从思想观念入手，树立绿色生产理念，普及绿色经济知识，倡导绿色生产方式，使绿色生产、绿色营销和绿色发展成为全员的共同意志和自觉理念。其二，健全绿色责任管理。贯彻生态责任理念，要求企业在经营管理时处处考虑生态环境与人的和谐发展，建立健全绿色管理计划，实行低能耗、低排放、低污染的清洁生产模式，消除和减少企业行为对生产环境的影响，促使企业将自身发展目标和社会发展目标有机结合起来。其三，推动生态责任文化建设。企业要实施绿色责任，就应在企业文化中融入生态责任理念，把生态责任作为企业文化的重要组成部分。对此，企业可以通过生态知识讲座、生态知识辩论会等生态环保公益活动，开展生态环保教育普及、节能环保等活动多层面传播生态责任思想。其四，营造绿色责任品牌。企业承担生态责任，除了污染控制和生态恢复，更重要的是实现对自然资源的高效、循环利用。对此，企业应通过培育绿色新兴产业，积极开发洁净新能源等措施，大力推行清洁生产，提升绿色品牌的发展层次和水平。其五，建立生态责任形象。企业应承担起相应的社会责任，在节能降耗、绿色生产等方面树立客观、正面、负责的公众形象，以人类社会可持续发展为目标，着力环境保护、社会公益，以及企业和社会的长远发展。

2. 实现企业流程的生态化

企业不仅要自己主动承担生态责任，改进技术和工艺，使每个生产环节都具有环保特色，而且还应当以自己的行为影响其关联企业，最终实现整个产业链的生态化。

第一，绿色生产。绿色生产（Green Production）是指以管理和技术为手段，实施工业生产全过程污染控制，以节能、降耗、减污为目标，使污染物的产生量最小化的一种综合措施。绿色生产谋求合理利用资源、减少整个工业活动对人类和环境的风险，实现经济可持续发展。实现绿色生产主要要求企业综合利用资源（原材料和能源等）；在绿色生产过程中综合利用废物；调整产品结构，提升产品设计；改进和发展绿色技术，推广绿色生产。

第二，研发绿色产品。绿色产品包括绿色建筑、绿色服装、绿色汽车和绿色食品等。随着生态意识的增强，人们对绿色产品的需求越来越大。绿色消费已成为世界消费的新趋势。由于绿色产品对环境无害、有益于消费者身心健康，因此，绿色消费的兴起给企业的发展带来了契机。企业应顺应时代呼唤，以生产引领绿色生活，宣传最新的绿色生产观念，展示最新绿色低碳生活方式，增强民众环保意识，为新时代民众绿色生活方式提供具体指引。具体来说，开发绿色产品应尽可能做到低碳、环保、绿色、节能，无论是产品设计、原材料的选用还是包装物、运输方式、对废弃物的处理，所有的环节都尽可能减少对环境的污染，促进可持续发展。

第三，使用绿色包装。绿色包装指能重复利用和再生，对生态环境和人类健康无害，符合可持续发展目标的包装。一方面，包装绿色化可以减轻环境污染，促进生态环境的保护；另一方面，绿色包装因顺应全球环保潮流而备受各国重视和推崇。绿色包装不会损害使用者的安全和健康，反而可以增加消费者对产品的信任。因此，企业应大力响应并推崇绿色包装，降低流通成本，提高产品的价格竞争力。

第四，开展绿色营销。绿色营销是新型的营销方式，是指企业在营销中，既保护环境又满足消费者需求，同时实现企业盈利的一种"三赢"模式。绿色营销强调消费者利益、企业效益和社会效益的有机统一。要求政府发挥宏观调控职能，加强对环境的监督和管理；企业树立绿色营销理念，建立绿色价格机制，拓展绿色销售渠道，发展绿色营销。绿色营销将消费者的利益与社会利益统一起来，将商业利益和社会生态效益结合起来，必将有力地促进社会的可持续发展。

3. 加强企业生态法制建设

其一，加强企业生态责任，最关键的是加强生态法制建设。企业在生态环境保护方面的角色、地位、责任以及责任惩罚等内容应在国家环保法中有明确规定。企业在社会生产活动中未能履行生态责任职责时，应通过法律手段追究其责任，并采用多种方式予以纠正和惩戒。其二，加强环境法制教育，增强企业法制意识。企业要实现可持续发展，必须具备完备的环境法律意识。众所周知，企业必然追求利益最大化，因此企业在发展过程中必然面临经济利益与环境保护的冲突。这要求企业领导和职工必须树立正确的生态道德观，将企业的长远发展和国家的长远发展联系起来，将保护环境和追求利益有机地结合起来，只有这样，才能获得企业的长远发展。其三，建立严厉的惩罚机制。为了发挥更好的警戒作用，必须加强生态环境法律法规的作用，对于严重破坏生态环境的违法行为实行监督并严厉惩罚，起到威慑作用。

4. 鼓励企业自律，树立生态企业的良好形象

自律是一个企业走向成熟的标志，也是社会进步的表现。当前，许多企业在履行生态责任时往往主动性不够、积极性不高。企业生态责任体系的培养不仅要依靠外部机制，更重要的是企业内部责任机制的构建，这就需要加强企业自律。只有通过规范和履行生态系统的责任，企业才会有更大的发展空间。

5. 发挥法律监督、群众监督和舆论监督作用，构建全方位社会监督体系

企业要承担生态责任，必须建立系统全面的监督机制。有效的监督可以促使企业提高管理水平，完善企业机制，督促企业履行生态责任。为此，必须发挥法律监督、群众监督和舆论监督作用，构建全方位的社会监督体系。

一是发挥法律监督对企业生态责任的作用。对于违反生态文明法律、法规政策的企业行为，国家法律应严厉查处并予以惩戒。抓紧构建一支"法律至上、执法严格"的生态环保执法队伍，追究侵害和破坏环境的企业的法律责任，提高企业的生态责任意识。

二是完善社会监督机制。公民和社会团体是企业行为最有效、最直接的监督主体，应充分发挥其在生态环保中的积极作用。对此，应在《环保法》等相关法律中明确公民和社会团体的法律监督地位，明确其对企业行为监督的形式、程序、责任以及反馈。支持和鼓励公民和环保组织参与企业监督，企业应将监督的情况及时予以反馈。加快建立连接企业与公民之间的沟通和对话机制，以更好地发挥公民和环保组织的监督作用。加强对公民的环保教育，使公民树立正确的生态价值观和生态道德感，使生态责任监督成为公民的一项使命和义务。

三是发挥舆论监督作用。舆论监督的作用在于为企业生态责任的构建营造一个良好的社会氛围。新闻媒体通过信息披露、宣传教育等手段来引导企业的价值观和行为方式。充分发挥网络、手机等新媒体的作用，多渠道、多

环节对企业实施监督，由此形成舆论环境，促使企业更好地履行社会责任。

三、知识应用：绿色消费的养成

党的十九大报告指出，"建设美丽中国"的首要任务是"推进绿色发展"。推进绿色发展的生产和生活方式，将绿色消费理念融入经济社会发展的方方面面，是当前我国现代化建设的关键所在。

（一）绿色消费的内涵和意义

1. 绿色消费的内涵

绿色一直以来是生命和希望的象征。消费则是人类利用社会产品来满足人们各种需要的过程。从理论上说，绿色消费是一种保护环境、节约资源、可持续的消费方式。1994 年，联合国环境规划署发布的《可持续消费的政策因素》报告中定义绿色消费为："提供服务以及相关产品以满足人类的基本需求，提高生活质量，同时使自然资源和有毒材料的使用量减少，使服务或产品的生命周期中所产生的废物和污染物最少，从而不危及后代的需求。"[1] 国际上有一些环保专家把绿色消费概括成 5R，即节约资源，减少污染；绿色生活，环保选购；重复使用，多次利用；分类回收，循环再生；保护自然，万物共生。[2]绿色消费作为一种消费行为方式，主要指的是为了追求人类更持续和长远的生存和发展，社会各主体（包括公民、企业和政府机关）在消费时能有效利用能源、充分回收物质、使用绿色产品的消费模式。一般来说，绿色消费有以下三层含义：一是公民在生产和消费方面做到最低的消耗，耗费的资源极少，顾及后代人的利益；二是消费者和企业选择绿色产品和绿色生活方式；三是消费者和企业在社会生产和生活中，其消费不会产生大量废气、废水等污染物，不会对人类自身造成健康伤害。

目前，根据对绿色消费程度的认识，我们把绿色消费者划分为浅绿色消费者、中绿色消费者和深绿色消费者。近几年来，随着我国政策理念的宣传和引导，三类群体的比例显著增加，其中，深绿色消费者占 40% 以上，这说

①② 栾彩霞：《关于绿色消费》，《世界环境》2017 年第 4 期。

明公民的消费意识逐步发生转变，越来越多的人愿意选择健康环保的消费方式，绿色消费在我国逐渐成为一种主流。"既要青山绿水，也要金山银山""青山绿水也是金山银山"等理念日渐深入人心。为了获得更美好的生态产品，越来越多的人开始觉醒，消费意识逐步改变，在消费行为上呈现出更加理性的局面。无疑，绿色消费已成为新时期生态文明建设的必然选择。

绿色消费涵盖人类生活的方方面面，包括衣、食、住、行、用等。在食的方面，主张消费绿色食品。一般来说，绿色食品指的是无污染、安全、优质的食品。它要求最大限度地减少化学合成物的使用，包括添加剂、化肥、农药等，同时对于选址也有严格要求：在具备良好生态环境的地区建立农副产品基地，并采用高新技术来生产和加工无污染、无公害食品。在我国，绿色食品需经过国家环保局和质量技术监督局等有关部门的认证，对产地、生产操作规程、卫生标准以及包装、标签的规定等都有非常严格的要求。绿色食品的标识最大限度地保障了消费者的权益，引领绿色产业更好地发展。

在衣的方面，绿色消费主张采用生态服装。生态服装一般指的是无毒、安全、舒适的纺织品，服饰面料体现出生态环保、纯天然特征，也就是一些天然动植物材料，如棉、麻、丝之类。生态服装在着色上也有讲究，尽量保持天然色，若需着色，往往以绿、蓝、红、黄等自然色泽为基调，服饰的图案花纹设计体现为自然景观融为一体的特征，比如以江河湖海、花鸟虫鱼、飞禽走兽、山川丛林等为原型。

在住的方面，绿色消费倡导使用绿色住宅。绿色住宅是指为了实现人与自然持续共生，人类设计建造的一种能使住宅内外物质能源系统良性循环，无废、无污、节约能源的新型住宅模式。它主张在住宅的设计、建造、使用、运行等环节做到最佳利用资源，尽可能把对自然的影响控制在最小范围内，并能做到节水、节能，以达到住区与环境的完美结合。

在行的方面，倡导绿色出行方式。它主张尽量减少小汽车的数量，多乘公共汽车，多骑自行车，使用新一代电力、太阳能、天然气等新能源汽车。当前，汽车尾气污染已成为环境保护的一大公害。对此，应多层面、多渠道在社会上推广使用环保新能源汽车，引导鼓励企业生产绿色车辆。绿色汽车要求使用环保材料，车辆报废后要实施回收利用，最大限度地节约资源。

在用的方面，绿色消费推崇使用绿色产品。绿色产品是指生产过程及其本身具有节能、节水、低污染、低毒、可再生、可回收的产品，包括绿色电脑、环保电视机、绿色家具、生态化妆品、节能灯等。推广使用绿色产品可以促使人们转变消费观念，对于社会的可持续发展具有重要意义。

绿色消费本质上是一种健康、环保、节能的可持续消费行为。与传统时代的消费方式不同，绿色消费倡导科学、理性、适度的消费。承认资源的稀缺性，在消费过程中关注环保属性，强调资源的可持续性。

2. 倡导绿色消费的意义

生态文明建设呼唤绿色消费价值观，而倡导绿色消费是生态文明建设的重要内容之一。2016年3月1日，国家发展改革委等十部委联合出台了《关于促进绿色消费的指导意见》，从消费角度提出了加快生态文明建设、推动经济社会绿色发展的要求。党的十九大报告提出，要加快建立绿色生产和消费的法律制度和政策导向，倡导简约适度、绿色低碳的生活方式，反对奢侈浪费和不合理消费。这是我党在深化生态文明建设规律认识的基础上提出的，同时也是对生态文明消费方式的科学诠释。面对资源枯竭、环境污染等问题，倡导环境友好和资源节约型的绿色消费，是当前我国加快生态文明体制改革和建设美丽中国的现实要求。绿色消费是以协调人类与自然、社会环境发展为基础的消费模式。绿色消费必然要求人们树立正确的绿色消费价值观。正确的绿色消费价值观主张重新界定生态环境与消费价值观之间的关系，倡导绿色消费行为，主张协调人口、环境资源以及社会发展之间的关系，引领民众绿色消费，对于生态文明建设以及经济社会持续健康发展具有极大的推动作用。

（二）制约我国绿色消费的障碍因素分析

《中共中央国务院关于加快推进生态文明建设的意见》提出，"培育绿色生活方式。倡导勤俭节约的消费观。广泛开展绿色生活行动，推动全民在衣、食、住、行、游等方面加快向勤俭节约、绿色低碳、文明健康的方式转变，坚决抵制和反对各种形式的奢侈浪费、不合理消费"。① 该意见不仅彰显了党和国家推进生态文明建设的信心与决心，同时为提倡绿色消费观提供了基本指导。近年来，在中央的大力宣传和推广下，生态文明、生态文化、绿色消费等理念逐渐被人们所熟悉，并取得一定成效。特别是在一些大城市，深绿色消费者群体呈渐长态势，人们的消费选择和消费行为逐步发生了较大转变。截至 2015 年底，阿里巴巴零售平台绿色消费者人数超过 6500 万。近四年增长了 14 倍，绿色消费的人群渗透率近四年平均提升了 12.8％。② 在政府部门的引导和带动下，绿色消费得到社会各界的响应，形成"消费引导生产、生产紧跟消费"的良性循环，有效促进了生产领域和消费领域的绿色化。然而，折射到现实生活中，我国绿色消费还处于刚刚起步阶段。总体而言，中国公民绿色消费意识有所欠缺，主动选择绿色消费的动力不足，绿色产品占有率低，绿色消费相关法律制度不健全。主要表现在以下三个方面：

1. 公民绿色消费意识欠缺

近年来，我国绿色消费群体比重呈上升趋势，但总体比例仍然偏低。生态需要是人们最基本、最重要的需要，但经常处于潜意识状态。公民生态消费意识的高低往往制约绿色消费水平的高低。消费者具备准确、全面的生态知识和生态价值观，就可以使消费者采取科学的消费行为方式。然而，当前面临的一个堪忧的问题是，绝大多数消费主体对绿色消费的认知片面、盲目，无法准确地理解绿色消费的实质和要义，这直接导致绿色消费行为的偏离。另外，大多数公民的绿色消费习惯亟待养成。绝大多数居民仅停留在初步了解绿色消费理念的阶段，主动关注绿色消费的最新信息的居民比例相当有限，全民绿色消费的意识有待进一步提高，绿色消费并未成为一种主流趋势，相当部分公民对于绿色消费只是停留在理论层次，并未上升到自觉行为。

2. 绿色产品占有率低

绿色消费的普及与绿色产品的生产密不可分。在绿色产品还是卖方市场的背景下，消费者的选择余地并不是很大。目前我国的绿色产品在我国的市

---

① 国务院：《中共中央国务院关于加快推进生态文明建设的意见》，2015 年。
② 阿里研究院：《中国绿色消费者报告》，2016 年。

场占有率偏低，究其原因，既有绿色产品开发环节不健全的因素，也有消费者方面的因素，这主要表现在：

（1）从企业层面看，绿色产品市场供给机制不完善。在我国，绿色产品开发市场体系还不成熟。首先，由于绿色产品对质量的标准更为严格，绿色产品的研发比普通产品更需要高端的专业技术人才支持。时间跨度长、人力成本高都大大增加了研发成本。由于绿色产品的生产要求企业从产品的设计、选择、包装、运输等整个过程都要注意把握对环境的影响，因此需要更高的成本费用，这导致绿色产品在市面上价格更高，缺乏竞争力，致使部分企业生产绿色产品动力不足。其次，生产企业仍然沿用传统的销售方式，绿色营销理念没有完全建立，绿色营销的基础工作，如绿色运输、储存、管理等环节没有有效跟进；很多企业对绿色产品的宣传不到位，消费者面对良莠不齐的产品，缺乏辨识能力，消费权益屡屡受损，难以建立起对绿色产品的信心，极大地阻碍了绿色消费的实现。

（2）从消费者层面看，高昂的价格和混乱的市场是绿色消费的重要障碍。近年来，绿色消费异军突起。阿里研究院日前发布的 2016 年度《中国绿色消费者报告》显示，截至 2015 年底，我国在线绿色消费者群体达到 6500 万人，近四年内增长 14 倍。绿色消费理念在三四线城市认同度，与一二线城市基本持平。[①] 越来越多的人热衷于绿色健康消费。然而，由于市场上绿色产品标识混乱，相关部门缺乏统一的宣传和说明，消费者亦不具备火眼金睛，极大阻碍了绿色消费的发展。另外，由于缺乏相应的认证以及惩戒机制，一些商家打着"绿色""生态""有机""低碳"等口号，以次充好，售卖"伪绿色"产品。如一些产品并不具备无公害的特质，却硬造"生态"概念，打着有机的擦边球，卖出高价。最后，绿色产品比一般商品价格高出很多，使许多大众消费者在平衡得与失之间望而却步。

（3）从市场层面看，绿色产品入市难。虽然绿色生产、绿色消费都是近年来政府大力倡导的行为，但是绿色产品进入市场障碍多、门槛高。如以食品为例，要申请绿色认证，必须要有保证执行绿色食品标准

---

① 阿里研究院：《中国绿色消费者报告》，2016 年。

和规范的声明、生产操作规程（种植规程、养殖规程、加工规程）；公司对"基地＋农户"的质量控制体系（包括合同、基地图、基地和农户清单、管理制度）产品执行标准等。一方面手续繁杂，另一方面强调规模化生产，对于大量的中小型无公害基地和农民自己生产或手工加工的产品，没有分类的标准进行衡量和规范。消费者大多还是按照直观的感性认识或口口相传的口碑来建立对绿色产品的认知，在很大程度上限制了绿色市场的扩大。

3. 与绿色消费相关的法律法规制度不健全

目前，我国已形成涵盖节能环保、循环经济相关内容，促进绿色消费的法律法规和政策文件，如《循环经济促进法》《节约能源法》《清洁生产促进法》《促进绿色消费的指导意见（2016 年）》《绿色制造 2016 专项行动实施方案》。制度方面，形成了以解决绿色产品推广、引导绿色消费行为为目的的环境标志和产品认证制度。然而，从现有情况看，与绿色消费配套的法律、法规以及政策法制化水平低，总体上欠缺系统性、完整性和科学性。这体现在：其一，当前我国缺乏绿色消费的基本法、专门法，尚未出台专门的绿色消费的法律。立法权威性不够，缺乏可操作性的实施细则。对于绿色消费的相关规定，目前的法律法规属于空白状态。日本制定了《绿色消费法》《绿色采购法》等法律，相比较而言，我国在绿色消费方面的政策分散，缺乏协调配合，政策文件层次效力较低，尚未形成完整系统的绿色消费法规政策体系。其二，绿色消费政策法律执行不力。当前我国对于绿色政策的推行主要还是依靠行政机关的执行力度，难以发挥应有的效力。一些地方政府部门执行与绿色消费相关的法律法规，如《循环经济促进法》时，往往很难推动。由于地方企业对于当地经济有推进作用，所以在执行方面往往会遭遇掣肘。其三，当前我国绿色认证制度不完善。绿色消费必须以绿色产品的存在为基础。然而，当前我国尚未构建关于绿色产品划分和标准的认证体系。绿色产品、标识、技术标准等不统一，种类繁多、社会认知及采信程度偏低，难以满足居民绿色消费需求。认证制度的不完善和认证体系的缺失导致消费者在购买绿色产品方面的积极性大大受挫。

（三）发展绿色消费的途径

要养成绿色消费习惯，并将其转化成现实的行动，必须充分发挥几个方面的联合作用：

1. 推进绿色消费法治化

绿色消费，立法先行。其一，要让绿色消费真正成为我国的主流消费模式，真正实现绿色发展与生态文明建设的相互促进，必须依靠健全完善的法律制度。世界发达国家均有相关的基本法或专门法。目前，我国需要加快修订绿色消费基本法、专门法，使企业、市场、社会等各级各类主体行为有章可循，为实施绿色消费提供根本保障。其二，完善绿色产品的标准体系建设，提高消费者信心。建立统一的绿色产品认证、标识制度，加强绿色产品质量监管。其三，政府应加强对绿色消费的政策指引，引导市场主体实施绿色消费或提供绿色产品。2016 年 2 月，国家发改委等十部委联合印发的《关于促进绿色消费的指导意见》明确提出，"促进绿色消费，加快生态文明建设，推动经济社会绿色发展。到 2020 年，绿色消费理念成为社会共识，长效机制基本建立，奢侈浪费行为得到有效遏制，绿色产品市场占有率大幅提高，勤俭节约、绿色低碳、文明健康的生活方式和消费模式基本形成。"[①] 为此，政府颁布了一系列引导和倡导绿色消费的法律法规，如《循环经济法》、《清洁生产促进法》、"限塑令"等，通过引导、奖励、示范等方式有力地引导市场主体的行为。

2. 树立绿色消费观，养成绿色消费行为

其一，树立正确的消费理念。转变消费观，树立绿色健康的消费理念是实行绿色消费的终极支撑。对此，消费者应不断学习绿色消费知识，不断更新自己的消费理念，提高自身的辨别能力。

其二，政府应加强绿色消费教育，让民众养成环保、节约、可持续发展的良好生态习惯。绿色消费教育的目的在于普及生态知识及法律法规，让公众知悉生态系统的运行原理、当前人类生存条件恶化的现实问题等，提高人

---

① 栾彩霞：《关于绿色消费》，《世界环境》2017 年第 4 期。

类的警醒意识，从而对其行动形成触动，并在实践中形成"绿色消费，人人有责""绿色消费，依靠你我"等价值观。

其三，提高公民消费辨别力，引导绿色消费模式。实行绿色消费的前提是公民具备一些绿色消费常识，能识别"绿色标志"，看懂绿色产品说明，知晓绿色消费要求，从而做到科学理性地消费绿色产品。对此，相关政府部门应采用多种途径传授"绿色消费"知识，教会民众识别权威部门认定的生态标识，使消费者能从参差不齐的市场中快速准确地挑选各种绿色产品，做到非"绿色"商品不购，非"绿色"服务不受，非"绿色"场所不入。另外，可利用《3·15》、普法日等进一步加强公益环保知识、生态法律知识教育，让民众从消费小常识中积累生态知识，提高其主动关注环保事务、积极参与环保活动的热情，为绿色消费助力。

3. 健全完善绿色产品供应机制，构建绿色商品网络流通体系

实行绿色消费必然要求大力开发绿色产品，增加市场上绿色产品的供应。这就要求企业必须以市场需求为导向，加快绿色产品的开发，提高其市场竞争力。其一，在绿色生产、产品设计和运输、销售等方面坚持节能环保的理念，坚持绿色标准，采用新技术、新设备，提高资源利用率，创立绿色产品品牌，做好拓展市场的前瞻性投资。采取灵活的绿色产品定价策略，提升绿色产品的形象和竞争力。其二，面对日益火爆的绿色消费市场，企业应加大对绿色生产技术的科研投入，开发绿色技术，提高绿色产品的竞争力，取得良好的社会效益和经济效益。其三，在产品的营销策略方面，注重绿色营销策略。即根据市场需求、顾客导向的原则，销售符合消费者兴趣爱好的产品，突出绿色产品的形象。具体来说，就是构建畅通的绿色销售渠道，设立绿色产品专营机构或专营商店、专柜，设置绿色产品供应配送中心，形成覆盖全国的销售网络。

4. 加大绿色消费宣传力度，创造绿色消费氛围

要形成全民绿色的良好风气，必须发挥政府、媒体、民间组织、学校等社会各主体在承担绿色教育中的作用。其一，政府应发挥主导作用，积极引导广大公民消费绿色产品。对此，政府可按照相关规定颁发绿色产品环保标志，以此告知消费者该产品符合绿色标准。通过政府有关部门认定颁发绿色

产品标志，可有效提高公民对生态产品的信任感，保证绿色产业的健康发展。

其二，积极发挥新媒体的舆论监督作用，形成全民共同参与的绿色消费模式。近年来，以网络、手机为表现形式的多媒体发展得如火如荼，这对于传播和引导绿色消费具有极强的优势。对此，可借助新媒体积极普及环保知识和绿色消费知识。加强绿色消费的宣传教育，采用生动活泼的形式、公众喜闻乐见的方式来进行宣传教育培训。通过发挥多媒体和社会各界的舆论引导和监督作用，鼓励公众积极参与公益活动，推动全社会形成绿色消费自觉。

其三，充分发挥民间社会团体在绿色消费中的桥梁作用。民间社会团体特别是环保非政府组织（ENGO）是联系广大群众的桥梁与纽带。为了更好地保障公众环境权益，监督环境决策和管理，应鼓励更多的公民支持和加入环保社会团体。通过参与环境与发展过程，参与影响公众生活和工作的社区决策，使公众提高生态环保理念和生态道德观，养成绿色消费观念。

其四，发挥学校在绿色消费观教育中的支柱作用。学校作为社会教育机构，也应参与到绿色消费宣传教育过程。它涵盖了从政府到学校再到社会全方位的参与过程，需要学校与政府、社会团结协作才能较好地发挥作用。尤其是学校教育，在绿色消费观念教育中发挥主力军作用，培养学生评估与处理绿色消费问题的能力，形成绿色消费价值观，以及积极有效的生态参与行为。在西方发达国家，绿色消费者运动往往通过数十年持续不断的宣传运动来建立绿色消费文化，以此推动绿色理念的推广。当前在我国，应坚守学校教育这一主阵地，加强绿色教育，应把维护生态平衡、珍惜资源、绿化环境内容渗透到基础课程中去，融入学前教育、中小学教育、未成年人思想道德建设教学体系中。通过理论和实践相结合的方法广泛开展宣传教育，使学生养成节约资源能源、保护生态环境的好习惯，并以自身的行为带动更多的人参与环保。

5. 倡导物质消费与精神文化消费并重，注重培养精神消费的习惯

英国著名经济学家舒马赫指出，人的需要是无穷尽的，而无穷尽只能在精神王国里实现，在物质王国里永远不能实现。[①] 在现代社会，绿色消费不仅

---

① 曹明德：《论消费方式的变革》，《哲学研究》2002 年第 5 期。

局限于消费绿色的物质产品，而是物质消费和精神消费的有机结合。绿色消费是指以生态环境为题材的能绿化人们精神的文化产品。精神文化消费的特征不会对生态环境造成污染和破坏，是人之所以为人的更好实现，因而是更高层次的消费。当代社会，衡量一个人是否富有的重要标志是是否拥有高质量的精神生活，是否用科学的生活方式和消费方式促进人和社会的可持续发展。另外，精神文化消费产品往往具有共享特征，如共享图书、共享乐器等，这种消费模式既可以培养高尚情操，弘扬社会正气，又能实现资源的最大化利用和社会的可持续发展，成为社会大力推广和提倡的绿色消费方式。

6. 构筑绿色消费约束激励机制

推进绿色消费，必须优化消费环境。对此，可以从以下几方面入手：其一，完善绿色消费法律机制，用法律明确消费者的权利、义务和责任；规范绿色标识认证制度，使公民能准确识别绿色产品；实行绿色税收制度；完善政府绿色采购机制，用法律明确规定政府采购商品时应优先采用节能环保产品，以此推动全社会绿色消费。其二，通过税收优惠、财政补贴等方式加大对绿色产业的扶持，加大对绿色产品技术开发的扶持力度，鼓励绿色科技产业的发展。其三，利用舆论力量对绿色消费典范进行褒奖，在全社会弘扬绿色消费的氛围。

第三章 科技与转型：生态文化建设的实现机制

生态文化建设的实现机制，必须通过有机协调各种有利于推进生态文化建设因素之间的关系，充分发挥生态文化建设中的发展理念、物质条件、配套政策、实践活动等的积极作用，整合设计出促进生态文化建设的具体有效的运行路径和形式。推进生态文化建设，必须努力发展循环经济、创新生态产业、完善生态政策、精准生态扶贫。

一、战略选择：着力发展循环经济

党的十八大报告中多次提到要加强循环利用、发展循环经济。报告第八部分"大力推进生态文明建设"中就指出："着力推进绿色发展、循环发展、低碳发展。"还着重强调，"发展循环经济，促进生产、流通、消费过程的减量化、再利用和资源化"。[①] 党的十九大报告中也提到，"加快建立绿色生产和消费的法律制度和政策导向，建立健全绿色低碳循环发展的经济体系"。说明循环经济不是单纯的简单综合利用问题，也不仅是生产方式的变革，而是国家的一项重大战略决策，是加快转变经济发展方式，建设资源节约型、环境友好型社会，实现可持续发展的必然选择，同时也是落实推进生态文明建设战略部署的重大举措。

（一）循环经济的发展历程
1965 年美国经济学家鲍尔丁（Kenneth E. Boulding）在其"Earthasa

---

① 胡锦涛：《坚定不移沿着中国特色社会主义道路前进　为全面建成小康社会而奋斗》，《人民日报》2012 年 11 月 18 日。

Spaceship"中首次提出"循环"的概念。他认为："人类要逐步改变对地球的看法，同时现实性的社会系统也在发生变化。人类只有数量稀少、技术落后、见识浅陋时，才会把地球看作一个可以无限利用的取料场和排污场，并随时向它排放废物。"面对资源枯竭、环境污染等问题，鲍尔丁提出人们必须采用新技术改造落后循环废物，实现生态环境协调发展，这应该是循环经济的源头。① 循环经济的3R原则雏形最早见于美国1976年颁布的《资源保护和回收法》。这部法律旨在通过对产品生命周期的有效管理、减量化、再循环来实现节能减排、保护环境的目标。20世纪80年代，循环经济思想进一步发展，即1987年挪威首相布伦特兰夫人于《我们共同的未来》的报告中提出可持续发展新理念之后的第二年，工业生态学概念应运而生。美国学者福罗什在《加工业的战略》一文中，首次提出打通产业链上游和下游的边界，将上游的"废物"或副产品，通过一定形式或技术手段转化为下游的营养物或原料，从而构成一个"工业生态系统"，这一系统与自然生态系统一样，相互依存、共生发展。这一理念为现今生态工业园建设和发展勾画了雏形。② 工业生态学概念产生之后，循环经济的理念逐渐上升为各国政府的决策意志，对世界经济的发展影响日益深入。一些发达国家相继颁布了富有循环经济色彩或内容的相关法律。德国和日本是世界上最早对循环经济进行立法并付诸实践的国家。

进入21世纪，循环经济开始进入中国政府决策的战略议程。2005年，中央政府结合我国国情，通过借鉴国外循环经济的法律法规和行政制度颁布了《促进产业结构调整暂行规定》。该规定以总论的形式对循环经济的方针、原则、途径和方法做了明确界定。如第二章第九条明确指出了大力发展循环经济的方针，即坚持原则开发和节约并重、节约优先。同时提出了循环经济的3R原则，即减量化、再利用和资源化。还详细列出了实现循环经济的途径和方式：节能、节水、节地、节材，加强资源综合利用，全面推行清洁生产，完善再生资源回收利用体系。点明了循环经济的目的是，形成低投入、低消耗、低排放和高效率的"三低一高"节约型增长方式。2008年8月29日，我国通过了《循环经济促进法》，该法于2009年1月1日起开始施行。标志着

---

① ② 王志雄：《循环经济思想的演化与概念分析》，《上海经济研究》2006年第4期。

中国循环经济正式发展到法制化建设的阶段。

为了促进循环经济发展，实现资源产出率在"十二五"期间提高 15% 的目标，国家发改委于 2013 年编制了《国务院关于印发循环经济发展战略及近期行动计划的通知》，对"十一五"期间的循环经济工作做了总结，同时对"十二五"期间循环经济的战略发展做出规划。该通知强调，"十一五"期间，我国开展了两批国家循环经济试点，在重点行业、重点领域、产业园区和省市各层面各领域都有涉及。同时，各地区也纷纷探索富有本地特色的循环经济试点，涌现出一大批循环经济先进典型。全国范围内共总结凝练出 60 个发展循环经济的模式案例，探索了一条符合我国国情的循环经济发展道路。随着循环经济促进法的施行，随后公布实施的《废弃电器电子产品回收处理管理条例》《再生资源回收管理办法》等一系列法律规章，一共制定了 200 多项循环经济相关国家标准。这些都意味着我国循环经济开始迈向法制化轨道。一些地方政府还相继制定了地方循环经济促进条例。进行资源性产品价格改革，实行了差别电价、惩罚性电价、阶梯水价和燃煤发电脱硫加价政策。实施成品油价格和税费改革，提高了成品油消费税单位税额，逐步理顺成品油价格。中央财政还拨付专项资金用于支持循环经济重点项目和开展示范试点的实施。推广应用了一大批先进适用的循环经济技术。"十一五"以来，通过发展循环经济，我国单位国内生产总值能耗、物耗、水耗大幅度降低，资源循环利用产业规模不断扩大，资源产出率有所提高，初步扭转了工业化、城镇化加快发展阶段资源消耗强度大幅上升的势头，促进了结构优化升级和发展方式转变，为保持经济平稳较快发展提供了有力支撑，为改变"大量生产、大量消费、大量废弃"的传统增长方式和消费模式探索出了可行路径。[①]"十二五"期间，循环经济专项试点示范工作着力围绕薄弱环节展开，其中包含 100 个餐厨废弃物资源化利用和无害化处理试点、100 个园区循环化改造示范试点、49 个国家"城市矿产"示范基地、42 个再制造试点、28 个循环经济教育示范基地以及 101 个循环经济示范城市（县）建设地区等。通过这些试点

---

① 国家发改委：《循环经济发展战略及近期行动计划》，http：//www.gov.cn/zwgk/2013-02/05/content_2327562.htm.

示范工作，积累了一批丰富的典型经验，也为循环经济制度创新提供了制度支持。"十二五"期间，在工业方面探索企业、行业、产业之间共生耦合，实现循环式生产、循环式发展、产业循环式组合转变；农业方面推进农林牧渔多业共生、农工旅多元发展的农业循环经济新模式；服务业方面，贯穿服务对象、服务过程和服务成果三个环节，引导服务主体绿色化、服务过程清洁化、服务成果低碳化。逐步降低了能源资源单位消耗数量，发展的质量和效益稳步提升。"十三五"期间，国家发展改革委等部门部署实施循环发展十大行动，以园区循环化改造、工农复合型循环经济示范区建设等为抓手，推动循环经济典型经验推广，引领循环经济发展走向更高水平。

（二）循环经济与生态文化的内在统一

如前所述，以发展生态经济为主要形式和主要手段的生态化改革是生态转型的直接形式。发展循环经济是指以"减量化、再利用、资源化"为原则，用生态规律指导经济活动，促进资源利用由"资源—产品—废物"的线性模式向"资源—产品—废物—再生资源"的循环模式转变，以尽可能少的资源消耗和环境成本，实现经济社会可持续发展，使自然生态系统与经济社会系统和谐共存。

循环经济的实质就是生态经济，通过减少资源消耗、降低成本达到保护环境的目的和实现生态建设与经济建设的协调统一。大力发展循环经济，可将经济社会活动对生态环境的影响和自然资源的需求降到最低，从根本上解决经济发展与环境保护之间的矛盾。生态文化则强调"在开发中保护""在保护中开发"的理念，与循环经济异曲同工，都是为缓解和消除长期以来我国因粗放式增长而造成的环境与发展之间的尖锐矛盾。

生态文化与循环经济具有共同的发展理念：一是生态文化和循环经济均要求人们把自己作为系统的重要组成部分，而不是置身于生产和消费之外或系统之外来研究是否符合客观经济规律。同时要将寻找人与自然关系合理性的存在以及人与自然之间关系的平衡点结合在一起，将资源消耗、环境的退化、生态问题与社会的发展和人类需求的不断满足等联系在一起。经济系统的一端从地球大量开采资源，生产消费性产品，另一端向地球排放大量的废水、废气、废渣。只有通过代谢和产业共生才能化解这两端的矛盾。自然界中大量的战略性经济资源都是有限甚至是短缺的，如石油、煤和淡水等资源，不考虑这一点无限使用就是竭泽而渔；人类从事经济生产活动的同时还需不断向自然界排出废弃物，由于生态系统容量的有限性，不考虑这一点就是自毁基础，自毁人类自身的生存空间。

二是生态文化和循环经济均要求尽量节约自然资源并不断循环利用，在不超越自然生态系统承载能力的前提下，创造良性的社会财富。循环经济要求在生产中尽可能地利用可循环再生的资源，如利用太阳能、风能和农家肥等，尽量不用不可再生资源，使生产进入自然生态闭合循环；尽可能地利用科学技术，用知识投入替换物质投入，让人类在良好的环境中生产生活，实现经济、社会与生态的和谐统一，从而全面提高人民生活质量。

三是生态文化和循环经济均遵循生态系统的有限性原则。人类通过生产劳动，综合利用自然资源，形成生态化的产业体系，使生态产业成为经济增长的重要源泉；它们要求建立循环生产和消费的观念，避免"拼命生产、拼命消费"的传统工业发展误区，在生产的初期就考虑到废弃物的资源化；提倡"有限福祉"的生活方式，主张适度、节俭、健康、安全和无污染地消费；人们不再追求过度享受物质财富，而是一种既满足当代人的需要又不损害后代人生活需要，既满足自身需要又不损害自然的生活方式。

四是生态文化和循环经济均强调"以人为本"。生态文化认为，经济和社会发展的目的是让个体的潜能得到充分发挥，促进人们个性的极大丰富，促进人们的德、智、体、美全面提高从而实现人的全面发展，这为优化人类社会系统各个组成部分之间的平衡关系提供整体性思路，从根本上消除长期以来环境与发展之间的冲突，实现资源与环境、人与自然的良性运行。

（三）发展循环经济的困境

我国循环经济发展仍处于起步阶段，在思想观念、制度建设、法律法规、管理机制和技术支持等方面均存在一定的困难和问题。

1. 观念淡薄

虽然有发达国家"先污染、后治理"的前车之鉴，同时中国传统文化中也蕴含有丰富的循环利用思想，但是我国的经济发展水平起步低，人们希望提高生活水平的要求比较迫切。因此，广大民众和决策者对发展循环经济的重要性还缺乏必要的认识，无论一般的老百姓还是决策层，在面临经济发展和生态环境取舍时往往会选择前者，无法形成发达国家全民参与支持循环经济的局面。

2. 体制和制度滞后

循环经济发展的重要前提是合适的制度保证。和先行发展循环经济的国家相比，制度落后成为束缚经济发展的重要原因。首先，政府在推动循环经济方面没有形成合力。中央和地方、综合部门与专业部门以及政府与企业之间在推动循环经济方面由于各自的利益博弈，难以共同推动循环经济的快速发展。企业在发展循环经济方面也欠缺动力。虽然我国在免除税款、提供优惠贷款、给予补贴等方面也出台了一些政策，但是由于这些制度有一些潜在缺陷，如没有明确的目标、缺乏系统性、实施细节不具体、没有合理的资源环境成本评价体系等，执行起来成效并不明显。

3. 法律法规不健全

在循环经济的法律体系上，以管理立法和部门立法为典型特征的理念与强调整体、统一、协调的循环经济理念格格不入，导致循环经济法律体系在宏观立法方面问题重重：有的领域出现立法空白，有的领域出现立法重复，有的领域出现立法之间矛盾冲突。如我国目前在强制回收与利用、循环经济发展的技术与工艺标准、循环信息公开等方面还没有相关法律法规予以明确界定。2009年1月1日起实施的《循环经济促进法》，极大地推动了我国循环经济立法向系统和整体的循环经济法律体系迈进，但是《循环经济促进法》在很多方面都只做出原则性规定，许多相关立法和配套立法没有完善。如该法规定："强制回收的产品和包装物的名录及管理办法，由国务院循环经济发展综合管理部门规定。"但该管理办法没有出台。专门性的立法很少，生态农业、生物多样性、资源综合利用和消费等专门领域的立法空白，能源法一直没有出台，行政处罚、行政强制等一些程序性法律规范也付之阙如，从而影响了循环经济法律的实施。① 地方性循环经济立法明显不足，层次上体现为多

---

① 乔刚：《生态文明视野下的循环经济立法研究》，浙江大学出版社2011年版。

数地方立法形式为政府或部门规章，在起草工作中没有行之有效的立法监督，受部门利益的影响，往往使这些规章被烙上部门利益的痕迹，不仅缺乏地方特色，甚至也缺乏遵照实施的科学性和规范性。

4. 技术创新水平不高

我国的制造业水平虽然近几年有很大的提高，但核心技术和自主创新能力与发达国家仍有很大差距。近来，中美贸易战中的热点——中兴通讯事件引起了多方关注。这次中美较量中，由于美国自视中国高科技产品中多个元器件在核心技术上受制于美国，所以才痛下杀手。循环经济产业也不例外。一般来说，技术创新可从三个方面推进循环经济的发展：采用先进的生产技术，提高资源利用率；改进设计，采用先进的工艺技术和设备，实现生产的全过程控制，延长产品生命周期；开发适宜技术，进行资源综合利用。当前发展循环经济最为关键的开采技术、节能技术和资源综合利用技术装备等，达到和接近国际先进水平的仅占 15％，科技整体水平落后发达国家 15～20 年。[1] 这充分表明：当前我国的科技发展水平与循环经济发展不同步。

（四）发展循环经济的路径

发展循环经济，推进生态文化建设是一项复杂的系统工程，必须多措并举：

其一，要观念更新。把发展循环经济同其他国家战略相融合。要凝聚社会共识，深化社会各界对发展循环经济重要战略地位的认识，将发展循环经济与京津冀协同发展、长江经济带、"一带一路"等国家发展战略搭载在一个平台上，相互联动相互支撑，构建区域资源循环体系，实现理念与技术和产能的全方位共通。增强各级政府的生态意识，树立循环经济的发展理念，克服不利于生态文明建设的传统观念与短期行为；要建立绿色 GDP 理念，向全社会普遍宣传发展循环经济和建设人们美好生活的逻辑联系，形成发展循环经济的理性认识并在此基础上养成自觉习惯。循环经济要深入调查分析生态环境质量现状、存在问题、研究解决问题的方案，在此基础上，制定规划、

---

① 牛耀宏：《我国发展循环经济存在的问题分析》，《改革与战略》2008 年第 1 期。

安排政策，组织动员全社会投入到改善生态环境质量中来。将环保知识和循环经济理念教育，渗透到大、中、小学相关教学中，培养学生保护环境的意识、提高责任感；在农村应针对性地加强面源污染和绿色生态方面的教育；在城市和乡镇企业，应引导企业从长远出发，改变现行粗放型的经济增长方式，为构建循环型社会提供基础保证。

其二，要制度创新。循环经济中的规划指导、立法执法、政策调控等都需要相应的制度保障，不可能完全自发形成。要使政府在循环经济发展中发挥引导作用，必须完善循环经济管理体系，综合运用法律和经济手段，为构建循环型社会、资源节约型社会提供制度保障。要加强组织领导，认真学习和借鉴发达国家发展循环经济的先进经验，深入分析当前循环经济发展的热点、难点问题，针对性地建立职责明晰、层层有责任、逐级抓落实的工作机制；地方应围绕产业结构调整，制定相应的地方循环经济发展规划，将循环经济理念贯穿到各类国土计划、城乡建设发展规划的各个层面；健全生产者责任延伸制度，明确供应链、消费链链条上利益相关方的主体责任；要建立企业循环经济信用评价制度，将生产者责任相关信息、资源循环利用的环保信息及产品质量安全保障信息纳入统一的信息共享平台上，对企业进行绿色考核；健全相应的领导干部目标责任制，将循环经济发展状况纳入各级干部政绩考核中；要完善循环经济配套的法律制度，按法律法规要求严格控制新的污染发生。

其三，要政策创新。循环经济可持续发展需要一定的体制条件和政策环境。具体包括产业政策、财税政策、金融政策、价格政策、投资政策、消费政策等诸多方面。只有合力推动，才能达到好的效果。当前可以采取提高准入门槛，淘汰落后的工艺、技术和产品，激励有利于能源资源节约和生态环境友好的产业、技术、工艺、产品的发展等。首先要制定和实施有利于资源节约的产业政策，把调整产业结构、产品结构和能源消费结构放在更加突出的位置，从产业结构上摆脱能源依赖性；对符合国家产业政策、市场前景好的传统产业，按照循环经济的要求进行生态化改造。对招商引资项目、入驻开发区或工业园区的企业，尽可能采用国内外先进的生产、环保技术，指导项目的设计、建设、生产全过程。要重视投融资政策的改革创新，推动社会资本和财政资本的联动，通过市场化工具如 PPP、第三方服务等方式引导社会融资；大力发展绿色信贷，加强金融机构服务职能，鼓励企业境内外上市或融资。

其四，要技术创新。科技进步是社会发展的第一推动力。循环经济更是离不开关键技术的突破。节能减排、降耗生产、能源研发和利用，都是循环经济能够加速发展的必备条件。因此，要积极推动产业界与学术界、政府部门在循环技术开发方面的协作分工，尽快突破阻碍循环经济发展的技术制约，促进有关技术的研究开发和推广应用。同时，还应积极建立循环经济公共服务平台，完善相关的信息系统、提供技术咨询服务，及时向社会公众和企业发布有关循环经济的政策、管理和技术方面的信息，并积极开展技术推广、宣传培训等活动。要充分发挥行业协会和第三方服务机构，如清洁生产中心、节能技术服务中心等的作用。要加大技术进步支撑力度，多层次、多渠道开展国际经济技术合作和交流，尽快学习和吸收国外先进的高科技资源节约技术，并在此基础上，形成自己的研发优势，改造我们的传统产业，提高资源节约技术水平。

二、产业转型：大力推进生态产业发展

生态产业是一种无污染、高效益的现代朝阳产业。大力推进生态产业发展，体现了人类对生态文明与文化产业发展密切关系的深度把握，是现代产业经济发展的新思维和新视角。开发生态产业创意产品，培育生态特色品牌，将为生态文化建设提供坚实的物质基础。

（一）生态文化产业发展现状

近年来，地方各级政府、社会经济组织紧抓国家大力倡导、促进发展生态文化产业的良好机遇，围绕"把主要公共文化产品和服务项目、公益性文化活动纳入公共财政经常性支出预算"的建设目标，科学调整文化产业预算支出，灵活结合区域生态文化特色，多方争取财政政策和民间资金的扶持，不断增加生态文化建设投入，完善发展措施，积极开展创建生态文化产业行动，逐步形成了覆盖城乡、各具特色、布局合理的生态文化产业发展新态势，

树立起许多各具地方特色的生态文化品牌，促进了我国生态文化产业和经济社会协调发展，使生态文化建设走上了良性发展的轨道。其中，取得的成效主要体现在：一是产业投入不断增加，为生态文化建设提供了强有力的财力支持。近年来，全国各地加大公共财政对文化建设的投入，增幅都明显高于同期国家财政经常性的投入增幅，文化建设支出也比地方财政一般预算收入增幅来得高，人均文化支出均高于国家平均水平。二是地方特色逐步显现，生态文化个性化内容不断丰富。全国许多地方积极推进生态文化产业建设，力争创建国家公共文化服务体系示范区、生态文化产业试点城市等。强化示范引领作用，建设具有地方特色的生态文化产业和旅游示范区。结合地方区情，广泛开展文化旅游节和文化论坛等丰富多样的活动。深入挖掘区域生态文化旅游资源，激发民间资本对生态文化旅游项目投资的潜力和热情。不断提升生态文化产业效益，实现生态文化与经济的有机融合。三是基础设施不断完善，生态文化建设品质逐步提升。完善的文化基础设施是促进生态文化产业发展的必要基础，是提升生态文化产业品质的重要因素。近年来，地方政府投入图书馆、博物馆、群艺馆、文化剧院等场馆的建设资金持续增加，文化服务设施面积也有显著增加，逐渐形成功能齐备、配备完善的文体服务设施，不仅有利于促进生态文化资源的开发建设，也为生态文化产业发展提升了品质。四是保障机制不断健全，生态文化影响力逐步扩大。全国各地方政府积极建立完善文化产业投入保障机制，制定文化产业体系示范区建设方案，在财政预算编制中切实落实文化产业发展保障经费，引入灵活的竞争机制，通过项目补贴、资助和政府招标采购等多种方式，鼓励社会力量参与现代生态文化产业的生产和供给，实现文化产品供给方式的多元化。

但由于各地方政府生态产业建设标准不明晰、体系不完善，在推进生态文化新兴产业发展的过程中存在着不可忽视的问题：首先，对推动生态文化产业建设认识不足。许多地方政府，生态文化产业建设处于起步发展阶段，一些主管部门领导对生态文化在促进民族文化素质提升中的引领作用认识还不够深刻，生态文化意识也略显肤浅。其次，对生态文化产业建设投入还有待提高。由于生态文化产业建设战线长、领域广、内容多，涉及宏观规划、基础配套、思想认识等多方面，一些地方政府虽然逐渐加大了对生态文化产业建设的资本投入，但生态文化产业规模相对较小；民间资本参与投入建设也明显不足，所占比例偏低，社会力量参与城乡生态文化产业建设的积极性还不高，即使出台了税前减免、广告赞助、命名表彰等多项优惠政策，来吸纳社会资本投资建设生态文化产业，但效果仍然难以凸显，在一定程度上制约了生态文化产业的健康持续发展；并且具有相当影响力、支撑力、带动力的生态文化项目较少，龙头企业少，产业辐射拉动力不强，文化资源整合力度不够等都充分说明了生态文化产业发展潜力还有待于进一步挖掘；一些地区由于对生态文化产业的有效载体缺乏明确的定位，对森林、湿地公园、生态文化展览馆、生态民族风情园、生态文化教育基地、生态科普教育基地等公益性明显的自然人文景观载体的投资建设力度有待进一步增强。再次，生态文化产业规划有待完善，产业层次有待提升。从总体上看，有些地区的生态文化产业规模小，产品结构单一，产品市场竞争力不强，配套基础设施不完善，许多企业更多注重的是生态文化的现有产业效益，而忽视长远的社会效益，文化产品相对较为粗糙，对潜在的文化价值和教育意义挖掘不够。最后，生态文化产业管理机制缺乏创新性。许多企业都习惯于依赖政府的政策倾斜和管理服务，过多地关注投入成本和效益。由此，创新生态文化产业管理机制，必须发挥政府在调控生态文化建设工作中的积极作用，同时必须创造有利条件，激发地方相关社会组织、经济团体等非政府组织的作用，发挥市场调节效用，引导社会力量投入生态文化建设中，这也是优化生态文化产业管理机制的有效路径之一。

（二）生态文化产业发展对策

1. 转变生产方式，发展生态文化产业

文化产业作为一种文化与经济有机结合的新兴产业形态，凸显了人们对文化效益和价值的本质把握。生态文化产业是从事生态文化产品生产和提供文化服务的，既具营利性又具社会效益的生产行业，是实现生态文明的重要载体，是探索建设资源节约型、环境友好型经济发展的有益模式，是促进新时期产业经济有序发展的新动力。

生态不是一种形而上的概念，而是实实在在的、与生产生活密切相关的图景，干净的水、清新的空气、良好的生态环境以及绿色食品等都是健康生态产品的体现。推进生态文化产业发展，我们必须大力发展生态经济，积极转变生产方式，促进生态文化产业集群发展，提高规模化、专业化水平；要因地制宜，以森林公园、各类生态园、自然保护区、海岛等为载体，大力发展森林、园林、草原、沙漠、海洋等生态文化特色产业，积极打造生态文化主题丰富的，参与性、体验性强同时又有创意性和多样性的生态文化产品和产业品牌；推动与休闲游憩、健康养生、品德养成、科研教育、地域历史、民族民俗等生态文化相融合的产业开发，大力发展绿色食品、生态休闲和森林旅游等产业形式，为民众提供更多的生态产品和服务。同时，要积极承担社会责任，通过媒体、广告和文化会展等方式，向广大民众普及生态环境和环保知识，自觉参与保护生态环境活动，使生态文明的宏大叙事"更接地气"地转化为民众喜闻乐见的生态产品和服务，为民众所接纳，让民众一起共享生态文化产业进步和发展的成果。①

2. 加强生态文化产业基础设施建设

文化产业基础设施建设是一个地区文化产业基础和发展程度的重要体现，是促进文化事业和文化产业发展的重要保障，是构建公共文化服务体系的重要支撑，也是提高文化产业竞争力、增强文化软实力的重要条件。生态文化产业基础设施也是体现生态文化建设成效大小的重要指标。加强生态文化产业基础设施，首先，必须科学设计城镇主体功能区建设。要合理规划生态文化资源的开发强度，防止无序、过度开发，正确处理好文化产业发展、居民生活和休闲娱乐的关系；优化城镇文化发展空间，加强公共文化基础设施配备，营造生态文化景观，提高基础文化服务水平和能力，打造生态宜居的、富有文化品位的城镇。其次，要积极推动新农村建设，创建美丽村落，注重保持基层乡村的特色文化韵味。密切结合各乡镇、村居的生产生活情况，做好生态农业试点工作，积极推广复制典型性的生态文化示范点和生态家园，扶持发展绿色生态农产品。最后，整合利用各种森林公园、自然生态保护区、

---

① 廖福森等：《生态文明经济研究》，中国林业出版社 2010 年版。

生态旅游景区等基础生态资源，丰富生态产品供给形式，提高生态产品生产能力，切实做好生态保护和修复工作；还要广泛争取民间资本对基础设施建设的投入，不断增强生态文化发展和服务的后劲。[①]

3. 大力发展特色优势生态文化产业

（1）推广生态文化创意产业，开发生态文化创意产品。推广生态文化创意产业、开发生态文化创意产品，不仅有利于传承和保护传统生态文化资源，而且能促进生态文化创意向生态产品的有效转化，传递生态文化理念和生态环保价值观，推进特色生态文化产业的发展。

首先，要加强科学规划、合理布局，把生态文化产业作为现代公共文化服务体系建设的重要内容，加大政策扶持力度，强化生态文化与科技的融合，使生态文化创意与现代科学技术相融相促，利用先进科技来传递文化创意理念，催生丰富的生态文化成果，营建生态文化产业发展新形态。

其次，要大力培养文化产业创新人才。人才是促进开发生态文化创意产品的关键力量。要广泛开展专业技能培训，增强文创专业素养，搭建学习优秀生态文化理论和前沿生态技术的平台，积极培育富于创新创意的高层次人才和各类专业技术人才，集聚有志于推广生态文化产业的精尖创意人才，促进生态文化发展新思维、新动态和新模式落地生根；还可以通过加强校企之间的深度合作交流、引进高水平的科技人才和文化管理人才，为持续推进生态文化产品生产提供雄厚的人才保障。

再次，要搭建支持生态文化创意发展的创新平台。一方面要创建高效协同的科技创新合作平台，建立生态文化技术创新体系，通过打造一批创新力强的生态文化优秀企业，争创文化产业示范园区、文化产业示范基地和特色文化产业重点项目库等，走以市场为导向、企业为主体、产学研相结合的生态文化产业创新发展道路；另一方面要利用国家大力支持文化产业发展的有利条件，搭建产业创新平台，加快生态文化创意产业进步。整合应用现代新兴的数字技术、动漫游戏、互联网络、移动通信等新兴载体，促进生态文化产业数字化发展，进一步提升生态文化创意产品的科学技术含量和生态附

---

① 何燊：《着力生态文化产业推进生态文化建设》，《福建理论学习》2014 年第 10 期。

加值。

最后，要不断增强生态文化产品的创新性。积极捕捉文化市场需求和人民群众文化需求，创新生态文化产品的内容、呈现形式、体验方式、传播手段和服务模式等，促进生态文化要素与新材料、新技术相结合，设计制作出品质精良、风格独特、富有思想性、艺术性、观赏性的生态文化创意产品，提升生态文化产品质量，促进传播生态文明价值观念，展现新时期生态文化精神，反映公众的生态审美追求。通过创建休闲旅游景区、生态主题公园，开发绿色休闲文化，创新利用出版发行、影视制作、演艺娱乐、节庆会展、旅游、广告推广等多种媒体形式，广泛开展各种文化创意主题娱乐休闲活动，举办各种生态文化展览，制作生态文化影视作品和生态旅游纪念产品，不断增添生态文化产品的创新性、时尚性和体验性，增强文化产品的表现力和影响力，让人民群众真切感受到生态文化创意产品的无穷魅力。

（2）培育发展民族文化产业，树立特色生态文化品牌。我国的生态文化资源极为丰富，这是打造特色生态文化品牌的鲜明优势。打造特色生态文化品牌应积极立足地方区情，突出优势，整合利用区域内各种生态文化资源，将生态文化理念融入地方产业实践中，打造出更有生态内涵、更具亲和力的特色文化产品。

首先，要充分利用富有地方特色的山林湖水风光、园林人文景观、森林、湿地、滩涂、草原等自然生态资源条件，紧抓争创园林城市、森林城市等契机，建设森林公园、地质公园、湿地公园、生态植物园等自然生态文化园区，打造具有地域特色的自然生态文化旅游品牌。

其次，坚持以人文生态资源为载体，树立民族特色生态文化品牌。要立足区域，结合地方人文风情、历史传统、工艺制造、非物质文化遗产等特色人文生态资源，进行统筹规划、整合利用，开发保护和修复并重，创建一批富有民族特色的生态文化城镇、特色村落、艺术创作生产基地、生态文化教育基地、生态文化特色旅游基地、生态文化演艺基地、生态博览园和博物馆等品牌。

最后，坚持实施生态文化精品工程。注重提升生态文化的质量和品位，实施"一地一品"战略，打造文化精品工程，力推生态农业、绿色有机食品、生态艺术建筑、生态文化旅游和生态文化演艺等系列化、体系化的文化品牌，提升生态文化产业的整体水平，增进生态文化品牌效应和影响力。

4. 创新生态产业的应用研究

一要将绿色发展理念融入生态科技研究应用中。首先，要着力创新科技驱动，促进科技与生态文化相融。科技是第一生产力，文化是软实力，科技与生态文化相融驱动是推进现代文明发展进程的伟大实践。积极从生态文化绿色化发展理念的视角，探寻科技研究应用的新思路、新举措，持续推进绿色发展、循环发展、低碳发展，节约集约利用生态和环境资源，研发推广有益于保护和修复生态环境等的高新技术和产品。通过科技与生态文化理念的深度融合，进一步增强科技创新驱动发展对生态文化建设的促进和支撑作用，有利于推进生态绿色发展战略的顺利实现。其次，要注重深化对生态理论的科学研究及应用。生态学是研究并力促人与自然和谐共荣的新兴科学。国家生态协会团体要积极整合有效力量，组建国家级、省级研发团队，精选具有全局性、战略性、紧迫性的重大研究课题，有计划、分阶段地开展不同层次、多样主题的生态理论研讨活动，加强经济、社会、自然环境等学科之间的学术交流和讨论，更加开放地、广泛多元化地汲取借鉴各区域间、国际范围内的生态理论和应用成果，创新研究观点和方法，加快生态理论研究的成果总结和应用转化。还要因地制宜地组织开展关于森林、海洋、湿地、沙漠、草原、园林等生态文化主题研究活动，搭建各具特色的华夏古村镇生态文化研究，构建起完整的、极具内涵的中华生态文化理论研究体系。最后，要加强合作、组织编撰生态文化研究作品成果。如森林生态系统、湿地生态系统和海洋生态系统是地球三大生态系统。我国具有陆海双构的生态优势，陆地与海洋的交互作用奠定了中华文明的地理物质基础，蕴含着深厚的人文精神，其中海洋生态文化是生态文化研究的重要组成部分。2016年11月，由中国生态文化协会、全国政协人口资源环境委员会、国家海洋局，以及国内海洋生态文化研究领域的专家学者共同合作、组织编撰的《中国海洋生态文化》专著研究成果发布，这一著作充分展示了我国海洋生态文化研究的优秀成果，是我国首部系统全面地反映海洋生态文化的"百科全书"，系统阐释了中华民族文化与海洋的历史渊源和曾经的辉煌，全面剖析了海洋生态文化的核心理念和思想精髓，梳理了中国海洋生态文化发展成果，系统介绍了中国海洋生态文化发展的传统智慧，分析了当代中国海洋生态文化的发展现状和局势，将中国海洋生态文化智慧与中华民族伟大复兴联系在一起，正视反思中国海洋史上曾经的屈辱与苦难，研究并提出了中国海洋生态文化发展的战略目标，为我国实施"蓝色国土"海洋战略、建设海洋强国、树立全民海洋生态意识、增强文化自觉和文化自信提供精神动力和文化支撑，协同构建中国海洋和谐社会和世界海洋新秩序，共促世界海洋和平，具有十分重要的现实和历史意义。

二要创新现代生态产业技术理论研究。创新开展生态产业技术和理论研究、推进生态文化产业体系发展将为建立与完善现代生态产业发展和进步提供重要的技术支撑。要紧密围绕现代生态产业的发展需求，强化生态高新技术、领先技术的研发、推广和应用，力求为生态产业的持续发展提供丰富的新思维、新技术、新材料，激发更高效的新技术和新工艺，提高能源和资源的利用率和能量转换效率以及产品的生态性能和质量，不断降低废弃物排放率，提升各产业的生态环保效率和生态经济综合效益，有效维护人与自然和谐相处的生态环境系统，促进人类社会生态文明质量的全面提升。

三、政策引领：完善生态文化建设政策支持

（一）科学编制生态文化发展规划

各地方政府生态文化主管部门要积极贯彻落实中共中央生态文明建设意见和方案以及党的十八届五中全会精神，切实推进"十三五"生态文化建设工作。生态文化主管部门要协同各级生态文化协会，结合地方区情，研究编制生态文化发展规划，设计总体建设思路，将生态文化发展的各项战略任务纳入地方"十三五"国民经济和社会发展总体规划，将各项举措落实到位，促成更多更具特色的生态文化产业、生态文化遗产保护、生态文化基本建设投融资项目等在地方落地生根。

科学编制生态文化发展规划，必须建立由政府主导的包括规划设计、政策供给、重点项目、资金投入、考核评价、实施步骤和保障措施等多环节的

生态文化建设机制，制定总体目标和基本原则，有计划地保护国家基本生态空间，依法划定各类保护区域的生态红线，切实保护好国家各类重点生态功能区，维护国土生态安全、人居环境安全、生物多样性安全的生态底线，激励实施绿色节能政策和污染管理制度，建立有利于促进生态经济发展的体制条件和政策环境。

（二）完善生态文化建设投入保障

完善生态文化建设投入保障，首先，政府必须树立积极的生态政绩观、正确的生态价值观，满足城乡居民不断增长的生态文化产品和服务需求。其次，中央和地方各级政府都要加紧制定推进生态文化建设的政策引导、政策倾斜和法律保障等一系列的具体措施，为生态文化建设的顺利实施提供保障。各级政府要切实履行职责，在促进生态文化建设中应发挥主导作用，严格按照生态文化发展规划，做好科学预算，落实专项建设资金，积极打造有利于促进生态文化资源转化的政策和制度平台，完善和落实土地使用、贷款发放、税收减免、生态宣教等优惠政策，着重加强对自然保护区和森林、湿地、海洋、地质、沙漠以及各类生态文化博物馆、科技馆、公园、植物园、动物园等公共基础设施建设的财政支持力度，保障生态文化建设快速发展。最后，要建立起政府主导、社团辅助、社会各界广泛参与的生态文化建设投入保障机制，完善政府财政政策支持，同时积极鼓励、支持和引导国际资金、社会基金、银行贷款、保险资金和个人资金投入我国的生态文化建设，广泛设立社会性生态产业发展专项资金，激活社会民间资本活力，增强社会资本整合力度，充实生态保护和发展资金，逐步形成政府主导、市场推动和民众参与的多元化投入保障机制，壮大生态文化产业投资融资，促进生态文化产业持续健康发展。各级政府主管部门必须把生态文化建设摆在全局工作的重要位置，确保认识到位、领导到位、措施到位、资金到位。主管部门要精心组建生态文化战略发展规划机构，开展综合性的、跨部门的联合工作，切实推进生态文化建设中的组织、宣传、协调、监督、实施和评估等各项活动。

（三）健全生态文化建设工作机制

建立健全生态文化建设工作机制，一要科学制定关于加强生态文化建设的工作指导意见，明确指导思想、实施原则、工作目标和保障措施等内容，促进生态文化建设有序发展。二要完善分工、监督、评价的工作机制，加强部门协调，把生态文化建设规划任务落实到各级政府和职能部门的目标责任制中，充分运用法律、经济、行政等手段，建立有利于生态文化发展的工作制度体系，不断提高生态文化管理和服务水平。三要建立健全主管部门牵头、有关部门紧密配合、社会力量踊跃参与的生态文化工作格局。地方各级主管部门要广泛宣传生态文化发展理念，切实履行组织、指导、实施、监督生态文化建设等各项职能，并加强与人大、政协、民主党派等组织联系，通过开展联席会议、联合调研、联合表彰等有效工作机制，协同推进生态文化建设；还要扩大对外开放，开展生态文化国际交流与合作，吸收借鉴国外生态文化建设的优秀成果。四要实行主要领导负责制，将生态文化建设各项任务的完成实效作为领导干部工作业绩考评的重要内容和指标。建立常态化、激励性考核工作机制，将生态文化建设考核要求纳入各级各部门各单位的综合目标考评和绩效考评中，调动各级领导科学决策、优化工作的积极性。

（四）建立科学创新人才培养机制

推进生态文化建设尤其需要加强人才政策的有效引导。当前，高水平、高素质、复合型的生态文化专业人才的缺乏，成为我国生态文化建设过程中的制约因素。建立科学创新人才培养机制，优化生态文化人才队伍建设，将为生态文化建设持续发展提供积极的智力支持。一要营造宽松和谐的发展环境，致力于培养在生态文化新领域中善于开拓创新的拔尖应用型人才、熟练掌握现代传媒技术的专技人才、精于生态经济经营和文化产业管理的复合型人才等，建立人才激励机制，调动他们从事生态文化建设的积极性，使他们"人尽其才"，充分展示能力和才华。二要广纳贤才、建设智库。广泛吸纳在生态文化领域中专于创新研究、专业策划的高端人才，建立生态文化人才智库，努力培养一批生态文化领域学术带头人，发挥生态文化学术研究领头羊作用，增强生态文化研究力量，激发和引领更多优秀人才投身于生态文化建设活动，深入了解生态环境前沿学科知识和研究成果。三要加强生态文化教育师资培训。各地区要结合自然生态、地域历史、文化习俗、活动策划等需要，开展从事生态文化行业相关的导游、解说、演示管理等人员培训，提高文化知识和工作技能。依托科研部门、专业文化艺术社团以及高等院校人文和环境学科，加强产学研密切合作，开设相关的生态文化理论专业，开展生态文化领域专业教师的培养，联合培养复合型专业人才，努力形成规模化，更好地为推动生态文化宣传教育奠定坚实的师资力量。四要大力发展高等职业教育，制定生态文化优秀人才培养计划，利用各种职业教育教学途径，培养生态文化领域的后备力量。

四、泽惠于农：生态位视角下的精准扶贫

中国是一个农业大国，农村在中国经济社会发展中处于基础性地位。新农村生态文明建设的好坏不仅决定着生态文明建设的全局，也是关系国计民生的根本问题。农村生态文明作为综合性的文明成果，指的是农民在进行物质资料生产和生活消费中，以积极主动的姿态去改善自身与农村发展之间的关系，为葆有良好的农村面貌、建设良好的农村环境而获得的一切物质文明和精神文明成果的总和。农村生态文明的物质成果主要是指改善与优化农业生产方式和农村生活方式所发生的可视变化，如农村道路等基础设施的改进与优化、农村的卫生环境状况改善与优化、农村村舍的科学合理安排、农业生产方式的改善与优化等；农村生态文明的精神成果主要指的是农村生态文化的形成与发展程度。如农民生态观念与意识的进步、农民精神风貌的改善等。[①]

（一）农村生态文化的现状

1. 农民的生态意识落后，大多处于消极应对状态

虽然随着生活水平的提高和改善，农民的视野比传统更为开阔，但生态

---

① 戴圣鹏：《农村生态文明建设的实践模式探索》，《南京林业大学学报》2008 年第 3 期。

意识和生态观念并没有同步提升。主要表现在：一是自给自足的小农经济仍占主导地位。"以粮为纲"的传统格局，靠天吃饭、自给自足的小农经济模式在农村仍然广泛存在。二是农村经济发展水平仍然相对落后，在面对现实生活中乱扔垃圾、生产中滥用农药等切身利益的生态问题时，往往出于自利的需要得过且过。近年来享乐主义风气也影响了新生代农民，随着收入水平的提高，农村的畸形消费越来越严重，如一些地方仍然攀比过度消费、修造豪华坟墓，不仅占用了大量耕地，也严重浪费了人力、物力资源，同时还导致功利、浮躁的心态盛行，造成不少农民不堪重负，同时也严重破坏了有限的林业资源，导致生态环境逐渐恶化。

2. 广大农村地区生态制度缺失

首先，我国现行颁布的关于生态环境保护的法律、法规还很不完善，大多停留在宏观层面。还有不少条文和规定是计划经济时代的产物，早已不能适应变化了的形势。另外，在我国农村环境和资源保护相关领域的法律法规极度缺乏甚至呈空白状态。其次，缺乏有效的政府监督机制。各基层政府对于农村生态文明建设关注较少，工作重点仍然放在招商引资、综治维稳上，各县区直属部门及乡镇虽设专门领导分管环境保护，少数一级乡镇设置有环保办公室、环保助理、环保员等，但他们多数是一身兼任数职，只在填报数据资料时才发挥作用，真正在农业生态保护及监督方面花费的时间和精力十分有限。

3. 对资源过分依赖，对化肥和农药过度使用，导致农业生态系统严重破坏

一方面，对资源的过分依赖，严重破坏了生态系统功能。靠天吃饭，以消耗资源来换取粮食产量的做法在广大农村地区仍然存在，农民对资源高度依赖，直接造成我国水土流失严重、土地荒漠化及超载放牧。另一方面，农民化肥农药过度使用。我国是世界上化肥、农药使用量最大的国家。化肥和农药年施用量分别达 4700 万吨和 130 多万吨，而利用率仅为 30% 左右，流失的化肥和农药造成了地表水富营养化和地下水污染。[①] 土地产出水平由化肥、

---

① 《粮食增收代价沉重：我国化肥农药用量全球第一》，《第一财经日报》2010 年 12 月 23 日。

农药的施用量决定，且有效利用率低，导致农作物品质下降、减产甚至绝收，大量有害物质残留在土壤中破坏土质和水质，影响公众身心健康，破坏生态环境。[①]

4. 城市工业污染向农村地区转移，农村生态环境急剧恶化

由于城市工业对环保要求较严，导致工业污染开启"上山下乡"之路。比如，由于环保要求，福建闽侯的不少根雕企业由原来前店后厂模式逐步向深山转移。其中，大部分乡镇企业以粗放经营的低技术为特征，工艺陈旧、设备简陋、技术落后、能源和资源消耗高，绝大部分企业没有防治污染设施，大多隐藏在环保部门不容易监察的地方，治理难度很大。这些企业的存在短期内可以给农民增加收入，缓解就业问题；就长远来看，弊远大于利。

（二）新农村建设中生态文化问题原因分析

1. 生产力水平低下

我国第一产业相对落后，劳动生产率比较低，大多数地区农业仍然采用传统的生产方式，依靠原始人力，再加上地形地貌复杂多样，机械化程度很低。农业高度依赖资源和环境来实现增产增收。提高土地产出水平主要通过农药和化肥来实现，而这种"现代化"的农业生产则是面源污染的主要来源。由于面源污染直接导致河流、湖泊等水体的富营养化，如蓝藻现象等频频发生，使之失去生产和生活的使用价值，同时还造成地下水污染甚至食品污染，对人民群众的生产和生活都构成严重的危害。[②]

2. 农民科技知识和生态意识淡薄

首先，人类利用和改造自然的过程中容易受人类中心主义的思想桎梏。农民从眼前利益出发，没有把自己的生存发展与保护环境联结起来，缺乏系统的生态意识。其次，农民的文化知识水平与农村经济发展不协调的矛盾比较突出。随着城镇化建设步伐加快，农村中"三八六一九九"的现象比较普

---

① 国家环保总局：《2005 年中国环境状况公报》，人民出版社 2006 年版。
② 谭卫国：《加强新农村建设中的生态文明建设》，《中共郑州市委党校学报》2009 年第 1 期。

遍。大量老龄人口沉淀在农村。在中国近 2 亿农村劳动力中，从事农业的劳动力的老龄化问题非常突出。从不少草根调研的数据看，全职从事农业的劳动力年龄在 50 岁以上者估计占到 70％左右。[①] 这部分人群中具有高中以上文化程度的仅占 13％，小学以下文化程度的占 36.7％，接受过系统农业职业技术教育的不足 5％。由于新型农民比例较低，农民缺乏相应的科技文化知识，在农业生产中仍然沿用着最原始的生产方式，增加对化肥、农药的使用。仍以消耗大量的资源、能源作为提高产量的主要方式。[②]

3. 污染严重的企业向农村聚集

在以经济建设为中心的指挥棒没有发生根本改变的情况下，基层政府仍把招商引资、增加财政收入放在头等重要的位置，GDP 考核仍是对政府官员任免升降的主要依据。在这种情况下，一些污染严重的企业由于在城市生存不易，纷纷向农村转移。据统计，目前乡镇企业污染占整个工业污染的比例已由 20 世纪 80 年代的 11％增加到 45％，一些主要污染物的排放量已接近或超过工业企业污染物排放量的一半以上。这种只注重短期收益，忽视长期效益的做法，对农村的生态环境造成了严重的破坏。[③]

4. 环境治理经费投入不足

政府对环保的投入主要集中在城市生活及工业污染治理方面，对农村环境污染治理、生态保护以及农村基础设施建设的投入不够。由于农村环境污染对政府的税收直接影响不大，政府目前还没有足够的财力来治理农村环境。当地政府即使有资金，也会投入到急需的或者是能带来较大经济效益的项目上。在这种情况下，农村环境治理除了一些经济比较好的农村地区能自筹资金进行环境治理外，大多数农村环境治理的经费严重不足。

5. 生态环境保障体制不完善

首先，法律规范上，除了少数政府规章外，现行法律对农村污染防治立法少，对政府在农村污染防治中的组织和管理责任，也无任何规定。农村环境污染防治存在法律缺位，政府对农村环境质量缺乏监测手段、管理

① 《中国还有多少农村劳动力可向城市转移》，《新财富》2012 年第 10 期。
② 刘宗超：《生态文明观与中国可持续发展走向》，中国科技出版社 1997 年版。
③ 陈寿朋：《牢固树立生态文明观念》，《北京大学学报》2008 年第 1 期。

制度、评价制度和考核制度，没有农村环境监测指标和公示制度。其次，缺乏环境保护机构，基层政府没有明确分管环境保护的领导，少数乡镇设置了环保管理人员，但多数兼职。对于农村生活和农业环境，按照现行的监管体系，环保工作分散在各个相关部门，如林业局、农业局、城管办、交通局及水利部门等，部门利益不协调，有关职能部门各自为政，没有形成相互衔接的执法管理网络，导致"多头管理"。从环保机构来看，其隶属关系复杂，有的独立，有的挂靠在建设局或其他部门，因而不能很好地贯彻实施环保法规、政策，再加上缺乏针对各地农村行之有效的具体规定，许多工作难以落到实处。

(三) 生态文化建设框架下福建精准扶贫思路

党的十八届五中全会提出"创新、协调、绿色、开放、共享"的发展理念，将生态文化理念贯穿于精准扶贫工作中，从生态位的视角挖掘农村生态资源，以生态扶贫带动精准扶贫，走出一条生态经济化、经济生态化的扶贫道路。这既是农村精准扶贫的一大创新，又是推动贫困地区可持续发展、贫困人口脱贫致富、人与自然和谐共生的迫切需要。

1. 福建省精准扶贫的现状分析

党的十八大以来，党中央高度重视农村扶贫开发工作，制定出台了一系列有关扶贫开发的政策，为新时期各省市扶贫开发工作指明了方向。截至2015年，福建省有23个省级扶贫开发工作重点县，2200个贫困村，73.5万贫困人口尚未脱贫，人均年纯收入低于3310元。他们大多处在偏远山区，信息不对称，基础设施差，资源禀赋严重不足。面对这种情况，福建省作为"21世纪海上丝绸之路"核心区、自由贸易试验区，积极响应党中央的扶贫方针政策，坚持贯彻精准扶贫、精准脱贫，举全省之力，打好脱贫攻坚战。2013年，福建省委将23个重点县作为扶贫开发的主战场，提出造福工程、定点挂钩、产业和小额信贷、就业培训等各种形式的扶贫举措，形成涵盖重点县、贫困村、贫困户的扶持政策体系。2015年9月，福建省再度聚焦精准扶贫，全面深化精准扶贫。2016年5月，《福建省"十三五"扶贫开发专项规划》中，提出2018年要实现国定扶贫标准的农村贫困人口全部脱贫，2020年省定扶贫标准的农村贫困人口全部脱贫。[①] 为确保贫困地区如期脱贫，贫困村、重点县如期摘帽，福建省按照精准扶贫的要求，根据全省扶贫开发的实际情况，始终把扶贫开发的重点放在贫困人口、贫困村、重点县三个层面，做到看真贫、扶真贫、真扶贫，努力保证脱贫成效的精准、持续。

（1）精准扶贫到户到人。精准扶贫的重点是做好精准识别、精准管理、精准帮扶工作。根据贫困的标准（如家庭收入、家庭资产、家庭劳动力、生活环境、贫困程度等）识别贫困户，通过农户申请、民主评议的方式确定入选贫困户建档立卡名单，村干部派专人走访和逐户调查落实贫困户实情，整户识别。在扶贫对象识别的基础上，对每位贫困户进行建档立卡，建立帮扶工作台账，录入扶贫数据库，健全扶贫信息系统，实现全省、全国资源共享和动态管理。贫困户建档立卡主要涉及家庭基本情况、致贫原因、主要收入来源、帮扶责任人、帮扶计划、帮扶措施、帮扶成效和一户一方案落实情况、一户一策落实情况（包括部门帮扶情况）等内容，村里进行详细的登记造册（《扶贫手册》），做到户有卡、村有册。为贫困户建档立卡，便于收集贫困人口的信息，实时掌握并更新贫困人口的进出动态，根据贫困人口的家庭情况、具体需求因人而异去帮扶，确保每个贫困户都有一个干部结对帮扶，并且实行详细的挂图作战，进行针对性管理，定期反馈扶贫效果，做到扶贫对象有进有出，保证扶贫信息的有效性、真实性。2015年底，福建省农村扶贫开发对象为452万人，在实施精准扶贫过程中，龙岩市"九措到户"、三明市"三四八"、宁德市"六六四"精准扶贫工作机制等做法，提高了扶贫开发的精准性、针对性和实效性。

（2）整村推进帮扶贫困村。福建省有2200多个贫困村，不同的贫困村有着不同的地域优势、自然资源条件和历史文化背景，因地制宜、因村施策，针对村情民情探索适合本村发展的脱贫致富之路。政府实施整村推进扶贫开发政策，按照干部驻村、部门挂钩、资金捆绑的要求，整合下派干部、包村干部、村两委、村官等中坚力量，实现驻村工作全覆盖，组建驻村帮扶工作

---

① 闽南网：《福建省"十三五"扶贫开发专项规划全文权威发布》，http://www.mnw.cn/news/fj/1225333.html，2016年6月13日。

队，帮助贫困村厘清扶贫思路、选好扶贫路子、办好扶贫项目、建好扶贫制度。还要加强驻村工作的监管，将帮扶成效作为驻村干部和挂钩单位的考核内容，从而增强扶贫效果。在驻村帮扶中，坚持以市场为导向，结合本村的自然资源和产业特色，大力实施"一乡一业""一村一品"；种植特色优势农产品，运用电子商务销售农产品，提高农产品的附加值，实现良性竞争；开发"采摘、观光、农家乐、农村体验"等"一站式"休闲旅游项目、"森林人家"等。如漳州市根据所处地域优势和产业特点，发展蔬菜、水果、茶叶、水产、林竹、中药材、花卉等农业特色产业，在"一县一业"中有平和蜜柚、云霄枇杷、诏安青梅等；"一村一品"上，有云霄马铺乡淮山三宝、诏安富硒蔬菜、平和长乐村米粉等，走出一条产业化精准扶贫道路。

（3）推进重点县加快发展。福建省 23 个重点县与省级领导、省直单位挂钩，着力落实沿海发达县（市、区）带动重点县发展、对口帮扶，携手推进重点县奔小康。同时，23 个重点县要与挂钩帮扶的省直单位、沿海发达县（市、区）定期进行"面对面"会商、"点对点"对接，协商解决重点县在发展中遇到的问题，进一步做大做强县域经济。2016 年，福建省财政拨出 7.8 亿元扶持 23 个扶贫开发重点县，从财力、专项、贴息等方面加大扶持重点县的重大民生支出和社会事业、产业发展。对 23 个重点县实施倾斜扶持政策，加强交通、水利、水电、广播、高清电视、宽带等基础设施建设，在教育、医疗、卫生和社会保障方面加大扶贫资金投入，提高重点县公共服务水平。推进重点县共建产业园区，在"共建"中给予招商引资、技术指导、用工帮困等扶持，不断提高精准扶贫的实效。2015 年，政和同心产业园已入驻企业 56 家，总投资 58.6 亿元，其中开工 37 家、投产 17 家，使县域经济面貌焕然一新。福建省始终牢记，"重点县脱贫要靠产业，产业发展要有园区"。同时，在重点县推广了小额贷款担保，较好地缓解了贫困户担保难、贷款难的问题。2015 年，23 个重点县的 GDP、地方公共财政收入、农民人均可支配收入分别达到 2445.19 亿元、111.32 亿元、11994 元，分别较 2010 年增长了 89.01%、141.58%、86.75%，重点县呈现出新的发展态势，发展差距正在逐渐缩小。

2. 精准扶贫存在的问题及原因分析

自实施精准扶贫以来，福建省为实现全省 452 万人脱贫致富，出台了一系列优惠政策，多举措、多方面联合发力，打好扶贫攻坚战，并取得了一定的成果：贫困群众的生产生活条件明显改善，收入有所增加；脱贫人数增多，扶贫效果显著；贫困地区加快发展；等等。但是，随着农村扶贫开发进入攻坚期，也面临着新的矛盾和问题，诸如贫困地区发展不平衡、扶贫对象较分散、返贫现象突出、生态型贫困等问题。

（1）贫困户档案完整性不足。精准识别贫困户是农村精准扶贫工作的前提，只有将真贫户识别出来，才能开展后续工作，保证扶贫工作的有效性。贫困户建档立卡，村里造《扶贫手册》，这项工作基本上已经完成。但是，在实际调研中发现不少细节问题：贫困户收入构成检测表较简略，难以直观准确地掌握贫困户脱贫成效；《扶贫手册》所记载的内容与贫困户所说不符；国扶办系统信息与各县、乡镇的纸质档案材料有出入等。在入户调查时，包户干部手持《扶贫手册》与贫困户核对，发现手册上填写耕地一亩、林地十五亩，而贫困户却回答不出来；手册中养鸡鸭几只，与贫困户回答的数量不一致；同时，贫困户不能准确回答自己的帮扶责任人；部分乡镇上墙材料连贫困户的基本信息都没有，缺乏佐证材料……当然，出现这种问题，说明在采集、录入贫困户信息时，存在乡镇领导、包户干部失职的现象，不认真调查核实，导致整改落实不到位。贫困户档案信息的不完整，归档材料的不全面、不准确，将会影响贫困户对扶贫工作的满意度，甚至影响扶贫工作的进一步开展。

（2）扶贫资金来源单一。农村精准扶贫工作仍然以政府为主导，贫困户的生活补贴、搬迁安置补助、项目扶持资金、教育帮扶资金、医疗保障等均主要来源于财政拨款。企业带动贫困户，开展产业帮扶，政府采用以奖代补的方式鼓励企业，也需要政府财政资金支持。加上中央财政拨付不足，地方财政有限，社会资本融入不够，很难全额负担配套的扶贫资金，使一些扶贫项目资金需求得不到满足，导致扶贫项目停滞或以失败告终。贫困户不能"坐等"地方给予的专项扶贫资金、补助、补贴，更需要靠自己来摆脱贫困。有的村民希望从商，做点小生意，有的村民以务农谋生，希望扩大经营规模，有的村民希望供小孩上学读书……这就有了对各类金融机构贷款、减息甚至免息的需求，以发展农产品生产经营，改善生产生活条件。可是，由于贫困户的弱势群体地位，很多金融机构利益至上，不愿意承担信贷违约的风险，使那些急需贷款致富的贫困户无法申请到相应的信贷。扶贫筹资渠道单一，容易打击贫困户脱贫致富的积极性，难以真正帮助有需要的人。

（3）帮扶措施缺乏可持续性。福建省实施包干到户责任人制度，每户贫困户均安排一名帮扶责任人进行帮扶。观察福建省各市、县、乡镇、村的帮扶内容，就是走访到户指导果树种植业、养殖业管理；安排到挂钩帮扶企业上班；利用挂钩干部出资购买化肥、农药，发展农业生产等简单的帮扶。诚然，政府对贫困地区实施了许多项目、资金、技术扶持，但是由于贫困地区、贫困户的差异性而出现千差万别的成效。有的贫困地区彻底脱贫，有的地区暂时脱贫，还可能因病、因残、因灾返贫，这种潜在的、隐藏的返贫因素得不到根治，很可能让扶贫工作功亏一篑。还有些贫困地区，有了开发项目、有了投资资金，却因为没有合适的人才去经营，扶贫却忘扶"智"，导致后续经营管理跟不上的问题。精准扶贫措施不在表面、眼前，而重根本、长远，能用到实处，才能发挥扶贫的实效。暂时的脱贫不是真正脱贫，一旦出现不可抗力因素，返贫的可能性很大，有着很大的潜在危害性。

（4）群众自我发展意识薄弱。调查发现，有些贫困地区群众了解到国家的精准扶贫政策后，贫困户除了每月有补贴外，还会根据贫困户的致贫原因、贫困程度进行有针对性的帮扶，大家纷纷争着、抢着要戴上这顶为数不多的"贫困帽"。在政策优惠利益的驱动下，村民对扶贫政策强烈期待，甚至有富人谎报家庭情况，跟穷人争"香饽饽"；更有穷人滋生"懒汉"行为，荒废田地，以补贴为生。这种"等靠要""不劳而获"的思想是绝对要不得的，应该摒弃。除此之外，受农村教育缺陷的影响，福建省贫困地区的村民受教育程度有限，知识水平较低，致使其思想觉悟不高，对国家的农村生态扶贫政策解读有误、理解不透彻，而陷于利益之争难以自拔，不能有效利用政策优惠发展自身。要知道，政府为贫困地区、贫困户搭建了一个良好的发展平台，要是自甘堕落、不思进取，"贫困"之名将挥之不去。扶贫不仅需要外部硬性条件，更需要有群众主观上的自我发展，扶"志"成了扶贫攻坚期的重点任务之一。

3. 生态文化理念对福建省精准扶贫的影响

福建省剩下的贫困人口贫困程度更深、减贫成本更高、脱贫难度更大，扶贫攻坚任务艰巨。这就必然催生新的理念引导福建省精准扶贫工作。正值全面建成"机制活、产业优、百姓富、生态美"的小康社会冲刺期，实施精准扶贫精准脱贫，坚决打赢脱贫攻坚战，要创新扶贫方式，用绿色引领扶贫开发，牢记"绿水青山就是金山银山"。福建省走绿色扶贫、生态扶贫的发展道路，通过生态文化理念引领走向可持续发展，有机遇更有挑战。

(1) 生态文化建设对福建省精准扶贫提出新要求。生态文化是一种新的发展理念和发展方式，是社会可持续发展的必要条件和生态文明建设的重要基石。尤其是绿色发展理念、内容和标准都是生态文化的重要内容。全面小康社会涵盖生产发展、生活富裕、生态良好三个方面，生产发展是第一位，有了经济发展作基础，人民生活就会富裕起来，人们就会重视生态环境。农村精准扶贫正是要抓好扶贫与生态，处理好生产、生活、生态之间的关系，更好地推进全面小康社会建设。这就要求我们，绿色与扶贫都不可忽视，要协同打好扶贫和治污两场攻坚战，调整和优化精准扶贫内容和思路，将生态文化纳入精准扶贫的全过程中，并加强绿色监管。

福建省依山傍海，森林覆盖率达 65.95%，被称为"八山一水一分田"。福建省有着丰富的旅游资源，有东山岛、鼓浪屿、武夷山、太姥山等自然风光，还有土楼、安平桥、三坊七巷等人文景观。这些都是农村脱贫致富的有利资源。在经济新常态背景下，福建省很有必要引入生态文化理念去丰富和指导农村精准扶贫的实践进程，努力攻破农村扶贫难题，实现生态效益、经济效益和社会效益三者良性互动。这就对福建省精准扶贫提出了新的更高要求：构建绿色产业结构，推动绿色生产，大幅提高农村绿色经济效益，降低贫困地区资源环境代价。精准扶贫无论是扶贫思想、扶贫政策、扶贫机制，还是扶贫措施都要全程贯彻生态文化理念，要注重福建省贫困群众精准脱贫，更要把握好绿色发展方向。

(2) 生态文化建设为福建省精准扶贫带来新机遇。福建省部分贫困地区忽视生态环境保护，过度开采自然资源，生态型贫困严重制约着贫困地区经济社会的发展，使扶贫开发面临着生态环境修复的问题。生态型贫困问题备受社会各界的高度关注。只有保证贫困地区发展的可持续性，才能更好地维护贫困群众的生存权益。正是在这种环境下，福建省农村精准扶贫将获得更多的支持，推进扶贫工作的开展。同时，生态文化理念的提出，使贫困地区精准扶贫有了新的政策扶持，发展方向更明确、目标更清晰，不能再采用高污染、高消耗、粗放式的传统生产方式，取而代之的应该是无污染、低消耗、集约型的生态生产方式，由"先污后富"转向"只富不污"的新型扶贫路径。要立足贫困地区生态环境，借助自身生态资源优势，整合资源，推生一大批新兴生态产业。可以采用生态科技发展新型绿色产业、种植生态农产品、开发生态项目，以此助阵当地精准扶贫，逐步脱贫致富，建设"机制活、产业优、百姓富、生态美"的新福建。

4. 生态文化理念下福建省精准扶贫的思路

生态文化理念的核心在于可持续发展，注重发展的良性循环和再生性。经济发展新常态下，社会经济生态环境是福建省全面深化精准扶贫发展的土壤和根本。贯彻绿色发展理念、推进绿色扶贫、实现精准脱贫必须知行统一，从整体上改善贫困地区的发展。

（1）更新发展理论，完善精准扶贫供给机制。精准扶贫是根据类群生态位而采取的发展战略，是一种基于生态整体观的可持续性发展。它既要求每一位贫困户在生态位中保持自身角色的稳态，又与自身生计资源的绿色应用紧密联系。这就要求我们在实施精准扶贫的过程中，要注重资源位空间的拓展，在充分考虑贫困人口资源禀赋的同时，强调贫困人口自我发展能力的提升，保障生态扶贫的人才供给。

首先，增强生态意识，加大宣传力度。如何将精准扶贫精准脱贫真正置于绿色发展的大背景和大趋势之中，扶贫干部和民众的绿色素质至关重要。增强生态意识，为推行绿色扶贫、生态扶贫奠定了思想基础。要让干部、群众都正确认识生态发展的周期性和规律性，转变传统"一方水土养一方人"的观念，推行"一方水土保一方人"的生态扶贫观念，让生态环境与经济社会互动发展。扶贫干部在整个生态扶贫过程中是主要力量，他的绿色素养能够带动贫困地区一系列的生态扶贫活动（如生态农业、生态产业、生态产品、生态设计等）。要贯彻生态扶贫，必须通过各种方式大力培养和全面强化其绿色素养，在具体扶贫工作中切实增强绿色发展意识和能力，发现当地现有生态绿色资源，引进科技，合理优化生态资源，提升生态资源竞争力。当然，贫困民众作为生态扶贫的主要对象也不容忽视。长期以来，受各种经济利益的诱惑，错误地产生了"不要青山绿水就要金山银山"的利益观，导致绿色资源少之又少。要改变这种状况，实施生态扶贫，当务之急是唤醒与引导贫困民众的绿色价值观、绿色财富观。要让贫困主体明确绿色财富是生态文明建设、全面建成小康社会、绿色发展理念基础上衍生出的现代财富。绿色资源通过绿色产业、绿色产品、绿色科技、绿色收益发挥它的财富效应，创造它应有的价值和影响力，将绿色效益最大化，让贫困主体尽快绿色脱贫致富。同时，还要加大生态扶贫的宣传力度，开展生态高效农业建设。可以通过广播、电视、手机短信、宣传标语、村务宣传栏等各种形式宣传生态扶贫政策，鼓励引导发展生态农业；组织生态农业函授班、培训班、轮训班，让村民领会并掌握生态农业的精髓、相关知识和技术。

其次，提升发展能力，培育新型农民。生态扶贫必须扶"志"和扶"智"双管齐下，创新传统扶贫方式，培育生态农业型人才。扶"志"重在提升群众的自我发展意识。结合贫困户的家庭情况、知识水平、发展潜力，加强交流与沟通，让其全方位了解当前精准扶贫发展的态势、扶贫新政策、因人而异分析兼顾眼前与长远的可行办法。在举国扶贫的大环境中，帮助贫困户树立脱贫自信心，捕捉自身的发展优势，加强学习与锻炼，重视自我发展，发挥主观能动性，帮助其在精神上脱贫。除了要重视意识层面的帮扶，还要注重能力的培养。扶"智"的核心在于教育，用教育培养新型的农民，提升其发展能力，助力福建省特色现代农业脱贫。培育新型农民，要摸清当地的农业生产资源禀赋、产业发展情况、农业发展规模等，在众多农民中有效识别培育的主体，并按能力、兴趣爱好、经营等分类，让其在适合自己的领域学习、体现自我价值。还可以结合实际情况明确把贫困群众往哪个方向培育，整合省内农林院校和相关科研院所的教师、专家、学者，采取结对子的方式，为其制定有针对性的培训计划，使其掌握生态农业技术，培育专业技能型和社会服务型的新型职业农民，共同实现生态扶贫与农民发展。需要强调一点，新型农民的培育要秉持"授人以鱼不如授人以渔"的理念，福建省贫困人口多处偏远山区，发展较落后，学习时间零散，可以通过田间教学、互联网＋培训、农业慕课、微课程等方式，后续跟踪学习效果，帮助其自立自强，从而实现在能力上脱贫。

（2）寻找最适资源，推动精准扶贫实现机制。精准扶贫要先找准贫困的根源，有针对性地寻找贫困对象的生态位适应度，继而找到最适资源位。不仅要考虑自然生态资源，也要考虑社会生计资源，远离风险区位。大力发展生态经济，加强精准扶贫的内生力量；加强基层扶贫队伍建设，提高精准扶贫的制度专业化水平。

首先，整合生态资源。福建省贫困地区生态资源丰富，资源分布错综复杂，需要借助政策、经济、科技等手段，遵循可持续发展规律，把各种生态资源（包括自然生态资源、社会生计资源）组合成一个整体，全面、系统地利用生态资源寻找不同贫困主体的最适资源，对症下药，实现贫困地区生态效益、社会效益、经济效益共赢共生。整合生态资源在于形成贫困地区优势互补、强强联合，拓展生态扶贫的合作平台。一是整合资金资源。生态扶贫是生态保护与精准扶贫的有机结合，绿色引领扶贫，生态保护资金与扶贫资金相整合，无疑增加了扶贫的财政支持；同时，还要拓宽生态资金的筹资渠道，提供坚实的扶贫资金后盾，完善生态补偿机制，统筹各方资金集中解决贫困地区的生态扶贫问题。二是整合部门资源。传统的"九龙治水"碎片管理机制不适合管理生态扶贫工作。生态扶贫注重多方协作，需要省、市、县、乡（镇）、村纵向合作帮扶，也需要各职能部门横向合作，形成有效的精准扶贫管理机制。三是整合社会资源。政府生态扶贫势单力薄，很难力挽狂澜。需要更多地培育多元生态扶贫主体，汇聚社会外部力量参与推动生态扶贫开发，建立强有力的扶贫队伍，提高精准扶贫专业化水平，并积极探索"生态扶贫模式"。四是整合区位资源。贫困地区要充分发挥自身的区位优势，将区位优势转化为生态扶贫资源。福建省地处沿海省份，有着"21世纪海上丝绸之路"核心区的地理优势，可以引入区域外生态扶贫资源，推动贫困地区绿色脱贫。

其次，发展生态经济。发展生态经济为福建省经济社会发展指明了新的方向，是破解生态型贫困的重要举措，是实现贫困地区可持续发展的有效途径。生态型经济就是人与自然和谐相处，坚持生态优先发展理念，合理利用生态资源，种植生态农业，培育绿色产业，开发生态项目，以市场为导向，掌握市场和绿色产业发展规律，促进生态经济增长。做好贫困地区扶贫工作，必须要在分析贫困地区资源禀赋、产业发展现状、市场空间、环境承载力等基础上，调整产业结构，大力发展生态经济，增强扶贫内生力量。其一，要全面推行高效生态农业，充分利用贫困人口的人力优势，生产适销对路的优质生态农产品，运用电子商务平台宣传营销农产品，打造生态农产品品牌。其二，坚守生态底线，培育环境友好型生态产业，依靠先进科技，科技兴农，推动生态农业向产业化、精细化和集约化发展，如可根据实际情况探索"种养＋加工＋科技"的产业加工模式，打响农产品的品牌。其三，依托现有生态资源，开发生态项目，发展第三产业，推进农村第一、第二、第三产业深度融合发展，挖掘农业经济、生态、社会价值，将农业生产与农产品深加工、发展农业休闲旅游相结合，发展绿色经济。

（3）推进生态搬迁，健全精准扶贫保障机制。生态移民是以恢复生态、保护环境和发展经济为出发点，通过易地搬迁的方式将贫困人口从条件恶劣地区迁移到环境良好的地区，是绿色发展理念在精准扶贫中的一种体现，也是实现精准脱贫的方向。通过充分的评估，有效甄别生态环境脆弱、扶贫难度过大的贫困群众推行易地搬迁，谋求更好的发展空间。

全面推进生态搬迁，首先要科学制定并规划生态移民，根据生态脆弱贫困地区建档立卡的信息，做好安置方式、安置地点和就业增收等工作，制定配套的生态移民政策措施，努力实现"搬得出、稳得住、富得起"的移民目标。其次要坚持政府主导、移民自愿的原则。生态移民涉及面广、工作量大，必须由政府组织实施，相关部门协同配合。同时，为避免激化矛盾，必须充分尊重搬迁户的意愿，加大生态移民宣传动员工作，让贫困人口清楚"为什么移，怎么移、往哪移"，了解生态型贫困状况、生态移民的效果，尽可能做到自发、自愿、自觉移民。再次要将生态移民搬迁与新型城镇化相结合。生态移民要遵循城镇化发展特点和规律，解决生态移民的生计能力问题，鼓励引导集中安置，依托县城、集镇、城郊、中心村或旅游区、产业园、工业园区就近安置搬迁群众，这既有利丁移民就业、保障基本生活，又能更好、更快地融入城镇化建设中，防止出现"由贫迁贫"的问题。最后要完善移民后续保障机制。生态移民享受移民社会保障优惠政策，继续实施"春雷计划"，严格落实提高移民房屋、养老、医疗、住房、教育等补助标准，缓解生态移民的搬迁压力。此外，生态移民工程是一项系统工程，要盘活相关生态资源资产，体现完整性和协调性，以整村推进、整体迁移为主，这样有助于区域生态恢复和保护，还能牵系移民情感，"抱团"脱贫致富。鼓励和引导生态搬迁群众将原有土地、茶果园、山林等资源，通过租赁、转包、入股等形式进行流转，推动贫困村资源资产资本化，增加贫困户收入。

（4）构建生态合力，形成精准扶贫参与机制。精准扶贫主力在政府，辅之以市场、社会。政府聚焦"精准识别机制、精准扶持机制、精准管理机制和精准考核机制"；市场聚焦"以贫困户为核心的利益联结机制"；社会聚焦"扶贫动员参与激励机制"，三者要积极参与、共同形成合力，贯穿到生态扶贫的全过程。

1）加强顶层设计。精准扶贫的顶层设计要以绿色发展为导向，坚定绿色扶贫的立场。政府统筹谋划农村扶贫工作，体现生态意识，准确定位生态扶贫的战略目标。生态扶贫目标的设定应该遵循生态环境的发展规律，脱贫致富是其直接目标，生态保护是其根本目标，实现贫困地区绿色、可持续发展是其战略目标。在生态战略目标指导下，制定扶贫总体规划。不同的贫困地区、不同的生态环境、不同的发展水平，需要进行风险评估，因地制宜地制定适宜的生态扶贫策略，防止出现一哄而上、盲目发展的状况，让生态扶贫常态化。生态扶贫关乎人民福祉，不仅要满足经济社会发展的要求，还要满足贫困主体多元化的诉求。同时，将绿色、生态、环保理念融入具体的精准扶贫中，应该制定科学具体的扶贫工作方案，提高生态扶贫的可操作性。比如，建设生态扶贫示范区、设立"绿色准入机制"、建立"生态守护"工程和"森林福建"工程等。政府生态扶贫的顶层设计，要将绿色发展作为战略目标，站在高处运筹帷幄，把好扶贫脉，用好生态药，让绿色理念在福建落地生根。

2）规范市场机制。绿色扶贫不能光靠行政手段、行政力量来推动，要运用市场的手段和方式，依靠市场力量来协同推动。要以市场为导向，遵循市场经济规律，了解市场的需求，结合贫困地区的资源，发展特色绿色产业，生产绿色农产品。市场发展空间大，是绿色扶贫攻坚战的重要战场。生态扶贫一头连着市场、一头连着农户，需要市场的洗礼、支持，精准对接贫困人口创业和绿色产业项目。金融机构大力发展贫困地区普惠金融，推进金融服务"不出村"工程，优化金融服务"最后一公里"，规范发展小额信贷，为绿色扶贫提供资金保障。还要培育贫困户的信用观念，提高贫困地区的整体信用意识，对贫困户开展信用评级，以信用促扶贫。生态扶贫涉及教育、科技、文化、卫生、环境等方面，帮助贫困地区发展绿色产业，需要各类农业龙头企业进驻贫困村，开展"百企帮百村"活动，通过村企共建、结对帮扶、投资兴业、招工就业、技能培训等形式，带动贫困群众增收致富，促进贫困地区绿色经济发展。市场以利益为出发点，在绿色扶贫中要充分发挥市场资源的作用，找到公益扶贫与市场的利益结合点，以贫困户为核心，建立利益联结机制。例如，开展农村电子商务，构建以市场为龙头，以特色农产品为重点的农村电子商务公共支撑平台，促进各类市场经营主体通过电商平台合作，推广"田头市场＋电商企业＋城市终端配送"的营销模式。

3）动员社会参与。社会群体人数众多、力量庞大，是推行生态扶贫的重要生力军，生态扶贫是一项庞大、复杂的民生工程，不能把扶贫只当作政府的事、干部的事，要发动社会力量、各方面共同来做，需要集众力、汇众智，合力推动完成。由于贫困地区经济落后、生产条件差，造成严重的人力资源外流，出现贫困地区"空巢化"现象。要短时间回流人才是不可能的，弥补人力资源不足的有效方法就是最广泛地动员社会力量参与生态扶贫开发。例如，鼓励和选派一批思想好、作风正、纪律严、能力强、愿意为群众服务的优秀年轻干部、公务员、退休人员、高校毕业生到基层扶贫[①]；还可以组织扶贫志愿者、基金会、民办非企业单位、非正式组织（如环保协会、红十字会）等加入生态扶贫行动，倡导"我为人人、人人为我"的志愿服务精神，为扶贫注入人力、智力，构建扶贫志愿者服务体系，形成整体合力。可以组织各类生态扶贫调研、支教支医、文化下乡、科技推广等扶贫活动，继续发挥

---

① 郭广军、邵瑛、邓彬彬：《加快推进职业教育精准扶贫脱贫对策研究》，《教育与职业》2017 年第 5 期。

"希望工程""造福工程""春雷计划""春风行动"等扶贫公益品牌效应，积极引导社会资源向贫困地区聚集，参与各项扶贫项目，打造"一对一"结对、"手拉手"帮扶等新的扶贫公益品牌。

（5）加强生态考核，建立精准扶贫评价机制。精准扶贫要体现发展的伦理性原则，综合考虑到人的生物生命需求和社会生命需求；兼顾工具理性和价值理性，防止数字脱贫、花瓶脱贫、迎检脱贫的现象。这就需要加强生态考核，建立扶贫评价机制。

生态扶贫实际上可以说是多元主体合作博弈中的绿色化。由于扶贫主体的背景、能力、认知水平、价值观和利益追求上的差异，多元主体合作关系带有复杂性。这种复杂的合作关系，会直接影响生态扶贫在实际精准扶贫工作中成效的客观评价。在实际扶贫工作中，扶贫主体多注重追求扶贫工作的直接效益和眼前效益，而往往忽视绿色生态效益，弱化了绿色在精准扶贫工作中的吸引力和影响力。因而，在生态扶贫中，需要建立一套完整的、严格的绿色考评制度，真正实现生态扶贫、生态脱贫。一是脱贫考量的内容、标准要达到绿色发展的规定和要求。真正的绿色脱贫要同时兼顾贫困地区的经济社会发展与生态环境保护。二是脱贫之后要确保能够可持续发展，不会出现因灾、因残、因学、因市场波动等返贫现象。生态扶贫、生态脱贫着眼于长远，确实提高贫困地区的造血能力，实现绿色、可持续发展。只有符合和体现绿色发展要求的脱贫，才能保证贫困地区的可持续发展。同时，对于扶贫主体的考核，要建立生态扶贫工作责任清单，但不能仅局限于扶贫工作经济增长点，还应该将绿色指标并入绩效考核内容，这样才能全面、客观地考核扶贫主体的工作，树立绿色理念，做好绿色扶贫。此外，各个乡镇有必要建立贫困地区生态扶贫监测点，除了对生态环境实行动态监测、实时预警、有效治理、加强保护、合理利用和改善外，还要加强对绿色扶贫项目、绿色产业、绿色扶贫资金等的严格监管、督查，定期核实贫困户资料，及时更新，落到实处。还要加强扶贫职能部门与其他部门之间的沟通，制定较为完善的考评标准，建立生态扶贫管理体系。科学管理生态考评的相关内容，对生态问题进行动态监控，建立农村扶贫信息网络平台，以保证生态扶贫行之有效。

第四章　宣传与发动：生态文化建设的参与机制

生态文化牵涉多重主体的多元利益，开展生态文化建设离不开政府、企业、社团、居民等各种利益相关者的参与。由于个体之间存在着差异性，不同个体行为可能会造成各种各样的环境后果，而且不同个体之间也存在着相异甚至相冲突的环境观念与环境责任，进而给生态文化建设带来了种种不同的冲击与影响。建立一种引导公众参与生态文化建设的机制已成为生态文化建设的迫切需要，即在公共发展的平台上，社会公众能够围绕生态环境与社会发展等问题开展积极的沟通与协调，营造出群体的氛围与驱动力，并在这一过程中促进生态文化与大众生活的融合，增强人们的生态意识，进一步认同和接纳生态文化。

一、理论梳理：公众参与概述

（一）公众参与的内涵

公众参与（Public Participationor Citizen Participation）的概念由来已久，从字面上来理解，"公众"的"公"就是指大家、公共，而"众"则是指多的意思，因此"公众"可简单地理解为"大家""群众""大众"。根据美国学者彼得·德鲁克的说法："现代社会是一个组织的社会，在这个社会里，不是全部也是大多数社会任务是在一个组织里和通过一个组织完成的。"① 由此可见，在现代社会，"公众"包括了公民、人民以及各种社会组织。而"参与"则是指主体参加或介入某种行动、某种事件，参与行为虽然不会决定行动或事件

---

① 彼得·德鲁克：《后资本主义社会》，傅振焜译，上海译文出版社 1998 年版。

的最终走向，但它往往会在某种程度上对事件或行动产生实质性的影响。综上所述，可以将"公众参与"的内涵理解为各利益群体通过一定的社会机制，使更广泛意义上的公众尤其是弱势群体能够真正介入到决策制定的整个过程中，实现资源公平、合理配置和有效管理。若将这一内涵推广到生态文化建设领域中，那么生态文化建设的公众参与就是特指社会中的个体成员与群体组织参加、介入生态环境保护的行为活动，具体而言就是在生态文化建设实践中树立生态理念，增强生态意识，参与生态环境的建设与治理。有必要强调的是，在参与治理中公众虽然是重要的主体，但不能就以此将公众参与行为简单地理解为治理决策行为，因为从公共事务的治理过程来看，它是通过政府、公众、企业等多种主体之间的利益博弈与相互协商实现共赢的目的，这也就意味着公众参与不能取代或改变政府在公共事务决策中的决定性地位，而只能在某种程度上影响国家和政府的决策。

（二）公众参与的特征

生态文化建设中的公众参与和其他公共事务治理中的公共参与一样具有如下基本特征：

一是目的性。个人采取行动的背后总是有一定的目的，公众参与同样也带有目的性。对每一位公众个体来说，其参与活动都受特定的目的与需求所驱动。为了实现其自身的各种利益诉求，公众一定会参与到与其利益诉求相关的治理活动中，期望借此向政府表达其利益诉求，由此在某种程度上影响公共事务的治理决策和治理内容，最终达成其参与活动的目的。

二是公共性。公共性是指由全体社会成员共同拥有的社会属性。其特征主要表现为：首先，所有公众都享有平等的参与权，参与主体不会因为民族、性别、宗教信仰等条件的不同而受到限制，社会中的每位个体都平等地享有参与公共事务治理的权利。其次，公众参与的客体是国家与社会的公共事务，即与所有或部分公众利益相关的共同之事。最后，公众参与途径的公开性，如在政府信息公开、重大事项社会公示、环境影响评价等方面都应该向公众开放，从而为公众创造具体的操作性强的参与途径。

三是规范性。公众参与并不是无序的随意参与，这种随意无序的参与所带来的后果往往是社会秩序的混乱与动荡不安，这与公众参与的初衷是相违背的。因此，公众参与只能在宪法与法律所规定的空间内，通过法定的程序和步骤来加以实施，唯有如此，公众参与才能在保障社会秩序稳定的前提下，实现其利益诉求的最大化。

四是互动性。公众参与的顺利完成是以公众与政府之间的协同配合为基础的，因此政府与公众之间的良好互动是公众参与的内在要求与重要依据。"公众通过参与具体事务或具体活动与决策者进行交流、沟通和协商，表达自己的意见和愿望；决策者听取、考虑、尊重、接受（或不接受）公众的意愿，与公众之间达成'协议'并形成参与结果。"① 如果公众与政府缺乏有效的互动，那么公众参与将是无效的参与，就无法实现其参与的利益诉求，因此这样的参与行为就不是真正意义上的"公众参与"。公众参与的实质是公众与政府在有效互动的基础上进行的博弈、沟通、协商与合作。

（三）公众参与的类型

从实践层面来看，公众参与所涉及的内容非常广泛，且形式也多种多样，依照不同的标准，公众参与的类型主要有以下几种：

第一，制度化参与和非制度化参与，这是从公众参与是否遵循制度规范的角度划分的。在公众参与活动过程中，由于参与人数众多，因此必须以遵守统一的规章和制度作为保障才能保证参与活动的有序开展并实现参与的目的。因此，评判公众参与制度化程度的依据首先是看公众参与有没有遵守相应的制度，其次是考察公众对相应制度的遵守的严格程度。制度化参与就是指公众能够在法律法规所限定的范围内，依照制度对参与途径与形式的规定理性地表达其相关利益诉求，同时与有关的利益主体进行对话和交流，从而实现社会秩序稳定前提下公众参与的有效性。而非制度化参与则是指公众通过制度化以外的形式与途径而开展的参与行为，如静坐绝食、煽动暴力事件、打砸公共财物等。而引发非制度化参与的重要因素是公众无法通过制度化途径来实现其利益诉求时，就会倾向于通过非常规的渠道与手段来实现其参与

---

① 崔浩等：《环境保护公众参与研究》，光明日报出版社 2013 年版。

的目的，但这种参与由于超出了制度允许的范围，往往会威胁社会秩序的稳定，给社会带来新的麻烦与问题。

第二，自主参与和动员参与，这是根据参与主体的主动性程度而划分的。公众参与的主体是公众，而公众在参与中主观能动性的发挥程度则成为参与效果的重要制约影响因素。自主参与是指公众为达成与其相关的利益而积极自觉地参加到公共事务中。自主参与的一个明显特征是公众为了更有效地实现其参与目标，往往都会以"我要参与"的积极态度寻求解决问题的对策，也能够主动克服在参与过程中遇到的障碍和困难，因此自主参与的效率会更高。动员参与则是指公众在参与意愿不强甚至根本没有参与意愿的前提下受到外力的压迫与推动被动地参加公共事务。动员参与的明显特征是公众参与意愿不强、参与目的不明，所以公众的参与活动容易被外力所把持，大多数的动员参与是"通过他人引导、劝说、威胁所进行的活动，因而公民参与热情不高，属于一种受他人支配或迫于某种情势无可奈何的参与，因而在行动上就会变化不定、左右摇摆、热情不高，其作用效果就会不明显"。① 但是自主参与和动员参与的划分也不是固定的，尤其在生态文化建设领域内随着公众生态意识的觉醒及生态素质的提高，很多的公众参与活动都是由动员参与上升到自主参与的。

第三，支持性参与和抗议性参与，这是根据参与主体对参与活动所持的不同态度而区分的。支持性参与是指公众因对某种事件或活动持支持赞同的态度和立场而开展的参与活动。公众的支持性参与活动对社会的发展一般都具有正面的积极影响。抗议性参与则是指公众因对某种事件或活动持反对否定的态度和立场而开展的参与活动。抗议性参与活动从反面的角度引起相关部门对所存在问题的重视，并促进问题的解决。当然问题如果没有得到解决的话也存在着进一步加剧问题的风险。

第四，直接参与和间接参与，这是根据公众是否借助中介进行参与而划分的。所谓直接参与是指公众没有借助中介或中间环节而直接表达其利益诉求，直接参加公共事务。而间接参与则是指公众借助中介或中间环节来表达

---

① 王维国：《公民有序政治参与的途径》，人民出版社 2007 年版。

其利益诉求，间接地参加公共事务。对我国的生态文化建设而言，公众的直接参与和间接参与都是重要的参与方式，二者相辅相成，因此在实践中必须充分发挥这二者的作用，共同配合以取得更好的参与效果。

二、多元共治：公众参与的主体与参与途径分析

公众参与生态文化建设所反映的是民间生态利益诉求，故民间力量也常常被视为公众的代名词，但如果深究起来，就会发现无论"公众"还是"民间力量"在日常用语中都显得较为笼统。公众作为参与的主体对参与的效果至关重要，因此在实践中明确公众的主体类型和参与生态文化建设的途径是生态文化建设公众参与研究所要解决的首要问题。

（一）参与生态文化建设的公众主体分析

从我国生态文化建设的实践情况来看，当前参与生态文化建设的公众主要包含以下四种类型：

第一种是生态利益损害方。随着经济的发展和人们生活水平的提高，侵害公众生态利益的现象也越来越多。伴随环境冲突日益加剧，作为生态利益损害方的公众出于维护或保障其生态权益的目的而要求参与生态文化建设的意愿较一般公众而言显得更为迫切和强烈，在此背景下，他们往往会采取各种手段（包括非常规的手段）来达到维护其生态利益的目的。在目前参与生态文化建设的公众类型中，作为生态利益损害方的公众不仅数量多，而且个体差异明显，但他们在维护其生态权益方面的目的具有一致性，因此他们也容易达成共识并团结起来，成为我国生态文化参与力量的主力军。

第二种是关注环保公益的人士。进入20世纪中叶，人类面临严峻的环境问题，迫使人类重新思考人与自然的关系。环境伦理的提出，使人类对自然科学的认识和把握上升到了一个全新的境界，即帮助人们扪心自问、自我反省、自我批判，全面认识人与自然关系，并能主动地承担自己对环境应负的责任，从而有利于形成自觉的行动，即公众自觉地参与环境管理。因此在这种背景下，关注环保公益与生态文化建设的人士越来越多，参与生态文化建设的热情不断高涨。关注环保公益的公众能够从公益建设的角度理解生态环

境与人类社会发展的关系，并通常以理性的途径和手段参与生态文化建设以实现其生态公益的目的。

第三种是专家学者。生态文化建设是一项维护生态系统的稳定性并创造新的自然价值的系统工程，因此生态文化建设的推进需要以生态学、管理学、系统学等多门学科为其提供专业知识支撑与理论集成。而普通的公众对生态问题的了解往往取决于日常生活中经验知识积累的感知程度和与个人切身利益关系的密切程度。由于社会经济发展的加速所带来的生态问题日益纷繁复杂，普通公众对生态问题的敏感度因利益和知识的局限而降低。而一些专家、学者和有识之士，对生态问题的敏感度较高，他们拥有较多的专业知识和判断问题的丰富经验，具有抽象分析问题的能力，能在社会公正价值观的基础上对社会发展中的各种问题进行理性思考，因而能够最先感知到生态问题。同时，由于专家学者群体具有知识分子勇于批评的特点，使他们具有较强烈的社会责任感，敢于对生态问题的存在进行揭露和批评，敢于讲真话，传递出某些生态问题严重性的真实信息，能引起广大社会成员的警觉。

第四种是环保 NGO。真正有效的生态文化建设除了强有力的政府行为之外，还需要广泛的社会参与，特别是积极发挥环保 NGO 的作用。环保 NGO 在地方、国家和地区各级的生态发展和保护活动中作为主要的活动者和合作者出现，并在包括环境教育和提高公众环境意识在内的许多方面起重要的作用：他们帮助制定和实施环境政策、方案和行动计划，制定环境影响评价（Environmental Impact Assessment，EIA）的规范；他们也通过环境运动起到了重要的倡议作用；他们还提供法律服务以帮助市民、其他非政府组织和当地社区实施公众参与权利和参加司法活动。许多研究都表明，NGO 在监督国家行为和促进多边环境协议的执行中起着重要作用。目前，环保 NGO 在生态文化建设中的独特作用正日益显现，影响力也在不断加深，因此从这个意义上说，环保 NGO 的发展水平和活跃程度已成为我国生态文化建设水平的指示器。

总之，参与生态文化建设的四种公众类型在实践中的角色、地位与作用各有千秋，但他们都能积极主动地参与生态文化建设，因此这四种公众主体在"共同参与"的理念引导下通过相互协作达成共识，从而逐步形成并增强了"合力"，在整体上提升了公众参与的实力，使公众在与企业、政府的博弈中更具有优势。

（二）生态文化建设公众参与的主要途径分析

在当代中国生态文化建设中公众的参与途径是多样的，只要是合理合法且以维护生态权益、保护生态环境为目标的方式都可以作为公众参与的途径。但归纳起来，目前公众参与生态文化建设的途径可以分为三种类型，即政治途径、法律途径与社会途径。

一是生态文化建设公众参与的政治途径。在当前，我国公众参与生态文化建设的政治途径已开始发挥非常重要的作用。我国的基本政治制度是人民代表大会制度和中国共产党领导下的多党合作和民主协商制度。公众可以通过人大代表、政协委员、民主党派等政治途径参与到国家环境立法和管理的活动中去。

从理论上说，人民代表大会来自人民，是国家的最高权力机关、行使立法和宪法监督的最高权力机关，公众通过自己选出的代表——人大代表（一般是以写信、访问形式与人大代表接触）提出某项环境方法的议案或某项环境问题，向政府部门提出有关环境方面的质询和询问等方式参与生态管理。"环境立法应该充分考虑人民群众的意见和建议，政府部门也必须对质询案做出答复。"（《宪法》第七十三条）人大代表还有权对特殊环境问题进行视察和调查，督促政府部门妥善处理有关环境问题。并且有权定期进行执法检查，通过检查发现问题交由执法机关和司法机关去执行或纠正。自 20 世纪 90 年代初起，全国人大环资委和国务院环委会加上有关省、区、市的人大联合举行了连续多年的环境执法检查，公众通过热线电话、来信来访积极检举揭发违法行为，使人大的环境执法检查活动取得了丰硕的成果。

公众还可以通过各级政协委员和民主党派参与生态文化建设。政协委员都享有建议权、视察权、报告权，他们非常关心生态环境建设与保护，经常组织对环境问题的调查和检查，接受公众对有关环境方面的询问、要求、批评、建议和申诉，将公众的意见和建议转交有关政府部门处理。所以，人大代表建议、政协委员提案代表着公众的重要建议和意见，随着国务院 1997 年发出《关于认真办理人大代表建议和政协委员提案的通知》后，人大建议和政协提案工作条例的进一步制定，公众通过人大代表、政协委员这一政治途径参与生态文化建设将会发挥越来越重要的作用。

二是生态文化建设公众参与的法律途径。中国的环境立法在世界上虽然起步相对较晚，但在短短 30 多年时间，已建立起了一个包括污染控制法和自然保护法在内的环境法律体系，建立了环境影响评价、"三同时"、许可证等基本环境法律制度。当然，由于我国过去计划体制的影响和政府管制立法的指导原则，这些法律中还很少涉及公众参与环境决策程序的规定。目前，我国法律法规对公众参与生态环境管理虽已有所规定，但从总体上看，我国法律对公众参与生态环境管理还缺乏系统、明确、具体的规定。

宪法有关公众参与生态文化建设的原则性规定。我国在立法上还没有明确规定"环境权"，但是通过立法保护主体某一方面的环境权利或某一具体环境权的间接方式，体现了对抽象的环境权的法律保护。这可由《宪法》第九、第十、第二十二、第二十六条推论出我国对环境权的认可。与环境权的规定相似，公众参与生态文化建设的相关权利（如知情权、参与权、起诉权）在《宪法》里也得到了间接认定，《宪法》第二条规定："中华人民共和国的一切权利属于人民……人民依照法律规定，通过各种途径和形式，管理国家事务，管理经济和文化事业，管理社会事务。"第三十五条规定："中华人民共和国公民有言论、出版、集会、结社、游行、示威的自由。"第四十一条规定："中华人民共和国公民对于任何国家机关和国家工作人员，有提出批评和建议的权利；对于任何国家机关和国家工作人员的违法失职行为，有向有关国家机关提出申诉、控告或者检举的权利……"这些都可以推论到生态文化建设方面的权利和参与。

环境资源法律法规中有关公众参与环境管理的原则性规定。我国早在 1989 年颁布的《环境保护法》第六条就已规定："一切单位和个人都有保护环境的义务，并有权对污染和破坏环境的单位和个人进行检举和控告。"这为公众参与环境保护提供了原则性的法律依据。目前的《中华人民共和国大气污染防治法》《中华人民共和国海洋环境保护法》《中华人民共和国水污染防治法》《中华人民共和国环境噪声污染防治法》等环境法律中已有公众参与环境保护的专门规定。例如,《水污染防治法》(1996 年 5 月 6 日修改)和《环境噪声污染防治法》(1996 年 10 月 29 日)第十三条规定:"环境影响报告书中,应当有该建设项目所在地单位和居民的意见。"《国务院关于环境保护若干问题的决定》(1996 年 8 月 3 日)强调:"建立公众参与机制,发挥社会团体的作用,鼓励公众参与环境保护工作;检举和揭发各种违反环境保护法律法规的行为。"

有关政策性文件关于公众参与与环境管理的规定。我国已有不少政策性文件对公众参与环境管理做了规定。例如,1993 年 6 月,国家环保总局与国家计委、财政部、中国人民银行联合颁布《关于加强国际金融组织贷款建设项目环境影响评价管理工作的通知》,其中明确规定公众参与是《环境影响评价报告书》中的重要内容,要使可能受影响的公众和社会团体的利益得到考虑和补偿。提出了在环评工作中公众参与采用的方式和形式。凡涉及移民安置的项目,在《环境影响评价报告书》中要有充分反映移民安置对环境影响的内容。

国家环保总局制定的《环境信访办法》已于 1997 年 4 月发布。环境信访指公民、法人和其他组织通过书信、电话、走访等形式,向县级以上各级人民政府的环境保护行政主管部门反映环境保护情况,提出意见、建议和要求,环境保护行政主管部门要依法予以处理。环境信访人享有以下权利:检举、揭发、控告违反环境保护法律、法规和侵害公民合法环境权益的行为;对环境保护行政主管部门及其工作人员提出批评和建议,对污染防治工作提出意见和建议;检举、揭发环境保护行政主管部门工作人员的违纪、违法及失职行为;依法提出其他有关环境信访的事项。

三是生态文化建设公众参与的社会途径。我国政府和环境界目前最为重视的是公众参与生态文化建设的社会途径,因为社会途径重在增强公众环境意识和参与意识,造就环境保护的社会风气和公众论坛,而这些正是公众参与生态文化建设的前提条件,也是对公众参与的政治途径和法律途径的有力支持。首先,我国加强了环境教育、宣传和培训,在中小学开设有关环境方面的课程,对各行各业和各级领导、厂长、经理开办环境法制培训班,在每年的"地球日""植树节"开展声势浩大的全民宣传活动,对提高公众环境意识起了巨大的作用。其次，通过报刊、电视、广播、网络等舆论工具宣传环境知识，开辟环境专栏节目，为公众提供参与生态文化建设的讲坛。在《大气污染防治法》《水污染防治法》的修改过程中，《中国法制报》《中国环境报》等报纸曾安排了长达 2 个月的讲座专栏，使公众通过专栏发表意见参与立法，并对其中有价值的意见和建议予以采纳。最后，通过群众组织和社会团体介入生态环境管理，积极开展环境宣传和执法监督活动，例如，中国环境科学学会、中国环保产业协会等非政府组织，都积极参与讨论环境立法与修改。我国的环境保护群众活动，大多由政府支持、赞助和发动，也有少数由部分公民自发形成的反污染活动和义务环境保护活动，但这些活动一般规模较小、声势不大。

随着改革开放政策的推行，各个领域开始逐步与国际接轨，中国社会吸收、借鉴国际先进经验，在力度、广度、深度上体现出一种波澜壮阔的宏大气势。进入 20 世纪 90 年代，国内理论界开始引入发达国家"公民社会"的理论，民间公众意识觉醒，中国的民间组织开始了蓬勃发展。中国环保民间组织同样是伴随着这个潮流发展壮大起来的，并已经成为推动我国和世界环境事业发展的不可或缺的重要力量。

三、双重确证：公众参与的理论依据与现实基础

（一）公众参与生态文化建设的理论依据

生态环境与人的生存发展是命运共同体，随着生态环境的日益严峻，公众作为生态文化的建设者与受益者参与当代中国生态文化建设不仅是保护生态环境的内在要求，同时也有着丰富的理论依据。

1. 马克思主义理论中关于公众参与的研究

在马克思主义理论中就有大量关于生态文化建设的论述，并且强调了公众参与在其中所发挥的积极作用。马克思主义科学阐述并充分肯定了在实现共产主义社会过程中广大人民群众历史创造者的地位和作用，"历史上的活动

都是'群众'的活动……历史活动是群众的事业"。① 马克思主义中关于公众参与的思想从根本上回答了在国家和社会公共事务中为什么必须高度重视公众作用的问题。人类社会的发展和进步与广大公众的共同参与分不开。马克思主义认为，人民群众是国家的主人，具有管理国家事务的权力，而生态文化建设从实质上说是国家和社会的公共事务，因此从这一意义上说，公众不仅有权力而且也有义务参与生态文化各项事务建设。因此，生态文化建设目标的实现与广大公众的广泛参与是密不可分的。马克思主义理论中关于公众参与的研究明确了公众在参与国家和社会事务管理中的主体地位，从而为生态文化建设公众参与提供了经典的理论支持，具有重要的理论意义。

2. 民主行政理论

"民主是一种社会管理体制。在该体制中社会成员大体上能直接或间接地参与或可以参与影响全体成员的决策。"② 民主行政是在对代议制和官僚制困境进行反思的基础上提出的一种行政模式，是把政治领域的民主价值在行政领域的渗透和延展，具体表现为把政治上的分权制衡原则贯彻在行政领域以制约行政权、保障公民权益；把政治层面的参与引申贯彻到行政领域，强调了公民对公共事务决策的直接参与，民主行政追求的主要要素有：公民权益保障、行政权制约、追求公益、对公众的责任、回应性、公民参与等。可见民主行政与公众参与有着天然的联系，公众参与已成为评判民主行政的一个重要标志。

民主和参与是紧密联系的，并且是民主的核心。"参与民主"的概念由阿诺德·考夫曼于1960年首次提出，随即广泛应用于社会各个领域。但是，最初参与民主理论主要集中于校园活动、学生运动、工作场所、社区管理以及与人们生活密切相关的政策领域，主要关注社会民主领域，特别与工作场所的民主管理紧密联系起来，并没有上升到政治生活和国家层面。1970年，卡罗尔·佩特曼的《参与和民主理论》一书的出版标志着参与民主政治理论的正式出现。参与民主理论认为只有社会成员广泛地、直接地参与到了语言共

---

① 《马克思恩格斯文集》（第1卷），人民出版社2009年版。
② ［美］科恩：《论民主》，商务印书馆2005年版。

同体之中，参与到了善与恶、公正与不公正的交互性对话中，才有助于公民精神、公民人格的形成，才能够最终实现公共之善。

总而言之，民主行政就是公民或公民团体在理性思维的指引下直接参与到涉及自身利益的公共事务的决策活动（排除立法和司法部门的决策参与活动），或者是行政组织内部员工广泛参与公共事务的决策活动，以实现公共利益，完善公民人格。公众有激情有兴趣参与的领域都是与人们生活息息相关的且为人们所熟悉的领域，而生态文化作为人们生活的一个组成部分同样也与公众参与是分不开的，它也是民主行政理论在生态文化建设领域的具体运用和体现，为生态文化建设公众参与奠定了坚实的基础。

3. 环境权理论

环境权是指每个社会成员均享有拥有适于人类生存与发展的生态环境的权利，它是 20 世纪 60 年代初由联邦德国的一位医生首先提出来的，是公众参与环境保护的又一重要理论依据。这位医生在 1960 年向欧洲人权委员会提出控告，认为向北海倾倒放射性废物的行为违反了《欧洲人权条约》的规定，从而引发了是否要把环境权追加进欧洲人权清单的大讨论。同年，美国也掀起了有关环境权的争论，于是环境权的问题也成为国际社会普遍关注的焦点问题。1969 年，美国学者萨克斯教授认为，公民享有在良好的环境下生活的权利；环境权是一种法律上的合法权利；环境权可以通过公众参与法律机制以及诉讼机制得以保障和实施；环境权应当成为构建环境法制的根基。后来日本学者又提出了环境权的两条基本原则：环境共有原则、环境权为集体性权力原则，进一步发展了环境权理论。这些理论和主张得到了社会的普遍赞同，从而使环境权在国际法和许多国家的法律中得以确认。1972 年，联合国《人类环境宣言》明确指出："人类有权在一种能够过尊严和福利生活的环境中，享有自由、平等和充足的生活条件的基本权利，并且负有保护和改善这一代和将来的世世代代的环境的庄严责任。"自此以后，历经理论探究和实践检验，环境权的内容不断充实。1992 年，联合国《里约环境与发展宣言》又对此内容做了补充和说明。

公众既可能是良好生态环境的受益者，也可能是生态问题的受害者，因此公众与生态文化建设息息相关，公众享有对生态文化建设的参与权也是理所当然的。随着环境法学理论的不断完善和社会公众对环境质量的日益关注，有些国家在宪法和环境法中明确规定了公民的环境权，并由此引申出参与环境管理的各种权利。我国现行法律虽还没有明确规定公民的"环境权"，但在《宪法》《环境保护法》《民法通则》等的有关规定中，都体现了维护人民良好生活环境的精神，以及公民有参与国家环境管理的权利，个人或群体都有权参与生态文化建设事务，从而也为群体形式的公众如 NGO 参与生态文化建设提供了理论依据。

4. 环境公共财产理论与公共信托理论

20 世纪 60 年代以来，随着环境问题的日益严重，人们开始对人类赖以生存的自然环境进行理性思考。经济学家通过对比公共物品与私人物品的特点来分析环境的性质时，发现许多环境要素堪称典型的公共物品；也有些"环境"应该是"准公共物品"，环境为人类的生存和发展提供了物质基础，人人都可以从自然环境中受益而不应排除他人从中受益，由此提出了公共财产理论。该理论认为，环境问题的特征之一是它们产生在没有"所有者"的背景之中，或者虽然有所有者，但所有者只有有限的"拥有权"。许多全球资源就属于这种类型，如大气、海洋、森林和山地、淡水资源等。由于所有权缺失，可能已导致对它们的忽视或过度使用。由于大气不属于任何人，它已经很容易地成了化学废气的排放场，海洋也已成为废物、石油污染物、核燃料、生活污水及其他废物的排放场。这就是哈丁所提出的由于所有权缺失而对公地没有限制地利用而造成的"公地悲剧"(the Tragedy of the Commons)。环境公共财产理论指出，生态环境资源缺乏明确具体的所有权人和使用权人是导致环境污染和生态破坏的根本原因，强调生态环境是"公共财产"，反对任何人可以随意使用的传统观点与做法。该理论认为，财产所有权人不仅对其财产享有财产收益权，而且享有财产管理权，而公众作为生态环境资源的公共所有人有权参与生态文化建设。因此，环境公共财产理论为公众参与生态文化建设提供了权力依据。

公共信托理论源于罗马法，其基本含义是：空气、水、河流及其他自然资源本质上是属于公民的共同财产，但是如果让众多的公民共同管理共有财产则是不现实的，所以应当基于公共利益的目的由政府或其他组织以信托的形式加以管理和利用这些共有财产，这就是公众参与环境保护原则的重要理论基础。现代的公共信托理论是由美国学者萨克斯教授发展而来的。萨克斯教授认为，在不侵害他人财产的前提下使用自己的财产——这句古老的法谚是对环境资源具有公共权利属性的最好写照，而大气、水等公众所有的环境资源属于全体人民共同的资产，对其管理、使用应当符合公共利益；公民和政府之间形成一种信托关系，公民作为委托人把有关环境资源管理、使用的权利授予政府，政府必须履行有关受托人的义务，在基于社会公益的前提下合理地处置、使用这些公共财产。因此，国家对生态环境进行合理的开发与利用必须以保护生态环境为前提，只有这样才能防止信托人即公众的环境权益受到侵害。但由于生态文化建设事务复杂多样且涉及社会的诸多领域，为了确保政府能够更好地履行受托人的义务，公众对国家行使生态管理事项行为保持充分的知情并对其进行有效监督就显得尤为必要。

（二）公众参与生态文化建设的现实基础

1. 西方国家公众参与环境治理的由来与现状

在西方国家，随着经济的不断发展，环境污染与环境破坏也越来越严重，从而推动了环境运动，进而促进了西方国家的环境保护。1969 年，美国制定《国家环境政策法》，首次在法律中确定了公众参与环境影响评价的时间、途径及政府的责任，而后其他国家相继制定的环境保护法律中都规定了公众参与的内容。在国际上，1972 年的《人类环境宣言》强调公众参与在生态保护中的重要作用，1982 年的《内罗毕宣言》第 9 条提出："应通过宣传、教育和训练，提高公众和政界人士对环境重要性的认识。在促进环境保护工作中，必须每个人负起责任并参与工作。"1980 年发表的《世界自然资源保护大纲》称公众参与环境决策是"必要的行动"。1992 年里约环境与发展大会通过的《21 世纪议程》明确指出："公众、团体和组织的参与方式和参与程度，将决定可持续发展目标实现的进程。"这一议程带来了在寻求可持续发展道路上的五个值得关注的新问题：国家和地方一级对环境的分散管理、公众参与、关于环境与发展的信息收集以及更为重要的获取、以可持续的方式对待地球的经济刺激、建立地方权力尤其是经济权力来实现环境可持续发展。其后，西方国家及国际上为了更好地保护环境，加强了公众参与环境保护的力量。在全球环境大会上，非政府国际组织的代表非常活跃，重大国际公约专门设立的机构——缔约方大会定期接受非政府国际组织的观察员。例如，《气候变化框架公约》第7条第6款；《生物多样性公约》第25条第5款；一些国家在其参加国家谈判的代表团中还包括公众舆论的代表。与此同时，公众在环境方面的知情权、参与决策权和诉诸司法权逐步被规定下来。

西方国家一般较早地抛弃了封建主义，而有较长的资产阶级民主政治传统，不同的环境意识形态产生了不同的公众参与形式与措施，这也催生了西方公众参与环境管理实践和经验的丰富性和广泛性。正是由于这种政治文化的影响，在环境管理领域，早在19世纪的土地规划和评价系统中就开始了公众参与的实践。自全球环境运动以来，在环境权的理论基础上，西方国家更进一步致力于丰富和发展公众参与的政治途径、法律途径和社会途径。

在政治途径上，进入20世纪中叶，一些国家出现了绿党和自我标榜为"环境主义者的政治代言人"的议员、政治家，他们通过政治活动对环境立法和环境管理施加影响，对维护公众环境权益发挥了一定的作用。目前，各种环境保护团体是否结成联盟或组成绿党，环境保护组织的代表或绿党的领袖是否进入议会或进入政府部门担任要职，已经成为衡量一个国家环境保护社会团体发达程度和取得成就大小的一个重要标志。

在法律途径上，公众参与的法律途径在西方国家环境管理领域占有非常重要的地位。那些法治程度高、环境立法历史时间长的国家尤其如此。西方国家具有专门的信息法，为公众知情权提供最有力和最重要的保障。西方国家在环境管理的许多重要制度中建立了具体的公众参与的法律程序，例如，在制定环境政策和环境行政法规时有通知评论程序（如美国），在环境影响评价制度（Environmental Impact Assessment，EIA）和许可证制度中有公众听证会（如加拿大），在法律实施监督方面有顾问委员会制度（如德国）。除此之外，有些国家还规定公众可以通过专业人士咨询机构、国际条约缔约管理机构等途径参与环境管理实践。实践表明，这些公众参与的法律工具对保障公众环境权、保护和改善环境发挥了极为重要的作用。

在社会途径上，西方公众参与环境管理的社会途径是相当发达的，公众环境意识和参与意识强烈，环境问题是公众论坛最关注的焦点。ENGO 的活动也极为活跃，涉足环境管理的各个领域，如环境污染监督、拯救濒危生物资源、保护自然保护区、环境教育、培训、宣传等。西方的公众参与社会途径与我国的现状相比，应该说是更发达、更活跃和更有影响力的，它已成为政府环境管理体制必不可少且越来越重要的组成部分。

2. 我国环境治理的必然要求

我国是一个发展中国家，幅员辽阔、人口众多、环境问题比较严重，相对而言，国家财力和环境保护专业队伍力量有限，没有公众的积极参与，环境状况不可能得到真正的改善。近年来，全社会环境保护意识显著增强，我国已把环境保护确立为一项基本国策，在经济高速增长、资源消耗和污染物产生量大幅度增加的情况下，环境污染和生态破坏加剧的趋势减缓，部分城市和地区环境质量有所改善，工业产品的污染排放强度有所下降，从总体来看，我国生态环境质量持续好转，出现了稳中向好趋势，但成效并不稳固，环境形势依然严峻，诸多社会问题与矛盾的产生与激化都与环境问题密切相关，而且这些问题数量也在不断增加。生态环境问题以及由此而产生的社会问题使社会安全稳定面临巨大的隐患，环境问题已成为当今世界上一个重大的社会、经济、技术问题。

为解决生态环境问题，党和政府提出要充分利用改革开放 40 年来积累的坚实物质基础，加快生态文明体制改革，坚决打好污染防治攻坚战，建设美丽中国。党的十八大以来，党和政府加快推进环境治理的顶层设计和制度体系建设，加强法治建设，建立并实施中央环境保护督察制度，大力推动绿色发展，深入实施大气、水、土壤污染防治三大行动计划，率先发布《中国落实 2030 年可持续发展议程国别方案》，实施《国家应对气候变化规划（2014—2020 年）》，推动生态环境保护发生历史性、转折性、全局性变化。

同时也应清醒地认识到，在现代科技不断发展的背景下，生态环境问题产生的原因是多方面的，而且随着科技与经济的发展，环境问题并没有随之而减少甚至出现破坏加剧的情况，因此，解决当前的生态环境问题仅靠科学技术是不现实的，这就要求我们必须突破现有环境治理中环保部门"千里走单骑"的局面，齐抓共管，加强部门协调配合，集合优势资源，尤其是要充分调动公众参与的积极性，从而形成推进历史性转变的合力，这种力量必将为我国的环保事业发挥更大的作用。

四、演进脉络：公众参与的历史回顾

20 世纪 60 年代，随着西方国家生态问题的日趋严重及公众参与生态环境保护运动的兴起，世界范围内的公众参与也由此开始。在这股保护生态的历史潮流中，中国从新中国成立初期开始直至改革开放以来的生态文化建设史就是一部中国政府重视并鼓励公众参与的历史。中国公众参与生态文化建设也经历了一个从无到有、从弱到强、从抽象口号到具体行动、从被动参与到主动参与的历程，具体来说这一过程可以分为以下几个阶段：

（一）开局阶段（中华人民共和国成立至 20 世纪 60 年代）

中华人民共和国刚成立时，我国水旱等灾害频发，严重制约了社会经济的发展。为了尽快改变贫困的面貌，党和政府在下大力开展关于水利、交通、绿化等基础设施建设的同时进行环境治理，并取得了巨大成绩。而这成绩离不开广大人民群众对党和政府的热情支持与积极参与。

在水利建设方面，据统计，"新中国成立前，我国只有大中型水库 23 座，而新中国成立至 1976 年，全国建成大、中、小型水库达 85000 多座，建成万亩以上的灌溉区 5000 多处，灌溉面积 8 亿亩，全国的治水取得决定性胜利，几千年靠天吃饭以及洪水泛滥或大面积干旱的局面基本结束"。① 以我国当时的经济发展水平来看，能取得这么伟大的成绩实属不易，取得这伟大成绩的主要原因是我国当时投入了大量的人力资本。在绿化造林方面，为了实现我国政府植树造林保护环境的目标，大量的群众也积极参与到这场全国性的绿化活动中来，我国的造林绿化事业也因此取得了巨大的成就。环境卫生整治活动的开展也是以广大群众的参与为基础的。新中国刚成立时，当时的卫生环境极为薄弱，给群众的卫生健康造成了严重的威胁。为改变这种状况，1956 年 1 月，毛泽东在《人民日报》上发表了《除四害》一文，在文中号召

---

① 黄宏：《毛泽东与新中国的水利建设》，《毛泽东邓小平理论研究》2013 年第 11 期。

广大群众在全国范围内开展"除四害"行动，并且把该行动提升到政治任务层面来完成。我国也开始以"除四害"为契机在农村和城市开展了以全民参与为主体的爱国卫生运动，并实现了农村和城市卫生环境的大幅度改善。

可以说这一时期我国在基础设施建设及环境治理方面所取得的伟大成就是由广大人民群众在党和政府的领导下所创造的，如果离开了广大群众的支持和参与，许多基础设施和环境治理事业就根本无法推进。但也应该看到，这一时期的群众参与还是以被动参与为主的，群众只是从"响应党的号召""听从党的指挥"立场出发执行党和政府关于生态环境建设方面的路线、政策与方针，因此群众参与的驱动力是政府的政策动员，公众参与的主体地位实质上是"虚化"的，这也为"大跃进"时期为推行赶超发展战略而对生态环境造成的破坏埋下了伏笔。

（二）初步发展阶段（20世纪七八十年代）

20世纪70年代，我国采取的是粗放型的经济发展模式。这种粗放型发展模式往往是以牺牲生态环境为代价来换取经济的高速增长，因此在经济发展与保护环境之间存在着不可调和的矛盾，这也导致这一时期破坏生态环境的事件频繁出现。不断上升的环境问题数量引起了党和政府的高度重视，周恩来为此在多次讲话中都强调了保护环境的重要性。在此背景下，政府开始注意发挥其在环境保护方面的主导性作用，同时也注重动员、发动公众参与生态环境的保护。1972年6月5日，中国政府参加了在斯德哥尔摩召开的第一次国际环保大会，并签署了《联合国人类环境会议宣言》，强调了公众参与环境保护工作的重要作用。受此大会影响，我国政府越发认识到公众参与对于环境保护的重要性，意识到鼓励和引导公众参与是政府生态管理的必然要求与重要内容，因此政府还通过召开会议制定文件的形式对公众如何参与到政府环境保护工作做了详细规定。

党的十一届三中全会开启了中国改革开放的序幕，公众参与生态文化建设也翻开了新的篇章。在改革开放进程中，我国政府在政策、法律、法规方面形成了比较完善的关于公众参与生态文化建设的制度体系，从而为"公众参与"原则在我国的实践提供了有力的政策依据。例如，在立法方面，无论是 1979 年制定的《环境保护法（试行）》还是 1982 年的《海洋环境保护法》和 1984 年的《水污染防治法》都从原则、权利、义务、实施程序及法律责任等方面对公众参与做了比较全面的规定。与此同时，这一时期党和政府也把公众参与作为民主政治的体现纳入政治体制改革的进程，在政治层面上提升了公众参与生态文化建设的空间与平台。为了更有力地推动公众参与生态文化建设，在政府部门的支持下，群众性环保组织也如雨后春笋般涌现出来，如 1978 年成立了中国民间环保组织——中国环境科学学会，随后在 20 世纪 80 年代多个民间环保组织也相继成立，虽然这些民间环保组织还带有某种程度的"官方色彩"，但不可否认这些组织为公众参与生态文化建设开创了新的渠道与途径，并通过其在生态环境领域的宣传教育促进了公众环保意识和参与意识的提升。

把这个阶段作为我国公众参与生态文化建设的初步发展阶段的主要依据是，在这一阶段我国政府开始从法律制度体系建设上重视公众参与在生态文化建设中所发挥的重要作用，并积极促进了公众参与的重要载体——民间环保组织的发展，迈出了公众参与生态文化建设的重要一步，也顺应了世界环保民主化的潮流。但应该看到，这个时期毕竟是公众参与生态文化建设的初步发展时期，公众参与生态文化建设在总体上仍然存在着参与机制不善、参与动力不足、主动性不强、参与比较零散化等方面的问题，并没有充分发挥公众在生态文化建设中应有的作用。

（三）逐步深化阶段（20 世纪 90 年代）

20 世纪 90 年代后的世界格局产生了新的变化，世人对生态文化建设有了更新的认识，即生态保护的重点不能只放在对环境污染的治理上，更要在生态环境保护的基础上提升对生态环境的合理开发与科学利用，而且国际社会对环境保护问题也应当开展合作以在全球范围内保持生态系统健康与可持续发展。1992 年 6 月，联合国召开了环境与发展会议，会议通过的《里约环境与发展宣言》就强调要建立国际性的生态保护体系，保障公众参与环境治理的各项权利。该宣言体现了环境治理的全球性与复杂性，环境治理更离不开全球公众的积极参与，它反映了时代的客观要求，得到了世界绝大多数国家的认同和支持。因此国际性环境治理的趋势也反过来进一步推动了我国国内公众参与环境治理的进程。同时，在初步发展阶段中国公众参与所积累的经验与物质基础也为提升公众参与的数量与质量创造了更为广阔的空间。

1992年党的十四大的召开标志着我国社会主义市场经济体制改革目标的确立，并由此吹响了我国全面改革的号角，利益多元化的格局也日益形成。面对日趋恶化的生态问题，公众的利益诉求已不再局限于基本物质利益的满足，公众开始把保护生态环境、提升生态品质作为重要的目标，而且公众也明确认识到生态问题不再是一个与己无关的问题，而是一个跟每个人都相关的公共问题，因此公众在生态方面的利益诉求日益突出，受此驱动，公众在民间或政府方面开展的环境治理活动参与热情与积极性得到了空前的提高。为了进一步推动公众参与生态文化建设，并为公众参与提供更完备的保障，这一时期，中国政府也相继制定并实行了一系列关于公众参与生态文化建设的政策、法律、法规。在制定文件政策方面，如1994年3月国务院通过的《中国21世纪议程》就专门设置了针对公众参与的章节；其他的诸如1996年的《中华人民共和国信访条例》、1996年国务院制定实施的《关于环境保护若干问题的决定》等行政法规就公众参与环境保护治理的相关问题做了明确的规定，为实现公众参与的规范化指明了方向。在立法方面，有关公众参与环境治理的法律体系也日益健全，如《固体废物污染环境防治法》（1995）、《水污染防治法》（1996）、《海洋环境保护法》（1999）……都对公众参与环境治理做出了明确的规定。这一系列的文件、法律、法规不仅彰显了我国政府对公众参与生态文化建设有了更深层次的理解，同时亦为建立生态文化公众参与机制提供了强有力的制度规范与保障。

在这一阶段，我国政府非常重视社会组织在生态文化建设中的作用，不仅培育了大量环保社会组织，而且还积极推动社会组织投身生态环境治理与保护工作，许多大型的环保宣传活动便是在政府与社会组织的通力合作下呈现的。为了充分发挥社会组织在生态文化建设中的作用，我国政府于1998年重新修订并发布了《社会团体登记管理条例》，该条例对公民的结社自由给予了进一步的确认和规范，明确规定社会团体有权依法、依规来开展活动，从而使中国的环保非政府组织（NGO）得到了快速的发展。首先，中国的环保

NGO 数量与种类不断增多。在这一期间民间环保组织如"自然之友"、中华环保基金会、武汉白鱀豚保护基金会、绿家园志愿者、陕西省妈妈环保志愿者协会、污染受害者法律帮助中心等环保 NGO 在全国各地相继成立。随着环保 NGO 数量的增加，这些组织的会员数量亦呈现出水涨船高的态势，也意味着越来越多的公众积极参与生态文化建设事业，公众参与的规模也得到不断的扩大。其次，我国环保 NGO 所参与的生态文化建设事项越来越具体化，涉及的范围也不断扩大，其影响力与作用也不断增强。随着我国环保 NGO 数量与种类的不断增多，环保 NGO 参与的领域也越来越多。目前，在污染治理、动植物保护、生态宣传与教育以及环保科技的研究和推广等领域中，环保 NGO 都扮演了重要的角色，发挥着不可或缺的作用。最后，环保 NGO 参与生态文化建设的积极性大幅提升，开展了大量的有影响性的生态建设活动。一方面由于政府的鼓励与支持，另一方面得益于公众环保意识的增强，我国环保 NGO 在这一时期参与生态文化建设的积极性得到了空前的提高，开展了大量有影响性的生态建设实践活动，如"保护长江源爱我大自然"活动、"保护原始森林"活动……这些活动数不胜数，不仅有利于我国公众对生态建设的关注度和参与度进一步提升，同时也有利于进一步增强环保 NGO 的影响力和号召力，更为重要的是，生态建设实践活动也全面锻炼和检验了环保 NGO 自身的建设能力，促使环保 NGO 在组织、制度、人员等方面建设得到不断的完善与提升，使其逐步成长为生态文化建设中公众参与的中坚力量。

与之前的阶段相比，20 世纪 90 年代公众参与生态文化建设取得了长足的发展，也积累了较为丰富的经验。首先是公众参与的规模与主动性相较之前有了大幅提升。受社会主义市场经济体制改革的推动以及以"小政府大社会"为目标取向的政府职能改革的推进，市场在资源配置中所起的作用越来越大，计划手段的削弱也促进了社会自主空间的相对扩大，这无形之中也造就了日益增强的公众自主意识，促使公众重新审视了自身的生态利益，因此公众对生态文化建设事业越发关注，参与的规模与积极性得到了普遍的提高。其次是公众参与的范围与以前相比也大大增加。这一时期全球生态运动无论从广度还是从深度方面都得到了前所未有的发展，受此影响，我国公众也意识到生态文化建设参与的范围不应仅局限于防止环境污染与环境卫生整治方面，更应该把参与范围全面扩大，凡是与生态文化建设相关联的内容公众都可以参与，这种参与范围的扩大也见证了我国公众参与事业的成长与完善。

但不可否认的是，这一阶段政府在生态保护工作中仍然处于主导地位，大多数的环保事务的决策都由政府包揽了，从而导致我国公众缺乏深度参与的机会与平台，且我国的环保 NGO 发展时间还比较短，还没有足够的独立性，因此很多活动也因各种条件的限制无法深度持续开展，这一阶段环保NGO 做得更多的是协助政府开展生态文化建设，而对生态治理决策过程这一关键的参与环节则无法施加有力的影响，所以公众参与生态文化建设尚未达到预期的效果，其参与的深度、广度及力度与现实要求仍有较大的差距。

五、审视定位：公众参与的现状与问题分析

（一）我国公众参与生态文化建设的现状

21 世纪以来，党和政府越来越认识到了生态文化建设领域存在的"短板"对实现现代化所造成的负面影响，意识到生态文化建设是关乎人民福祉与民族未来发展的大计。在 21 世纪，党和政府积极通过顶层设计持续推进生态文化建设的公众参与，引导和鼓励公众全面参与生态文化建设，充分发挥人民群众历史创造者的主体作用，以此带动国家环境治理能力的提升并实现治理能力现代化的目标。

1. 公众参与生态文化建设的政策支持日益健全

进入 21 世纪，党和政府围绕着生态文化建设及公众参与等内容陆续出台了一系列的方针、政策、法规，从而为公众参与生态文化建设提供了日益健全的政策支持。

我国公众参与环境管理的法源依据最早确立于立国根本大法——《中华人民共和国宪法》之中。随着国家的逐步发展及时代潮流所向，陆续颁布了各项法律、法规、条例、规定及说明，以确保我国公众参与环境管理的权利与义务。这些法源依据主要显现在《环境保护法》《中国 21 世纪议程——中国 21 世纪人口、环境与发展白皮书》《关于加强国际金融组织贷款建设项目环境影响评价管理工作的通知》《建设项目环境保护管理条例》《立法法》及

《环境影响评价法》等。这一系列的方针政策都针对公众参与生态文化建设的方方面面的内容做出了详细的规定，为公众参与生态文化建设的合法性、强制性及必要性提供了有力的支持，确保了生态文化建设公众参与的常态化与规范化。

2. 公众参与生态文化建设的配套立法越发完善

近年来，我国在生态保护立法方面不断加大力度，在诸如环境信息公开、环境决策等方面不断完善相关的配套立法，从而为公众参与生态文化建设提供了更充分的法理依据与制度保障。

2003 年制定的《中华人民共和国环境影响评价法》首次通过法律的形式确定了环境影响评价必要性，同时还明确规定公众必须要参与评价的过程，它不仅在原则性上对公众参与做出了规定，而且强化了公众参与环境评价的具体操作性细则。2004 年《中华人民共和国行政许可法》为公众参与环境行政许可听证提供了有力的法律依据；2014 年《中华人民共和国环境保护法》就有专门的内容从程序方面规定了公众参与环境的决策与监管，同时该法也专门确认了环保组织作为环境公益诉讼的主体资格；除此之外，其他大量的具体的生态法律如《水污染防治法》《大气污染防治法》《海洋环境保护法》等也都强调了公众参与生态治理的原则和理念，在环境管理、信息公开、社会监督等方面都强调了公众参与的重要性与必要性，对公众参与的具体范围、内容、程序等方面也从法律上进行了规范，从而为我国公众参与生态文化建设搭建了更完善的法治框架。

3. 公众参与生态文化建设常态化，参与效果日趋良好

面对经济增长与生态利益的选项，过去政府总是倾向于选择经济增长而忽视生态利益，这必然造成公众生态利益的损害；另外，由于我国政府生态治理能力与现实要求也存在着一定的差距，民众的生态利益诉求无法得到及时有效的满足。正是鉴于上述情况，公众迫切希望能够深入地参与到我国生态文化建设进程中，进而通过实质性影响各级政府的生态决策以达到维护自身生态利益的目的，因此近年来公众参与生态文化建设已成为一种常态，并且公众参与的效果越来越好。

目前，我国公众参与生态文化建设主要以环境信访、人大环保议案和政协环保提案、环境行政复议的形式来进行。首先从环境信访形式来看，2000～2014 年的《全国环境统计公报》数据显示，我国公众环境信访的数量总体上呈现为不断上升的趋势，这些数据说明了环境问题日趋严重的情况下，我国公众参与的主动性与积极性在增强，而且信访的合法性也成为公众表达生态利益诉求的主要形式。同时，生态环境信访数量的上升也引起了党和政府的高度重视，促使各级政府加大生态文明的建设力度，进而推动了生态文化建设的深入发展。其次从人大环保议案和政协环保提案来看，近年来，公众参与生态文化建设的另一种重要途径是通过人大代表与政协委员这一政治途径以提交环保议案和提案的方式来表达公众的生态利益诉求。根据《全国环境统计公报》数据，2000～2014 年的人大环保议案和政协环保提案数量也呈不断上升的趋势，两种提案的总量都增加了两倍左右。可见在我国生态文化建设中，人大和政协不仅承载着民意汇集的功能，也是公众参与生态文化建设的重要平台。广大公众正是以这样的方式将公众的生态诉求及时有效地反馈给政府，以便政府在决策时给够听到更多真实的民意，制定出更加符合公众生态利益的政策、法律与法规。最后从行政救济手段即行政复议来看，近年来，随着生态侵害现象的增多，公众越来越多地借助环境行政复议来维护其自身合法的生态权益。2000～2014 年的《全国环境统计公报》数据显示，我国各级环保部门所受理的环境行政复议 2000～2011 年约增长了 3 倍，这些数据的变化从某种程度上见证了我国公众在环境决策参与方面的成长与成熟，同时也引起了环保部门对行政本位思想的反思，有助于进一步提高环境行政的执行力。

4. 环保 NGO 日益壮大，参与范围亦日趋扩大

我国环保 NGO 发展的重要成就不仅体现在参与生态文化建设 NGO 的数量不断增加，而且也体现在其参与的范围在不断拓展，从而使其成为公众参与生态文化建设中的一道亮丽风景线。首先从环保 NGO 的数量方面看，环保 NGO 数量的增多带动了更多的人员加入组织。《中国环保 NGO 蓝皮书》数据显示："截止到 2008 年 10 月，全国共有环保民间组织 3539 家，其中由政府

发起成立的环保组织有 1309 家，占 37%；学校社团组织有 1382 家，占 39%；草根的环保组织有 508 家，占 14%；国际环保组织驻中国的机构有 90 家，占 2.5%，主要集中在北京、上海和东部沿海地区。"[1] 而《2013 年社会服务发展统计公报》显示，截至 2013 年底，全国社会团体共计 28.9 万个，其中生态环境类 6636 个；全国共有民办非企业单位 25.5 万个，其中生态环境类 377 个。[2] 其次是环保 NGO 参与生态文化建设的积极性不断高涨，参与的领域越来越广，参与能力也得到不断提升。现在环保 NGO 对于生态文化建设的积极性已今非昔比，环保 NGO 已不再是被动地参与而是更积极主动地参与生态文化建设的各项事业。在参与范围上，环保 NGO 已不仅局限于环境保护的宣传与教育，它们越来越青睐于以实际行动来开展保护环境和自然资源的项目，不仅积极参与生态立法与生态决策，而且还开展了大量的诸如"绿色希望行动项目"（2000 年）、圆明园湖底防渗漏工程（2005 年）、"随手拍污染活动"、"绿色生活倡议"（2015）等实际行动，通过大量的实际行动，环保 NGO 自身的建设能力也得到不断提升，其社会影响力也日益扩大。可见这一时期的环保 NGO 在力量、种类、范围与水平等各方面都有了非常大的飞跃，为生态文化建设输入了强劲的动力。

（二）当前我国公众参与生态文化建设存在的主要问题

当前公众参与生态文化建设得到了持续的发展，并取得了巨大的成就。但由于公众参与生态文化建设也是一项系统工程，它涉及社会的方方面面，且我国的生态问题并未得到彻底的解决，公众在生态文化建设参与方面仍然存在不少值得我们重视和解决的问题。

1. 公众参与生态文化建设差异性强

首先，从公众参与的积极性来看，公众参与的积极性在整体上升的情况下，不容忽视的是公众参与的积极性却是不一而足的，有着明显的差异性。最明显的表现就是公众对于涉及自身或眼前短期利益的生态文化建设表现出

---

[1] 《新环保法待解之题》，《民主与法制时报》2014 年 5 月 12 日。
[2] 《2013 年社会服务发展统计公报》，《人民日报》2014 年 2 月 25 日。

强烈的兴趣与参与的积极性，而一旦涉及社会整体利益或长远利益的生态文化建设，公众就显得较为冷淡，参与的积极性就更无从谈起。例如，《人民日报》曾对政府推行的"限塑令"做出民意调查，调查数据显示，仅有四成的公众支持"限塑令"，而大多数公众是反对的，究其原因，主要是公众认为"限塑令"影响到了个体生活的便利性，即使大多数公众都知晓塑料袋给生态环境所造成的负面影响，而一旦生态文化建设涉及公众的个体利益损失，公众对生态文化的关注度就会马上提高。大量的案例表明，在生态文化建设中公众是否参与以及参与程度的高低主要以自身利益的得失为参考标准，如公众在垃圾分类处理、节约水电气等方面参与的积极性比较高，主要是这些活动能够帮助公众减少浪费，节约生活成本。可见当生态文化建设要牺牲公众的当前利益，而长远利益又需要较长时间的等待时，公众参与生态文化建设的热情就会逐渐熄灭。

其次，年龄、职业及城乡等因素的差别也导致公众参与呈现明显的差异性与复杂性。《中国公众参与调查报告》（2012 年）指出："新生代已成为公众参与的重要主体。'80 后''90 后'等新生代的公众参与比例显著高于其他年龄群体，尤其是新生代对于民间组织的参与和网络活动的参与都显著高于其他年龄群体。"① 总的来说，受不同年龄、职业、受教育程度等因素影响，公众在参与生态文化建设中的参与意识与参与行为存在着明显的差别，例如，在企事业机关团体等单位的从业者相较于农民、工人与个体从业者就具有较强的参与意识与能力，而且在参与途径与方式等方面也倾向于以制度内、合法化的方式进行。同时也由于我国地域辽阔，城乡发展也存在着明显的差异，由此也导致我国城乡居民在参与认知、参与行为上存在着明显的差异性。

2. 公众缺乏深度参与生态文化建设，参与效力不足

目前，公众对于生态文化建设的重要性都有着充分的认识，但从实际情况来看，公众对于生态文化建设的公众参与则存在着认识不全面、解读存在

---

① 《中国公众参与调查报告》，http：//www.cssn.cn/preview/zt/10475/10478/201306/t20130605366503.html，2012 年。

误区的情况。公众作为生态文化建设的重要主体却没有正确理解其主体角色的意义所在，其影响力无法得到有效发挥，而且对于公众参与的机制、途径及参与过程的责任与权益都缺乏全面的了解。正是存在着这些不足，从而导致公众参与效力难以得到有效的发挥。

从公众参与生态文化建设的实际情况来看，公众通常都是站在自己的立场上看待生态文化建设，有选择性地参与生态文化建设，对自己有利的则积极参加，对事不关己的生态文化建设事项则较少甚至不参与。目前，公众在生态文化建设参与的形式上常见的有听证会、意见征求会、社区圆桌会等形式，但这些形式存在着层次较低的局限性，往往达不到预期的参与效果。调查显示，当前公众参与生态文化建设还处于宣传教育层面，无论是环保公益讲座、研讨会，还是环保科普、生态知识展示等活动均为浅层性的参与，因此在生态文化建设中若要提高公众参与的有效性首先还得从提高公众参与的深度入手，公众应该更多地在生态决策、政策的执行与监督等方面加大参与的深度和力度。从公众参与生态文化建设的过程来看，整个参与的过程有预案参与、过程参与、末端参与和行为参与四个阶段，但从目前的实际情况来看，末端参与居多，即当生态环境问题发生以后公众才参与进去，而在预案参与、过程参与及行为参与方面则属于薄弱环节，同时监督反馈机制不完善等因素都严重阻碍了公众参与有效性的提升。

3. 公众参与生态文化建设的渠道还不通畅，参与出现无序化

近年来，各级政府越来越认识到公众参与生态文化建设是至关重要的。但是，政府却把公众放在不对等的位置，即把公众仅仅理解为政策的执行者，因此多数地方政府与公众之间无法在平等的位置上进行对话和沟通，政府站在决策者的立场希望公众能够理解政府的意图而没有充分尊重公众的意见，公众与政府之间沟通的渠道仍然多限于传统的宣传、教育及环保科普等渠道，公众真正深入参与政府生态决策的机会与渠道并不多，因此难以了解政府关于环境的相关决策，因此从本质上说，公众的参与形式仍显得单薄。受制于有限的参与渠道，形成了公众事前参与不足、事后参与环节滞后的局面，也导致公众在参与过程中信息获取的不对称，公众并未真正实现知情权。在这种情况下，一旦公众的生态利益受到侵害而又缺乏通畅的参与渠道时，公众

参与就呈现出明显的无序化特点。近年来，我国由于生态环境污染而导致的群体性事件频发就说明了一方面政府在做生态决策时并没有事先与公众进行良好有效的沟通，另一方面公众在参与生态文化建设尤其是生态决策方面渠道受限，在这种情况下公众只好采取非理性的、冲动的方式来表达自身的生态利益诉求，其结果不仅阻碍了生态文化建设的整体推进，也削弱了政府的公信力与政策的执行力。

（三）当前公众参与生态文化建设问题的原因分析

1. 公众参与意识相对薄弱

总的来说，近年来随着公众生态意识的不断提高，生态文化建设的参与意识也有所提高，但与我国生态文化建设的要求还有一定的差距，具体表现在以下方面：

第一，公众对生态文化建设还存在着认识误区。由于我国的生态文化建设一直都是在政府的主导下进行，因此不少群众对生态文化建设知之甚少并且存在着误区，单纯地认为生态文化建设就是污染治理，更有不少人认为生态文化建设是政府的事，与自己不相干，所以漠视甚至敌视生态文化建设的事时有发生。正是基于公众缺乏对生态文化建设的正确认识，大量的生态文化建设活动得不到公众的有力支持因此成效不明显，生态文化建设的进一步发展也因此而受到制约。

第二，公众对生态文化建设关注度不高、参与度低。由于我国人口多，幅员辽阔，各地经济发展不平衡，因此对于社会经济发展相对落后地区的人来说，与生态文化建设相比，参与到经济活动追求经济利益就显得更为迫切。甚至部分公众由于生态文化建设而导致个人眼前利益受损时，往往出现反对或抵触生态文化建设的思想言行。

2. 公众参与缺乏完善的相关法律的操作性保障

尽管我国在保护生态环境方面已有了诸多相关的法律法规，如《环境保护法》《环境保护公共参与办法》《中华人民共和国环境影响评价法》等，这些法规都对公众参与的重要性做出了原则性的规定和说明，但是这些法律法规对公众参与的操作程序与参与的权益保障如公众的环境知情权、环境决策参与权等方面并没有做出具体的规定，因此操作性不强，如新修改的《环境保护法》就把环境公益诉讼的主体严格限定为社会组织，从而严重制约了环境公益诉讼的作用。同时，现有的法律由于在公众参与方面的立法位阶较低，从而无法产生较高的法律效益，无法在法律层面为公众参与提供可操作性的保障。

3. 生态文化建设信息公开制度不完善

让公众享有充分完整的生态信息知情权是保障公众能够顺利参与生态文化建设的重要前提。但反观我国生态信息公开制度建设情况，可以发现，我国在这方面的建设基本上还处于初级阶段，政府公布的信息基本上都属于全国性或宏观性的生态信息，对于关系到公众切身利益的微观生态信息的公开则缺失严重。甚至一些地方政府在进行生态文化建设时，更多地把生态文化建设当成面子工程来推进，且政府在信息公开时也存在着报喜不报忧的现实主义倾向，因此并没有将国家关于生态文化建设的精神正确地传达到公众，从而给公众参与造成了不良导向。正是由于信息公开制度的不健全，公众对是否参与、如何参与及参与环节等方面的内容获得的信息不充分不完整，自然就无法做出准确的判断，例如，在听证制度中由于信息的不对称而导致辩论不平等不充分时有发生。可见由于信息公开制度的不完善，公众无法享有充分的知情权，必然给公众参与造成难以跨越的鸿沟，成为制约我国生态文化建设发展速度的又一瓶颈因素。

4. 环保 NGO 发展不成熟，作用与影响与现实要求有差距

全球尤其是西方发达国家环境治理的经验表明，环保 NGO 有助于提高公众对环境治理的关注度并增强对环境治理的参与热情，因此世界各国非常重视环保 NGO 在生态治理中的重要作用并不断增强与环保 NGO 的合作。与政府及普通公众相比，环保 NGO 在全面参与生态文化建设、促进生态问题高效解决方面具有不可比拟的优越性。但相较于发达国家的 NGO 发展水平，我国环保 NGO 发展历史较短，因此目前我国的环保 NGO 仍处于初步发展阶段，整体发展水平仍处于较低水平，数量少、规模小，而且环保 NGO 成员中具备生态文化建设相关专业知识的人才比较缺乏，其成员大多为热心环保的普通民众，因此环保 NGO 发展的不成熟使其在公众中的权威性不够、认同度不

高，而且也使其影响力和作用未能得到充分有效的发挥。另外，我国环保
NGO 发展不成熟的另一个主因就是没有充足的资金以支撑其开展生态文化建
设的相关活动。当前我国环保 NGO 的筹资渠道比较单一，所筹集的资金也比
较少，再加上企业社会责任感不强，公众环保意识不强，因此社会组织在资
金筹集渠道上就缺少了企业和公众渠道的支持，大多数的环保 NGO 资金主要
通过购买政府项目的形式来筹集。正是受限于人才、资金等方面的问题，目
前我国环保 NGO 所主导的活动主要集中在环保宣传教育方面，而对技术性及
专业性要求较高的环保活动则相对较少。

六、实践向度：构建生态文化公众参与机制的路径选择

（一）建立健全公众参与生态文明建设相关的法律制度

1. 在《宪法》中明确公众的环境权

目前将环境权列入法律条例中已成为世界上许多国家的做法，同时环境
权也逐渐呈现了公民权化的趋势。为了实现生态与经济的和谐可持续发展，
我国经过长期不懈的努力在环境立法方面取得了不小的成就，形成了相对完
善的以《宪法》为中心、《环境保护法》为基本法的环境法律体系。虽然我国
已形成了环境法律体系，但是环境问题仍未得到彻底的解决，这说明我国的
环境法律体系还存在着缺陷，其中最为关键的是环境权还未在《宪法》中得
到明确。目前，我国关于环境权的立法缺少逻辑性，现有的法律中在环境权
方面的法条数量虽然也比较多，但整体上因尚未形成规范完整的体系而显得
有些杂乱无章，因此当务之急就是要建立一个有条理性且完整的环境权体系。
为实现这一目标，首先应通过《宪法》在概念与使用范围上进一步对环境权
加以明确，借助《宪法》国家根本大法的地位实现环境权法律效力的提高并
使环境权真正成为一项公民权利，同时还要明确政府作为行政权力主体对环
境资源的所有权拥有监护与代表的权力，而且还承担着保障公民环境权的义
务与责任；其次要根据《环境法》中的法律法规，进一步明确细化公民享有
的权利与承担的义务，使公民对其所享有环境权的具体内容有更加清晰明确
的理解；最后将环境权在现有的环境法中进一步具体化，这样无论是在《宪

法》之中还是在《环境基本法》之中对于环境权的解释都有规范的认知和执行。

2. 加强信息公开制度建设，充分实现环境知情权

政府及环保部门公开透明地向公众公示环境信息是保障公众享有环境知情权的基本要求。一方面，政府只有向公众公开环境信息，使公众充分掌握信息，从而提高公众对环境治理的兴趣与吸引力，才能促使公众更好地参与建设；另一方面，通过环境信息公开制度的建设能进一步唤起公众的环境知情权意识，并能准确理解生态文化建设中环境知情权的具体内容，因此行使环境知情权或其他相关权利时也更具有精准性。如今我国政府正通过各种渠道不断推进环境信息公开化的建设，公众在获取生态信息方面的透明度也越来越高，公众也更容易接受和了解专业化的环境信息，从而极大地调动了公众参与生态文化建设的积极性。政府在向公众公开环境信息时应当围绕以下几个方面展开：一是关于环境政策的法律法规信息；二是对环境进行管理的部门信息；三是环境状态信息；四是关于环境科学的信息；五是环境生活信息。健全完善环境信息公开制度不仅为公众参与生态文化建设提供了信息依据，同时也是保障公众享有环境信息知情权的表现。健全完善信息公开制度不仅要充分利用听证会、论证会、咨询等传统的公众参与的形式，更应当利用网络、电视、广播、手机等现代通信媒体及时向公众发布重要的环境信息，使公众能够及时有效地获得真实可靠的环境信息，从而促进公众参与生态文化建设积极性的提高。

3. 健全完善的环境公益诉讼制度

环境公益诉讼是指任何公民、社会团体、国家机关为了社会公共利益针对破坏环境的行为，均可以自己的名义，向国家司法机关提起诉讼。而我国现行的环境诉讼法律规定为，唯有直接受害人才有权提起民事诉讼，最后被归于民事法律管辖范畴。因为环境权益不仅属于私人权益，更属于社会公益，所以在欧美各国的环境法中都普遍采用了环境公益诉讼制度。由于环境诉讼涉及许多十分专业的技术问题，为减轻公众在环境诉讼中的成本，弥补其专业知识不足的缺陷，各国都为公众环境诉讼创造了便利的司法条件。因此，环境公益诉讼制度是一个国家法律完善与进步的表现，它能够为公众提供公

众参与的诉讼渠道，同时也能够起到唤醒公众环保意识的作用，有助于推动公众积极参与生态文化建设。为此，国务院曾发文指出："鼓励揭发和举报各种环境破坏行为，充分发挥群众和社会群体的力量，促进公益诉讼制度的建立和完善。同时积极完善支援体系，对于环境污染受害者提供更好的支援和赔偿，同时研究和建立完整的环境行政诉讼制度和民事诉讼制度。"[①] 具体来说，在我国，为加大对环境污染和生态破坏的惩治力度，司法应当逐步扩大环境诉讼的主体范围，从环境问题的直接受害者扩大到政府环境保护部门，扩大到具有专业资质的其他环保组织，再扩大到更广阔的公众主体，将公众日趋增长的环境权益要求，纳入规范有序的范围。当然除此之外，由于环境公益诉讼专业技术性强，因此还需要加大对诉讼主体的教育培训力度，提高其诉讼的能力；同时为了提高诉讼效率，可以在程序上将举报与诉讼进一步简化，加大环保社会组织对司法机关工作的监督力度；最后是稳步推进环境审判体制改革，制定与健全环境公益诉讼规则，保障环境公益诉讼相关制度的配套与衔接。

4. 进一步完善政府反馈制度

首先，合理划分政府各相关部门的管理权限，明确各自的工作职能，分工明确。我国的生态文明建设长期以来都是在政府主导下进行的，在建设过程中实行政府各部门分管与综合治理的制度，但在实践中由于各部门在职责分工上都有一定的重叠，因此分管与综合治理的制度在生态文化建设中并没有发挥其应有的作用。因此，这些问题的解决关键就是通过立法，用法律规范多个部门的职能与协作关系，避免出现多头管理的弊端，充分发挥各部门的系统作用。同时为了保证在实践中多个部门协同配合，应当建立一个具有联动功能的指挥中心或部门，在联动指挥中心统一调度下，各相关部门开展密切的交流与合作，有助于减少推诿扯皮现象的产生，提高决策的效率与执行的效果。

其次，建立立体化的反馈机制。在我国，为了推进落实地方环境保护工作，地方各级政府都设立了相应的环保职能部门，这些环保职能部门开展工

---

① 张静、杨俊辉：《新时期农村生态文明建设中的公众参与研究》，《农业经济》2016 年第 7 期。

作的主动权都掌握在地方各级政府手中，地方各级环保部门工作的具体内容都会受到政府的各种牵制，造成了许多环保政策只停留在书面上而无法落地的困境。要摆脱这种困境，可以借鉴公安、工商等部门的运行模式，以法律的形式明确环保部门的地位，使其直接受省政府领导，这样环保工作不再受地方制约，保证其能够独立地开展环保治理、监督等各项工作，从而使国家的各项环境政策法规能够落地并发挥其预设作用。

最后，加强行政问责制建设，完善环境绩效管理制度。加强行政问责制建设有助于维护政府的良好形象与声誉，推动政府公信力的树立。加强行政问责制建设，一方面要严格界定监察人员审问内容的范围与边界；另一方面要严格依法办事，对任何违纪违规行为没有丝毫的纵容空间。此外，加强行政问责制建设还必须进一步完善绩效管理制度。具体而言，就是在国民经济计算中重点考察决策人员在任期间的环境保护成果，一改以往的唯 GDP 为标准的考察，通过考核机制的科学建立与引导，有效实现经济发展与生态保护的有机融合。当然为实现这一目标，还需要建立考察监管部门，构建科学的考察指标并将生态考察成绩列入政绩考核之中，真正实现环境考察机制的公平、客观与真实。

（二）培育和提高公众的生态意识与公共精神

1. 完善健全生态文化建设公众参与的教育机制

生态文化建设是一项"功在当代，利在千秋"的远大工程，因此完善生态文化建设公众参与的教育机制是提升公众的参与意识、增强参与能力、调动公众参与积极性的主要方法。

首先，要加大有关生态文化内容的宣传力度。由于社会舆论能够对社会公众的言行产生一定的制约作用，因此营造积极的社会舆论氛围，有助于公众生态意识与行为的相互促进和提高。为此各级政府与部门必须认真履行生态环保的宣教职责，或者设立专门的机构负责此项工作，通过全方位、多层次、多形式的宣传教育，在全社会营造出良好的公众参与氛围，从而不断强化提升公众参与的主体意识与行动意识。

其次，要加强生态文化教育力度。进一步强化学校的生态文化教育，从幼儿园到高等教育根据每个阶段的不同特点使生态文化教育内容入教材、入课堂，并将生态文化教育作为衡量学校教育质量的重要标准。除此之外，社会特别是政府作为生态文化建设的主导者要针对不同的职业人群积极开展生态环保的宣传教育活动。

再次，进一步丰富生态文化教育的内容与形式。充分利用现代科技发展成果，不断创新生态文化教育的内容与形式，当前可以通过公众喜闻乐见的科普读本、动漫卡通、微电影等方式，通过电视、网络、广播等媒体广泛持久地开展环保宣传教育活动，从而在整体上提高公众的生态素质。

最后，广泛开展生态文化建设创建活动。积极倡导绿色节能的环保理念在经济社会生活中的贯彻与实践，实现绿色生产、绿色生活、绿色消费，深入推进国家环保模范城市和绿色学校、绿色社区、绿色企业等生态环保系列创建活动，打造健康绿色环保的社会新时尚。

2. 完善公众参与生态文化建设的激励机制

公共选择学派的"经济人"理论认为，公众在社会公共生活中的行为选择是以成本收益为基础的。根据这一理论，如果公众在参与生态文化建设时付出的成本小于公众所能得到的实际效益或者预期效益，那么公众参与的积极性将会得到极大的提高；反之，公众对参与就持有漠视甚至敌视的态度。因此，要增强公众参与的内驱力还必须综合采用诸如经济激励、榜样激励、行政激励等多种激励方式，并使其发挥"合力"作用，减少公众参与生态文化建设的成本，增强公众参与的收获感，从而使公众参与的热情与主动性得到极大的调动和发挥。例如，可以从物质和精神两方面对那些积极参与生态环保并取得一定成绩的公众进行奖励，从而进一步激励更多的公众积极参与到生态文化建设当中。

（三）加强环保社会组织的建设与管理

1. 在资金方面加大对环保社会组织的财政投入

首先，拓宽筹资渠道，实现环保社会组织资金投入的多元化。对环保社会组织来说，参与生态文化建设也就意味着要投入相当大的经费开支，因此充足的资金是保障其顺利开展生态文化建设的必备条件。由于资金需求量大，而仅靠企业或社会组织自身的资金只是杯水车薪，政府要加大对环保社会组织的经费支持力度，从而在社会产生示范引领效应，有效缓解其经费不足的问题。从实际情况来看，生态文化建设所需经费政府财政不可能全部承担，因此有必要制定相应的鼓励政策，拓宽筹资渠道，充分调动各行各业的力量，通过各种方式如生态投资、生态补偿等加大对生态文化建设的经费支持，从而形成环保社会组织经费筹集渠道多元化的格局。

其次，进一步健全完善对环保资金的监管机制。虽然我国也较早启动了对环保资金的监管改革，如在 2003 年就开始了排污费的改革，执行"收支两条线"的政策，设立了中央环保专项资金，但是由于我国地域广阔，各地之间的情况差别很大，因此该专项资金在有些地区使用和管理的过程中出现了诸多不合理的现象。可见，进一步健全完善对环保资金的监管机制，对环保资金的使用进行优化配置，最大限度地发挥其环境产出效益具有重要的意义。为做好此项工作，就需要发挥环保、审计及财政部门的协同配合作用，联合对环保资金进行管理和监督。在这一过程中，每个部门各司其职、各负其责，如对环保设施建设的监督和管理就由环保部门负责，对环保资金的管理由财政部门负责，而对环保资金的审计由审计部门完成。在这一过程中，三个部门要发挥互相监督的功能，确保每一项环保资金都能落到实处，发挥其应有的效益。

2. 加强环保社会组织参与能力建设

目前，从我国环保社会组织的数量与质量来看，它与我国生态文化建设的要求还存在一定的差距，参与能力有待进一步提升。为解决这一问题，从政府的角度来说，应当积极引导并培育环保社会组织的有序发展，而从环保社会组织自身来说，则要加强自身参与能力的建设，进一步彰显其在生态文化建设中的重要地位与作用。首先，政府须加紧完善与环保社会组织相关政策法规制度，对环保社会组织的创建与发展给予更有力的政策支持与更有利的法律环境；同时要建立与完善环保社会组织的动力、导向、运行和保障机制，为环保社会组织的发展创造良好的外部环境，不仅推动环保社会组织队伍的成长壮大，也进一步促进环保社会组织深度融入生态文化建设进程。其次，政府还需要优化生态文化建设公共资源的配置，加大对环保社会组织人员培训的扶持力度，促进其业务能力和专业化程度的提升，为环保社会组织参与生态文化建设提供有力的人才与智力支持，充分激发环保社会组织发展潜力，从而为环保组织的发展创造更为立体的空间。最后，建立政府与环保社会组织对话沟通机制，通过双方的沟通协调增进了解，从而引导环保社会组织积极有序地参与生态文化建设；加强环保社会组织的国际交流广度和深度，与国内外的环保社会组织保持密切的沟通与协作，吸收借鉴境外环保社会组织的优势为我所用，促进环保社会组织参与能力的不断提高，使我国环保社会组织不断走向成熟，缩短其与国际化发展水平的差距，真正成为我国生态文化建设不可或缺的重要力量。

第五章　改革与创新：生态文化建设的保障机制

"不以规矩，不成方圆"，由于生态文化建设涉及社会的方方面面，是一项庞大的系统工程，本章指出，生态文化建设目标的实现不仅需要社会各方力量的全面参与，同时还要有完善的制度去规范生态文化的建设过程。加上长期以来政府在生态文化建设中居于主导地位，因此还需要通过改革进一步加强政府在生态文化建设中的定位和作用、破解政府保障的瓶颈、加强生态科技的创新。

一、发展历程：改革开放以来我国的生态制度建设

生态文明建设的开展离不开相应配套制度的健全与完善，制度不仅规范了生态文明建设的常态化运作，也使生态文明建设的成果得以保存和巩固。考察我国生态文明建设取得的成果就可以发现，我国在生态制度建设方面取得了丰硕的成果，而这些成果主要是以制度化的形式，如党的路线、方针政策及法律法规等呈现的。而明确提出要进行生态文明制度建设的思想也在党的十八大报告中首次得以阐述，因此实践经验的积累及制度建设的反思和完善无不保障着我国生态文明建设的顺利进行。

(一) 生态文明制度建设的基石

改革开放以来，随着经济建设的深入，党和政府逐渐认识到保护生态环境、实现自然与社会和谐发展的重要意义，于是诸如控制人口、防止污染、保护环境等字眼就频繁出现在各种媒体与官方的文件中，而且在生态文明建设实践过程中所暴露出来的问题及从制度层面对解决问题的反思，使生态文明制度建设方面的思想得到不断的深化和充实，其内容也日益科学化与体系

化，尤其是党和政府从国家战略层面与法律制度层面对生态环境建设进行的反思为我国构筑生态文明建设的制度保障提供了根本的思想源泉。

1. 生态文明制度建设之基：国家战略层面的生态环境建设

国家从战略层面上不断加深对生态文明制度的反思历程可以通过如下几次重要的会议决策而体现出来：1984 年，国务院出台了《关于环境保护工作的决定》，该决定把保护与改善生活环境和生态环境，防治污染和自然环境破坏的政策提升到我国基本国策的高度来执行；1997 年，党的十五大根据我国人口与资源的矛盾提出了可持续发展战略；2002 年，党的十六大根据我国的生态问题的现状并在总结以前关于生态环境保护思想的基础上将保护环境和保护资源确立为我国的基本国策，多管齐下解决生态问题；2004 年党的十六届四中全会从人与自然和谐发展的角度提出了构建社会主义和谐社会的目标，随后在 2005 年党的十六届五中全会上则进一步提出了"两型"社会即资源节约型与环境友好型社会，到 2007 年将科学发展观写入党章。这一系列在国家层面上对生态环境建设进行探索的思想是我党和政府为适应科学发展，实现人与自然可持续发展的重大战略思想，为生态文明制度建设奠定了牢固的基础。

2. 生态文明制度建设之核：法律制度角度的生态环境建设

我国对生态文明制度建设的重视也可以从《宪法》及普通法律对生态环境保护的规定中体现出来。《宪法》作为国家的根本大法对生态环境保护做了原则性的规定，如在 1978 年修订的《宪法》中就有"国家保护环境和自然资源，防治污染和其他公害"的规定。而我国环境法律体系开始建立则是以 1979 年颁布的《中华人民共和国环境保护法（试行）》为标志。邓小平同志就曾指出："应该集中力量制定刑法、民法、诉讼法和其他各种必要的法律来保护生态环境。"① 认为保护生态资源环境要通过立法来实现，同时也强调了要严格执法。目前，我国保护生态环境方面的法律法规在党和政府的努力与推动下正日益完善成熟，形成了相对完整的环境法律体系，成为我国生态文明制度建设的核心内容。

---

① 《邓小平文选》（第二卷），人民出版社 1994 年版。

在规划条例方面也取得了重要进展，其中最为明显的就是《全国生态环境建设规划》在 1999 年颁布后几年中，国家就在全国范围内陆续启动了诸如退耕还林还草工程、国家生态工程等一系列大型生态建设项目，从而为改善我国生态环境奠定了坚实基础；在主要环保机构设置方面设立了国家环境保护局，在组织构建与完备方面为生态环境治理提供了重要保障。

由此可见，改革开放以来这一系列实践方面的制度探索是对我国生态伦理追求最好的诠释，也是我国生态文明制度保障的重要基石。

（二）生态文明制度建设的里程碑

"建立体现生态文明要求的目标体系、考核办法、奖惩机制；建立国土空间开发保护制度；完善最严格的耕地保护制度、水资源管理制度、环境保护制度；建立反映市场供求和资源稀缺程度、体现生态价值和代际补偿的资源有偿使用制度和生态补偿制度；健全生态环境保护责任追究制度和环境损害赔偿制度等。"[①] 这是党的十八大关于生态文明制度建设具体内容的明确阐述，为生态文化建设指明了方向。同时党的十八大也从"五位一体"战略高度将生态文明建设作为中国特色社会主义事业的重要组成部分来推进，从而准确地回答了我国"实现什么样的发展、怎样发展"的问题，可见党的十八大对生态文明建设重要地位的阐述在我国生态文明建设史上是空前的，也是生态文明制度建设的里程碑，标志着我国对于生态文化建设的理解也越来越全面、深入。

（三）生态文明制度建设的推进器

党的十八大以来，以习近平同志为核心的党中央围绕着为什么建设生态文明、建设什么样的生态文明、怎样建设生态文明的问题不断进行理论和实践的探索，党的十八届三中全会通过的《中共中央关于全面深化改革若干重

---

① 胡锦涛：《坚定不移沿着中国特色社会主义道路前进，为全民建成小康社会而奋斗——在中国共产党第十八次全国代表大会上的报告》，《求是》2012 年第 22 期。

大问题的决定》、党的十八届四中全会通过的《中共中央关于全面推进依法治国重大问题的决定》分别就生态环境损害责任追究制及生态环境法律保护做出了详细的规定，并从依法治国的高度重视生态文明制度的建设，将制度建设上升到事关我国生态文明建设全局的重要位置之上。

2015年国务院印发的《生态文明体制改革总体方案》就指出生态文明体制改革是到2020年，构建起由自然资源资产产权制度、国土空间开发保护制度、空间规划体系、资源总量管理和全面节约制度、资源有偿使用和生态补偿制度、环境治理体系、环境治理和生态保护市场体系、生态文明绩效评价考核和责任追究制度八项制度组成的产权清晰、多元参与、激励约束并重、系统完整的生态文明制度体系，推进生态文明领域国家治理体系和治理能力现代化，努力走向社会主义生态文明新时代。[①] 我国生态文明制度建设的实践及所取得的成果都在见证我国生态文明制度建设的深化与推进，同时也说明我国生态文明建设的保障机制也越来越完善。

二、关照现实：我国生态文明制度保障现状分析

近年来，党和国家对生态文明的重视程度达到了前所未有的高度，与之相伴的是生态建设的相关政策、法律法规也日益健全完善，各地在生态文化上的实践探索与理论反思，有力地推动了我国生态文化建设的进程，并有效地提升了我国生态文化建设的整体水平。但同时我们也应清醒地认识到目前我国在生态文明制度建设方面仍然存在着多种问题，因此考察我国生态文明制度建设正反两方面的经验有助于不断优化我国生态制度，进一步促进生态文化的健全和完善。

（一）我国生态文明制度建设取得的主要成果分析

1. 宏观层面我国生态文明制度建设的成果考察

我国生态文明制度建设在宏观层面取得的成果主要是指在国家层面上对

---

① 新华社：《中共中央国务院印发〈生态文明体制改革总体方案〉》，中央政府门户网站，http://www.gov.cn/guowuyuan/2015－09/21/content_2936327.htm。

生态文明制度的认识与实践方面取得的成果。在宏观层面取得成果大致经历了两大阶段：第一个阶段是从新中国成立起至 20 世纪 90 年代的起步探索阶段，第二个阶段是从 20 世纪 90 年代初直至党的十八以来的迅速发展阶段。

首先从起步探索阶段来看，该阶段取得的成果主要体现为以下几个方面：从新中国成立初期到"文革"前，党的第一代领导集体围绕计划生育、兴修水利、节约资源及植树造林四个方面对生态文明制度建设进行了有益的探索；从"文革"结束到党的十一届三中全会召开，期间召开了第一次全国环境保护会议、成立了第一个环保机构、制定了环保法规等，标志着生态文明制度建设开始得以起步；自改革开放后到 20 世纪 80 年代末，在这一时期我国把环境保护确立为基本国策、加快环境保护工作法制化进程等无不证明着生态文明制度建设在改革开放的新时代又上了一个新台阶。

其次从迅速发展阶段来看，党的十八大之前我国生态文明制度建设主要成果是从宏观的角度围绕着人口与环境资源的关系将控制人口与保护资源确立为基本国策，并在此基础上提出了可持续发展战略，同时也从宏观层面上制定了生态保护的制度；党的十八大之后，生态文明制度建设则主要从微观的角度扎实推进，生态文明制度更显得细化具体，党的十八大以来，党和政府连续提出了"加强生态文明制度建设""加快生态文明制度建设""用严格的法律制度保护生态环境"等策略。

2. 我国生态文明制度建设在微观层面取得的主要成果

与宏观意义上的生态文明制度内容的普遍性、一般性倾向不同，微观层面意义上的生态文明制度内容主要结合各地的实际情况，以体现地方特色的内容为主。由于国家层面生态文明制度建设的政策归根结底还是要通过地方各级的具体实施才能得以落实，因此地方政府在生态文明制度建设中的基础性作用越发受到中央政府的重视。目前，中央政府正积极鼓励各地从地方发展的大局着眼，将生态文明制度建设与地方发展规划相融合，以此促进生态文明制度建设步伐。于是各级政府按照中央政府的要求，积极结合地方环境发展的状况与特色多措并举大力推进生态文明制度建设进程，在地方性法规制定、环保组织建设、自然保护区建设等方面都取得了丰硕的成果，而且各地结合实际情况所开展的生态文明制度建设也各具特色，如浙江东阳和义乌首创水权交易制度、"安吉模式"、福建晋江的"河长制"等作为我国生态文明制度建设的典范，为生态文明建设提供了强劲的动力。

(二) 我国生态文明制度保障不足分析

随着经济的快速增长与资源的大量消耗、生态破坏与提高经济发展水平及社会发展相对滞后之间的矛盾日益尖锐并开始制约我国经济的持续发展。对这些问题溯本求源发现，我国生态文明制度还存在着不少的缺陷，无法充分发挥其保障作用。

1. 现有法律法规不够完善且尚未形成体系，操作性不强

首先，部分法律法规是计划经济体制下的产物，其条文规定所反映的理念和精神尚停留在粗放型阶段，必然不能适应转轨时期剧烈的社会、经济发展变革，更不要说生态建设思想还停留在"先污染后治理"的惯性思维阶段，未重视从源头上治理污染，也没有把节约能源资源和保护生态环境、促进可持续发展等一系列先进的发展理念完整地纳入法律法规，执行中难免遇到困境。

其次，法律法规更新速度与现实发展要求存在较大差距。面对新时期层出不穷的新生事物，落后过时的法律法规并没有相应的条款进行约束。针对的对象变了，自身却没有与时俱进，与生态环境治理相关的制度中如税费制度、考核制度等都存在着缺陷和漏洞，面对生态环境破坏行为往往因为缺乏制度或法律依据而束手无策，从而使生态破坏者更肆无忌惮。

最后，现有法律法规更注重原则性的规定，而对于具体该如何操作的规定则相对较少。例如，目前有关法律对于违反环境法的担责问题也规定了民事、刑事、行政方面承担的责任，但对于责任的具体认定，特别是在不同情况下不同违法主体所承担责任的区别、具体的处罚方式与标准都没有明确具体的规定，因此就给执法部门的执行带来较大的灵活空间，不仅使执法变得更随意，而且在执行过程中过大的灵活空间也成了腐败滋生的温床。尤其在农村环境资源保护方面，我国相关的法律法规比较薄弱，从而导致农村资源浪费，特别是土地资源利用率很低，侵占耕地现象严重。

2. 法律法规力度偏弱，执法效能欠佳

因为认识不足和具体历史原因等因素，生态环境保护的法律法规在控制力度、限制力度上偏弱由来已久。法律法规的约束力不进则退，处境堪忧。现行相关法律对环境违法行为的处置原则是"报告有管辖权的人民政府实施限期治理"，对未在规定期限内完成治理任务的企业则予以淘汰处理。环保部门的主要职能只限于征收资费、宣传教育、监测监管等，唯一的处罚方式也仅限于行政处罚，没有强制手段，换句话说，环保主管部门并没有直接的强制处理权。而且相对于企业环保设施的建设投入、运转消耗费用，罚款的额度比较低，客观上造成了企业的违法成本低于守法成本，所以出现了企业宁愿交纳罚款和排污费也不进行污染治理，处理设备安装好了宁愿做摆设也不开动等现象。对有毒有害产品的生产许可与税费，特别是对破坏生态环境的一次性使用产品的限制与征税等，存在准入门槛低、征税范围过小、税费数额较低现象，导致资源掠夺性开采现象屡禁不止，环境污染严重的产品消费从源头上没有得到控制。另外，长期以来，官员选拔任用以 GDP 作为标准，导致了从中央到地方普遍出现了重经济轻生态的现象。企业自然是以利益最大化作为经营标准，主观上保护生态环境动力不足，而因为地方经济、就业等一系列社会问题乃至官员政绩都和企业利润关系密切，于是原本应该处于监管地位的地方政府便对此视若无睹，更有甚者，在政策的制定和执行中，偏向当地支柱企业。在监管者的空缺或者默许下，企业在执行这些法律法规时往往流于形式，甚至导致寻租现象的发生，法律法规效能欠佳。

3. 制度约束对象的有限性

从制度的约束对象看，生态文明制度中传统制度的约束对象以企业、个人及社会团体居多，而对政府及其下属的约束则相对空白。由于政府是公共服务与产品的供应者，其行为也难免要涉及环境的开发与资源的利用，如城市公共基础设施建设、水利水电的开发利用以及处于垄断地位的国有企业诸如供电、供水、电信、铁路等。这些主体的行为也会破坏环境，而且由于需要满足的人口基数大，因此为满足公共需求而开展的工程项目给自然环境带来的不利影响有可能比其他的工程更大。但是基于生态文明制度约束对象的有限，政府及其下属单位为了部门利益或者为节约成本就有可能对相关企业

放松监管，更有甚者，为追求单纯的经济效益，对有可能造成环境破坏的工程项目并没有真正严抓严管。导致这种"制度约束真空"的原因主要有三：一是传统的管制型政府观念下，政府又是选手又是裁判的惯性思维，使法律法规在制定时就"自然而然"地排除了政府这个主体。计划经济时代，政府部门或者国有企业的经济行为限定性较强，谋求利润的欲求较弱，主观上不执行相关法律法规的情况比较少，但是随着市场经济体制的确立，国企谋求转型，利益取代了提供公共产品成为第一诉求，这种情况下约束的真空就造成了严重的后果。二是由于很多地方立法是行政部门起草的，这些法规必然对起草部门及其下属机关企业具有很强的倾向性。三是目前的制度下，立法、执法部门都没有做到真正的独立，由于它们受到自上而下权力体系的限制，在层级的利益矛盾中，法律法规难以不带丝毫利益偏差。这三者共同作用，导致公共部门的准经济行为失去合理的约束。

4. 制度形式单一，效率低下

与发达国家相比，我国生态制度建设采用以地方政府为主导，以环保部门与其他相关执法部门的联合执法为基础的模式，这种模式的制度放大了政府的主导作用，从而使社会机制的存在空间受到压缩，由此造成了社会机制活力不足、建设速度滞后：环保 NGO 还处于雏形阶段，数量、质量和独立性都不尽如人意，介入渠道也非常有限，难以发挥其应有的作用；新闻媒体对于资源破坏与环境污染等违法行为的曝光报道往往受制于地方政府，甚至有时成为某些利益集团的口舌；民众方面，出于生态意识的薄弱和参与政治积极性不强的问题，主观上限制社会监督，客观上因为民主建设尚不完善，听证会等制度还流于形式，民众监督的途径也比较少。按照公共选择理论的观点，政府是经济主体，因此它所获得的关于环保的信息是不全面的，从而造成了政府决策上存在缺陷，同时也存在着权力寻租的潜在风险，在此情况下引入社会机制来弥补缺陷就显得十分必要。尤其是在经济飞速发展的过程中，一系列危害生态利益的社会问题频频出现，单纯靠政府一家的力量来解决这些生态问题也是不现实的。对某些生态问题政府也是鞭长莫及，由此也为政府不作为的失职行为埋下隐患；由于形式的单一，为了避免缺位，针对我国经济发展过程中出现的多样性、复杂性的社会问题，政府只好通过扩大机构和人员队伍来应付解决，但因为问题的时限性和偶发性等因素，导致机构和人员的膨胀臃肿、处理问题成本提高，为了弥补经费的不足，这部分提高的成本便被转嫁到管理对象或者社会大众头上，就产生了乱收费的问题，从而形成了一个机构膨胀然而效率低下的恶性循环。

5. 层级制组织形式的制约

我国政府生态环境保护管理机制主要实行层级管制与职能管制相结合的形式。主体是层级制，层级制造成生态文明建设中的两个问题：一是由于上下层级的利益矛盾，导致生态建设难以统一实施的问题。上级政府出于统筹规划、和谐发展的目的而颁布法令，而下级政府为了保护当地利益集团的既得利益，或者为了继续权力寻租就会对政策与法令进行歪曲理解与选择性执行，因此在这种情况下生态文明建设往往就成了形象工程，敷衍了事。

二是从我国生态治理机构的设置上来看，政府处于主体地位，而环境治理部门则是政府下辖的机构，须对政府负责。从横向机构来观察，生态治理部门与其他部门如水利、农业、电力等部门往往存在职责划分不清的情况，很多情况下并不能对其下属的企业或是机构进行有效的监督和处理，跨部门的问题难以协调；从纵向结构看，环保部门是政府的所属机构，环保部门对政府负责，其各方面资源包括经费、人员的配置都受各级政府的控制，因此环保部门的工作无疑会受到地方政府的制约和影响，实际上就造成地方政府领导班子有权力决定和环保相关的政策，诸如当开发区用地不符合原定环保条例时可以降低准入门槛，而环保部门自己职能和上级命令之间产生冲突时，处境尴尬，而失去了独立监管地位的环保部门自然也失去了执法的约束力。

6. 补偿机制和产权机制的缺失

第一，补偿机制缺失。经济发展过程中部分地区为实现短期的经济利益而以牺牲生态利益为代价，造成了严重的生态环境问题，诸如水体的污染，地下水过度的开采导致的地面下陷，大气质量恶劣危害人民群众身体，等等。这固然与生产技术落后、生态意识不强有关，但是更关键的是没有建立起推动生态文明建设的补偿机制。从单纯的经济利益出发，粗放型产业投入小、环节简单且收益直接，但是生态型产业却需要有一个循环的过程，其利益效果属于长期目标，其成本定然较高。在现实中，我国在与生态补偿相关的制度建设方面存在着较大的脱节，对于生态资源的无偿使用没有施以有效的经济制约，对于高污染高排放的企业只有不痛不痒的处罚，而只把注意力放在企业对当地税收的贡献上，因此单向线性的生产模式得以盛行，对工业废料又不加任何处理便直接排放到大自然；政府对生态型产业的扶持力度不够，对生态型产业的补偿和投入并没有从政策上加以支持，无法保护群众和企业对生态环境保护的积极性。

第二，产权机制缺失。人类社会的生存发展离不开自然环境，从广泛的意义上讲，自然资源是全人类共有的财富，生态资源具有典型的"公共产品"属性。而目前我国环境产权制度的提法还比较新颖，虽然有资源产权交易市场，可是各种规范还不健全，制度设置上基本也是空白。如上文所述，经济行为带有外部性，由于产权制度的缺失，必然使各种因"搭便车"而损害公共生态利益的现象变得越来越普遍。而正是因为环境产权不明确，大多数的公众必须为少数生态环境破坏者承担生态环境成本甚至为其造成的生态损害而买单。如山西小煤窑兴盛时，一个国家勘探出来的矿点旁边往往被非法开采了上百个小煤窑，导致资源乱采滥挖，国家资源浪费严重。同时，由于资源企业特殊性，更会因为贸易链给我国总体经济造成损失。我国生态建设中产权机制缺失主要表现为以下三个方面：一是产权不明确。无论是观念上还是制度上，自然资源的产权界定不清晰不明确。在科技与市场经济高速发展的情况下，带来的弊端与消极影响也越来越突出。二是产权交易不规范。在产权交易中，由于制度不完善，监管停留在表面，所以存在着严重的钻空子行为，无论是资源的评估认定、出让转让的价格还是竞争的公平性都有着很大的问题，资源交易市场沦为某些利益集团侵占公共利益的舞台。三是收益权分配的问题。"不患寡而患不均"是中国老百姓的深层意识，而由于产权界定不明确细致，导致不同产权主体在收益权分配上存在不公平问题，拥有公权力或者垄断权力的部门、企业不受法律法规限制，通过资源交易等方式侵占国家或者人民权益，凡此种种，如果现在不加以制止将会引致全社会分配失衡。

针对生态文明建设制度体系的构建，我们已经做出初步的尝试，取得了一定的成果，尽管目前存在着几点不足，可是我们要看到，构建生态文明制度是一项艰巨而复杂的系统工程，要勇于尝试，积极地从失败中获取经验，最后摸索出一套适合中国特色社会主义发展的生态文明制度。

三、主导作用：政府在生态文明建设中的角色定位与职能保障

从政府的合法性角度来看，现代民主政府的权力来源于民，自然必须是公民利益的维护者，其根本任务就是保障公民各项合法权益、提高公民生活水平。而破坏生态环境不仅损害了公民的环境利益，严重时甚至会给公民的人身、财产安全带来严重的威胁，人们迫切需要政府充分发挥公共利益维护者的角色作用，为生态环境与社会的和谐发展保驾护航，这也就意味着生态文明建设实际上也包含着对公民各项切身利益的维护。同时，政府由公民选举产生，本身就是公民意志的代表，而面对现在尖锐对立的人类活动与自然环境的矛盾，《内罗毕宣言》指出，"对环境保护，各国政府和人民既要集体地也要单独地负起其历史责任"。既然人民群众具有保护环境的历史使命，作为公民意志代表的政府更应该肩负起历史的责任，投身到环境保护的任务中，将以建设有中国特色的社会主义生态文明作为自己的一项基本工作。从公民意志代表这个角度出发，政府对生态文明建设负责就不只是维护公民合法权益，而是体现其政治合法性，反映人民群众共同的诉求。

从政府的社会职责来看，首先，生态资源或是生态环境具有特殊性，不为某人或某些人独有，具有典型的"公共产品"的特征，其存在及发展状态势必关乎全体人民的利益，而对生态环境的破坏行为造成的后果是由全人类负担，其公共意义和广泛的利益关系导致生态环境问题往往是跨地区的，甚至是跨国性的。社会团体或是个人在协调国际交往问题时就出现了代表性、权威性和强制力的不足，所以政府在管理工作上责无旁贷，要依靠政府来起主导协调作用。其次，无论是公民还是社会团体、企业，生态意识都比较淡薄，生态责任感还不够强，并不足以全民自发地去建立生态文明。仍旧需要政府在这个问题上进行宣传教育，采取倡导鼓励等一系列积极措施，以加快民众环保意识、参与生态建设意识的树立，促使企业自觉自愿地建立起可循环的经济模式。特别是在我国传统的思想理念影响下，政府对人民群众的号召力比较强，善用这点优势，就有利于更好地开展生态保护工作。

所以说，无论从政府合法性还是社会职责出发，在生态文明建设过程中，政府都应当承担起主导的管理职能。生态文明建设的关键就在于政府将生态管理作为其基本职能，在政府管理活动的各个环节都渗透着生态理念，运用其行政、经济、教育等各种有效手段建立生态文化。但是，在肯定、强调政府职能作用时，我们应该清晰地看到"管理"和"管制"之间的根本差别。在党的十六大之前，我国的生态保护基本就是环境保护，而政府的职能也限定在管制上。政府管制是为了抑制市场的不完全性缺陷，由政府对某些公共产品、准公共产品以及垄断行为主体进行有效监管，以达到对社会公众利益的有效维护。那么对应到环境保护中的管制，就是政府通过直接、间接手段调节社会经济活动，以达到保护环境的目的。管制式的生态保护模式是计划经济的产物，在那种特定体制下发挥了其应有的作用，也符合当时整个社会的发展状况，可是管制中过于强调政府力量容易形成政府"一家独大"的问题，进而导致政府缺位，甚至失职。而如今实行全面的市场经济体制转轨，这种带有"官僚制"意味的管制手段更加难以保证生态环境得到有效保护：生态管制是一套面对市场经济主体的行政法律制度，偏于强调控制，对个体和经济组织自由选择权造成了影响。由于国家强制力的存在，这种高压控制固然在政策规定的内容上有效地限制了破坏生态的行为，但是这种简单的命令—服从关系不考虑被管制者的积极性，当遇到政策规定的空白时，就难以奏效，还容易引起被管制者的抵触反抗情绪。同时，企业和个人被动地接受，缺少反馈，造成了信息来源渠道的匮乏，信息的不对称又造成了管制成本高、管制效率却低下的后果。另外，传统的管制模式过于强调政府单一主体的作用，手段单一，而且也不利于主体多样化、资金投入多元化这个新趋势。

为了适应新形势下发展面临的问题，达到政府环境职能的有效实施，就要重新定位政府在生态文明建设中的职能，将政府的生态管制职能转化为服务型的生态管理职能，利用教育引导、沟通协调、补偿激励等方式，改善被管理者和管理者的关系，把消极管制转化为积极管理。当然，通过改革政府职能来拓宽生态文明建设的道路固然是时势之选，我们也要从我国国情出发，肯定政府在社会转型期仍起主导作用，促进政府以主动预防生态环境问题作为工作原则，把政府的工作重点放在对战略方向的把握上，确立并完善多元主体共同合作的生态管理模式，引导社会走向自发型生态建设模式。笔者认为，在生态文明建设中，政府的生态服务职能具体有以下几点：

（一）生态政策的制定与执行职能

政府生态政策的制定与执行是可持续发展战略的重要内容与内在要求，它协调生态环境、经济行为、社会生活三方面的关系，为整个系统健康持续地运行提供有力的保障。政府制定与执行生态政策的职能是由国家法律所规定的，是国家的义务，"保护和改善生活环境和生态环境，防止污染和其他公害"是《宪法》中规定的基本义务。《宪法》是国家的根本大法，不仅对立法机关，而且对根据《宪法》产生的行政机构即国家政府也同样具有约束力，因此，我国政府有义务根据《宪法》中有关生态环境的保护条例来制定符合《宪法》精神的生态政策。《宪法》中没有规定环境保护的具体措施细节，这就需要政府以及立法机关通过对《宪法》有关条款的解释，制定切实可行的生态法律法规与政策。同时，国家还有执行生态政策的义务，这不仅要求国家行政机关对市场经济主体或是人民的行为进行政策上的监督和约束，实际上也包括对自身行为的限制。根本上来讲，政府制定与执行生态政策的职能，出于人民群众维护生态环境的主观需要，政府是人民的政府，它代表了最广大人民群众的根本利益，行使人民赋予的权力，为人民谋求福利。因此，政府在生态建设中的政策制定与执行职能是理所当然的，政策的制定和执行本身就是政府工作的中心和重要职能，生态建设作为我国未来发展的一个统筹目标，也是政府工作的内容之一。当然，由于生态环境的公共属性及其涉及人们生活的方方面面，其覆盖面之广也只有政府利用其公权力和强制力才可以统筹规划，保证政策有效地顺利制定实施。

生态政策的制定与执行首先解决了政府在生态建设工程中工作重点的问题。我们面临的生态形势已经很严峻，已经出现了各种各样的生态问题，而随着我国经济的高速发展，人民内部的多元利益主体也日益壮大，这些不同主体也在政治、社会和经济生活中积极寻求着更大的利益，那么人与自然的利益矛盾、人与人的利益矛盾将影响着社会的和谐发展。在这些千头万绪的工作中如何抓住重点，有的放矢地解决好当前最迫在眉睫的问题就是首要目标。生态政策的制定和执行，有利于政府统筹规划解决社会发展不充分不平衡与群众美好生活需要之间的矛盾，以保证公民利益首位的原则；以长远的眼光看待经济利益和生态利益的抉择，通过政策的调控手段来解决环境权、生存权和发展权之间的矛盾，实现人与自然和谐发展。

其次生态政策的制定与执行也是基于生态公平和社会正义的要求。鉴于生态资源同样拥有非竞争性和非排他性两个特征，那么在使用过程中，就容易导致"公地悲剧"——生态资源的过度使用，而结果则符合"搭便车"的理论——所有人都享受不到公共产品了，也就是说，生态资源的特性导致如果不对行为人加以约束，就会造成某些人或者利益集团侵占全体人的利益问题，这违反了社会正义公平原则，容易滋生社会的不稳定因素。政府作为公共利益合理分配的维护者，就要消除、杜绝这种在公共产品使用中的"公地悲剧"和外部效应问题。在处理这方面的问题上，由于既得利益的问题，期望侵占人自愿放弃利益或是采用说服教育的手段来规劝其行为不现实，因此就需要用政策从宏观角度进行制约，使用强制力督促其停止不法侵占公共产品的行为，以建立符合生态文化建设的发展模式。

（二）生态管理与监督的职能

党的十八大报告指出："要加强环境监管，健全生态环境保护责任追究制度和环境损害赔偿制度。"地方各级政府必须要强化有关环境预警与应急的管理意识，构建包括政府环境预警检测系统、预警咨询系统、预警组织网络系统和预警法规系统四个子系统在内的环境预警系统，真正做到有备无患。正是由于经济单位在其经济行为中的"不自觉"因素，政府还需发挥生态管理与监督的作用。可以说，进一步强化政府的生态管理和监督是当前应对生态危机的客观要求。我国由于人口数量大，相对人均资源稀缺，几十年不计成本的开发又导致生态问题日趋严重，一是长期乱砍滥伐造成森林覆盖面积大大缩小。2008 年 10 省环境状况公报数据显示，青海省森林覆盖面积仅为317.2 万公顷，覆盖率只有 4.4%[①]，水土严重流失导致草地退化，荒漠化、盐碱化面积逐渐增加，尤其是我国西北部，沙漠面积每年都在刷新历史纪录。二是水利资源开发项目多、强度大，但是利用率却很低。我国水资源并不丰富，由于灌溉技术落后，农业用水需求量比发达国家高出很多，许多湖泊萎缩，河水断流。特别是在西部缺水省份，问题更加严重，为了弥补地上水资源不足对地下水进行高强度的开采，甚至令地表下陷。这些行为又破坏了本就脆弱的蓄水系统，导致旱季大旱连年，雨季又频发洪涝灾害，对当地农业造成了很大打击。三是水质污染问题仍旧严重。我国从 20 世纪 90 年代起就开始水体污染的治理，但是效果不太理想，2008 年 10 省公报中的数据显示，福建、安徽、海南、河南、江苏、吉林、青海、陕西、辽宁、湖南十个省份中，只有福建地表水体质量为优，中度以上污染省份达到七个，而作为工业重镇的辽宁和陕西水体污染十分严重，超过 40% 的河段属于污染河段。水是人类生存不可缺少的生态资源，水资源问题已经迫在眉睫。四是耕地总量、质量还在持续下降。虽然中央三令五申不得挪用耕地，可部分地区为了提高一时的经济收入，置若罔闻，依旧在没有计划地出让耕地。河南省作为我国人口农业大省，人均耕地也只有 0.08 公顷，而且我国生态农业发展情况相当滞后，为了保证农业产量，化肥施用量、使用频率不科学，进一步损害了土壤质量，也连带引发食品安全问题。五是空气污染严重。因为常年"先污染后治理"的思路，工业发展中废气排放问题在源头上没有得到控制，而大气污染和水体土地的污染又有区别，弥补起来难度很大，工业发达的省份几乎都存在不同程度的酸雨现象。六是矿产开采问题。我国矿产资源并不丰富，有必要进行统一科学的开采，以提高矿产利用率，可是部分地方政府为了当地收益，在矿产开采资格上降低门槛，甚至干脆不设门槛，导致国有资源浪费严重。

---

① 青海省统计局、国家统计局青海调查总队：《青海省 2008 年国民经济和社会发展统计公报》，中国网，http://www.china.com.cn/economic/txt/2009-03/01/content_17352065.htm。

加强政府生态管理和监督也是构建社会主义和谐社会的需要。要建立和谐社会，就要使社会的各要素、各关系处于相互融洽、相互促进的状态。现实中，由于生态环境遭受破坏，"三农"问题的解决遇到了瓶颈。近几年来，乡镇农村关于耕地征用问题、民营企业污染问题的矛盾愈演愈烈，制约了农民增收和新农村建设，埋下了不和谐的种子；生态资源的共享性特质导致了不同地域的民众之间的矛盾，上游污染下游买单的案例也屡见不鲜，激化了地域矛盾；在出口贸易问题上，许多国家就针对我国生态环境的问题，纷纷树立"绿色贸易壁垒"，给我国经济发展带来了不小的损失。

由此可见，生态环境问题在我国已经不容小觑，无论是政治、经济还是社会生活的其他方面，生态环境质量的下降都给中国未来的发展设置了阻碍，在这样的状况下必须要加强政府对生态的管理和监督，发现问题及时报告、及时处理，坚决不能再走"先开发后治理"的老路，生态管理和监督一定要从源头做起。

（三）生态补偿的职能

2007 年，党的十七大就非常重视资源与环境保护，并且非常明确且具体地提出要从保护环境实现科学发展的角度建立资源价格形成机制、财税制度、资源有偿使用制度与生态补偿机制等制度和机制的要求。而其中最为重要的就是要建立生态补偿机制，即通过制度手段调节相关利益主体的利益关系，从而实现保护生态环境、循环利用生态资源的目的，因此生态补偿实质是一种通过利益驱动、激励和协调各方关系来实现社会公平的手段。从狭义层面来看，生态补偿是对人类社会经济活动侵占生态功能或者生态价值的补偿、治理等的活动。从广义上看，它还包括对因环境污染以及生态功能遭到破坏而受到的损失进行补偿，囊括了资金物质方面的补偿、治理恢复环境的支出补偿以及为增进生态意识、提高生态治理能力而进行的教育、科研性支出等。

生态补偿立足于全体人民对生态资源、生态环境的公平要求。自然资源的价值长久以来被人们所误解，只看重其进入商品流通领域产生的经济价值，而忽视了自然资源最重要的生态价值，这是由于相对于其他经济价值，生态价值的损失难以估量，并且过去的观念狭隘地认为经济价值、社会价值高于生态价值。可事实上，生态价值和每一个人的经济、社会价值都息息相关。例如，上游造纸厂污染河水，上游地带的人损失了生态价值，获取了经济和社会价值，可下游民众没有得到额外的利益，却一样损失了河水的生态价值，这就产生了社会宏观角度上公共利益分配的不公平。生态补偿就是为了协调平衡经济价值、社会价值和生态价值之间的关系，把生态资源的生态价值也看作生产力的要素之一，为了将生态资源因为人类社会活动而受到的损失，通过各种手段对生态环境进行补充、恢复，以达到循环利用、消除矛盾的效果。同时，鉴于在生态资源的开发利用中得益者和受害者往往不是一个群体，生态补偿通过征收—转移—支付的手段将得益者的利益一部分补偿给受害者，另一部分资金用于对受损生态环境的治理，既减轻了生态环境受到的伤害，又解决了保护和恢复生态功能的资金来源问题。另外，生态补偿解决了生态区域和行政区域的矛盾问题，由于自然资源的公共属性，传统的行政处罚很难真正做到"谁开发谁治理"，生态补偿从源头上让利用资源者负担起应有责任，然后通过给予经济、政策上补偿的方式让真正对生态环境进行保护的群体受益，在二者之间进行了公平性的调控，间接让受益者向保护者进行补偿，对刺激生态文明建设很有帮助。

政府在其间的主要职能总的来说是权衡解决不同利益关系之间的矛盾，通过税收和财政转移支付等方式，对侵占生态资源者予以经济调节，对被侵占者或是保护生态环境者予以扶持，给予其合理的经济回报或是政策优惠，可细分为制度的制定、管理、监督和激励。政府之所以要负担起生态补偿的职责，首先因为我国人口众多，人均自然资源严重不足，使资源供需矛盾十分突出，即使国家通过政策的制定执行、通过对生态的监督管理，也还需要相应的手段在分配阶段和巩固治理成果阶段进行介入。生态补偿要顺利实现，必须有生态环境保护的法律法规和政策制度支持。在这一点上，政府可以利用其宏观和微观的政策手段来进行监督保障，利用经济手段进行刺激。另外，其涉及的范围广，需要有长期性、稳定性和服务性，必须借由政府的公信力和强制力才能保障实施。其次是生态环境保护具有投入资金量大、回报周期长的特点，回报也往往是以生态资源的恢复这种间接的手段来实现，建立生态补偿制度就是为了弥补生态环境投入方面的资金投入，提供一个稳定的资金来源，以保证生态文明的建设方针能够顺利实施。由于前期需要大量的资金投入，个人、企业和社会团体无论是人力、物力、财力还是动因都比较缺乏，主要是在局部或是某个项目上起到辅助作用，主导力量还是政府。

（四）建立促进生态文明建设的产业结构的职能

实践证明，"形成节约能源资源和保护生态环境的产业结构"是生态文明建设的重要动力，也是生态文明建设所追求的目标，这同时也符合人类历史发展规律。人类文明的发展总是伴随着产业结构的调整和转变。生态文化是一种遵循生态系统发展规律，以谋求人和自然和谐发展的人类文化模式，其物质基础，也就是这种新兴的产业必须是可持续性的生产模式，以生态型产业作为其主导产业，这种产业结构的剧烈变革是政府必须担负起的责任，建立起生态农业、生态工业、生态服务业并把这三者有机地结合起来，提供制度保障和新技术支持，达到节约能源资源和保护生态环境的效果，构成一个完整的生态化产业体系，引导市场的力量来推动生态产业结构的完善。具体到三种产业类型上，又有不同侧重：一是生态农业。从生态文明建设的视角来看，农业除了在结构中处于第一产业地位，它在整个产业结构中也处于基础性的地位。而生态农业之所以具有这么突出的地位，究其原因是开展生态农业生产时所用的各种资源——非生物资源和生物资源都来自生态系统，其产出物仍然属于自然生态系统，且农业资源大部分仍可以再生。实际上，要实现生态农业就是实现生态系统中物质与能量的循环，并把这种循环限制在生态系统可承载的限度内。政府要利用其掌握的信息与资源，为生产、销售和消费三者建立起一个互相联系、选择、促进的产业链。二是生态工业。政府在对整个生产过程包括废料回收利用和排放生态化进行监督的基础上，强调将单向流动的经济模式转变为废物再利用的可持续性生产模式，并适当地对环境保护产业进行政策和资金上的扶持。三是生态服务业。促使其在生态工业和生态农业间发挥桥梁与纽带的作用，形成完整的产业链，刺激鼓励消费性生态服务业的建立。

总而言之，政府所担负的各项职能不仅是构建社会主义和谐社会的必然要求，也是建设服务型政府的内在要求。更为重要的是，这些职能从政治、经济、社会等各层面出发，通过对内对外两个维度的不断完善，为生态文明提供了稳定的平台，确保了生态文明制度建设的顺利开展。

四、破解短板：生态文化建设中政府责任保障的瓶颈

政府责任就是"政府能够积极地对社会民众的需求做出回应，并采取积极的措施，公正、有效率地实现公众的需求和利益"。[①] 面对日益严重的生态问题，政府有责任调整人与自然的和谐关系，进而实现经济与生态和谐发展的目标。但在生态文化建设具体实践中，政府责任保障不到位的现象还时有发生，阻碍了生态文化建设的深入发展。

（一）政府公共行政人员生态意识不强

经过 40 多年的改革开放，我国"打破了原有的平均化整体性利益格局，出现了利益观念多元化、利益单元个体化、社会利益结构分化、行政利益结构萌生的状况，社会利益格局的嬗变带来了利益主体之间的矛盾，甚至冲撞"。[②] 在这种社会背景下，政府公共行政人员更需要进一步健全与增强生态意识。但公共行政人员具有双重身份，即既是公共利益的维护者同时又是社会的普通个体，又有着个体利益追求。因此，当个体利益与公共利益不一致时，公共行政人员常常会把个体利益凌驾于公共利益之上，权钱交易、权力寻租等腐败现象也便由此产生，而此时生态保护则往往是这种现象的附属品，可见增强政府公共行政人员的生态意识就迫在眉睫了。

"行政责任的实现，归根结底离不开行政人员对行政责任的认同，离不开行政人员所拥有的行政责任意识。"[③] 在生态文化建设中，公共行政人员的生态意识对于政府生态责任的履行具有重要的决定性作用。我国生态文化建设中政府责任的缺失主要是由于公共行政人员生态意识不强。例如，在对某些大型工程的审核过程中，公共行政人员很少把环境污染审核放在首要位置上，

---

① 张成福：《责任政府论》，《中国人民大学学报》2000 年第 2 期。
②③ 施惠玲：《制度伦理研究论纲》，北京师范大学出版社 2003 年版。

从而使那些对发展经济有利而对环境有较大破坏性的工程能够轻易通过审核，给生态环境造成了极大的破坏。再如，公共行政人员对生态保护片面化理解，认为保护生态环境只是相关环保部门的职责，其他公共行政人员则不涉及。然而事实上，政府要完整地履行好生态责任仅靠相关的环保部门是无法实现的，需要全面提高行政人员的生态意识与生态素质，只有这样才能从根源上解决行政人员只顾经济利益而忽略生态利益现象的问题。

（二）政府责任制度不健全

健全完善的政府责任制度是生态文化建设的生命保障线，当前政府责任制度不健全具体地表现为以下三个方面：第一，政府虽然重新组建了环境保护部门，但是环境管理职能仍然分散在各个相对独立的管理部门中，所以表面上看环境保护的策略得到了分工细化，但实际上过于细化的政府组织结构在执行相关环境保障职能决策时往往无法在生态环境保护链中做到统筹兼顾，也无法在长期投资中做出理性的选择。

第二，政府各部门在履行管理职能时一般都是基于各自的利益去考虑及处理问题，因此容易出现有功相争、有过相推的情形，这种管理模式与政府责任建设的初衷是相背离的。同时，各级政府部门、地方与区域之间也同样存在着制度混乱的现象。例如，公共行政人员在实施相对权力时一般只对自己的上级负责，这种责任体制不能产生连带影响，因此在实践中往往是除了环保相关部门，其他政府部门对生态建设中各自承担的责任职能认识不足，也就不会把全部的政策权力投入到生态建设中去，而一旦出现环境危害问题就容易采用"明哲保身"的策略，从而使生态利益遭受严重损失。

第三，政府在生态环境资源面前是以双重身份出现的，一种身份是在环境资源的开发利用、经营中，政府是以环境资源的既得利益者身份出现的，但政府的另一种身份是环境保护的制定者与监督者。正是由于这种双重身份，也容易使一些生态责任意识淡薄的领导在面对经济利益与生态利益冲突时，可能以牺牲生态利益来换取经济利益。

（三）行政监管不到位

对生态环境行政监管不到位是政府责任保障缺失的又一表现。当前我国生态环境监管机制是在原来生态环境管理的各个部门分工的基础上整合为一体的，因此现有的监管体制内不仅多个部门相互并存，而且各部门在整合的过程中，由于新的监管机构对原有部门的职能并没有消除或撤销，造成了管理机制以及职能的交叉或重复，其后果就是人员混乱，且直接从事生态执法监督的公共行政人员数量不足，不能及时制止生态环境的破坏行为，政府所颁布的环保政策也不能得到及时有效的传达贯彻，从而无法充分发挥政府对生态环境的监督作用。同时，地方各级政府出于自身的经济增长和政绩考核的考量往往也会干涉执法部门的执行结果，从而使政府只注重经济发展而不看重环境损耗，这种行为不仅在客观上纵容了对生态破坏的不法行为，而且也打击了公共行政人员在生态监管执行上的积极性。

另外，政府的监督部门对破坏生态环境的违法行为惩处力度过轻，生态破坏的成本和经济收益不相称也使大多企业往往以牺牲生态利益来换取经济的高回报率。同时，政府监督不够及时、监管手段也比较落后，无法在发生生态环境破坏行为之前给予相关组织警告和示警，而当破坏生态环境发生时，除了给予经济性质或勒令整改的处罚手段外，并没有从根本上遏制破坏生态环境行为的有效手段。

五、动力开掘：生态文化建设的科技支撑与保障

（一）生态化技术创新的内涵

人类社会的发展伴随着技术的不断改革和创新，以往的人类文明中，技术的作用就是应用于人类活动，达到更好地改造乃至征服自然，创造更大经济价值的目的。在这个过程中，经济利益的最大化是唯一的标尺，而生态资源的浪费、生态系统的破坏和投入产出效率往往不是考虑的因素。到了工业文明阶段，这种趋势登峰造极，生产力的发展盲目依赖大规模的投入资源、资本和劳动力来实现，生态环境、生态资源随着技术的进步破坏得十分严重，

最终导致经济发展本身受到生态资源供给和生态系统承受力的制约。换句话说，是工业文明技术的创新让人类生产力发展到了一个顶峰，然后又限制了生产力的继续发展。社会生产力的发展必须依靠技术创新，而技术创新在更高程度上征服自然界的同时，又更快地破坏着生态环境。所以，必须在生产模式这个根本问题上进行改革，抛弃过去单向式的生产模式，采用可持续的循环经济模式，在生态资源的利用和生态环境的保护之间找到一个平衡。生产模式的根本改革要求传统的技术创新发展模式也必须相应转变，在这种情况下，生态化技术创新这种新型的技术创新模式便应运而生，填补了这个空白，为"技术"和"生态"这两者的共同发展提供了一条很好的解决途径。

生态化技术创新（Ecological Technology Innovation，ETI）又称技术创新生态化，是指把生态理念贯穿到技术创新的全过程，通过社会管理机制与市场调节机制相结合的方式，在以经济增长为前提的同时，注重人自身的全面发展、人与自然和谐发展以及追求社会的和谐有序，从而引导技术创新朝着有利于生态资源的合理开发及其与人类活动之间可循环的方向协调发展。生态化技术创新包含生态化科学技术创新、生态化社会技术创新和生态化人文创新，其基本要义都是强调经济效益必须同生态效益有机结合。

生态观念作为技术创新的新指导性理念，提出了实现生态技术创新的四个前提：首先使技术创新在加快经济发展的模式上，告别传统的高投入、低产出模式，更多地作用在提升生态资源的利用效率，提升生态资源对经济发展的效能，在达到同样经济目标的情况下，尽可能地缩减对生态资源的使用和能源的消耗。其次多层次地利用自然资源进行生产，采用循环式的生产方式，传统模式中的废料被多次再利用，这样既提高了自然资源的单位产值，也减少了废料的排放。再次把技术创新应用到废物处理阶段，进一步提高生产末端产生的废料、废水、废气的处理效率的同时，在生产过程中也控制废物的泄漏，使生产的过程也体现出生态文明的理念。最后是控制对生态造成不利影响的产品生产，在产品进入生产环节之前就要分析其对生态环境的影响，考量其是否符合生态文明的观念，从源头上减轻有毒有害产品的危害。

（二）构建我国生态化技术创新体制的重要意义

1. 生态化技术创新能推动经济的和谐发展

生态化技术创新是促进经济增长的基本动力。通过技术创新把科技成果物化为商品是科技促进经济增长与社会发展的重要前提。由于传统的技术创新理论产生于工业经济时代，它追求经济利益至上，从而导致技术创新目标的单向性。大力实施生态化技术创新，有利于加快科技成果产业化的进程，促进经济增长。企业能根据市场不断变化的生态产品需求进行生态化技术创新，充分发挥其自身的研发优势，通过新的组织形式和管理方法实现大幅节约资源消耗和降低产品成本的目的，从而提高经济效益；同时在生态产品的种类、质量与性能等各方面实现有效突破，通过产品及服务的推陈出新来满足市场的需求，从而促进经济发展。

生态化技术创新有助于促进经济的协调发展。从微观角度看，企业一方面通过生态化技术创新实现对传统产业的改造和提升，从而改善生产的物质结构和技术基础，促进新产业的发展；另一方面利用生态化的构思与设计，实现生产要素的重新组合，并以绿色新产品来引导、影响消费需求，改变不合理的消费结构，促使产业结构向合理结构转变。从宏观角度来看，"把生态化"作为创新目标之一，利用经济结构和产业结构的调整，促进城乡、区域经济的统筹协调发展，由此减少因竞争的无序而造成的资源浪费，从而进一步优化资源配置提高经济、社会效益，实现经济社会和谐有序发展。

经济和谐发展有赖于生态化技术创新的应用。经济和谐发展也就意味着效率与公平、活力与秩序的统一，这就要求经济系统中的各种要素必须实现和谐协调发展，也就是说，经济增长的速度与质量相适、规模与效益相称、城乡经济协调发展及区域经济增长平衡等。和谐社会的实现与经济生态系统的支撑是密不可分的，良好的经济生态为和谐社会的构建提供了现实的物质基础。由于资源配置的不均衡及个体在创新能力方面存在的差异，而且传统的技术创新在推动经济发展过程中又进一步加大了利益分配的失衡，如收入差距加大、城乡区域发展不平衡、公共资源分配不平均等问题，这些问题又在一定程度上破坏了经济社会的有序发展。因此，通过生态化技术创新的实施，实现对一些重大经济关系问题的良好处理，从而推动整个经济良性的运转，最终使经济生态达到和谐有序发展。

2. 生态化技术创新能促进人与自然和谐共处

传统的技术创新理念往往以牺牲人和自然的和谐发展为代价。长期以来，传统观念总是认为环境污染是工业化进程的必然产物，因此"先发展、后治理"也成为了工业化的必经之路。为改变这种现状就必须以生态化的技术创新理念和科学的发展观为指导，采取有效措施弥补过去粗放型增长对资源生态造成的巨大破坏，消除建立在生态资源透支基础上的经济泡沫。

实现人与自然的和谐发展是生态化技术创新的重要目标。第一，在生态化技术创新实践过程中，人们的生态意识无形之中得到了提升，帮助人们树立起科学的生态价值观与绿色消费理念，在全社会营造出爱护生态、尊重自然的社会氛围与风尚，推动生态技术创新实践与生态文化建设的全面融合发展。第二，企业通过生态化技术创新的实践使其生态化功能不断得到强化，并且在管理过程中的生态化倾向也日益明显，成为企业节约能源、降低成本的重要途径。生态化技术创新实践中企业是主体，因此实现企业的功能体系的生态化技术创新有利于在根源上把保护生态的要求嵌入生产的全过程，从而为企业生产实现低能耗、无污染的绿色生产提供有力的技术支持。第三，生态化技术创新的实践也要求建立与其发展程度相匹配的制度环境，从而保障生态化技术创新的顺利实施。而在这种制度环境中，建立与生态化技术创新相适应的价格形成机制与绩效评价机制将大大推动集约型经济的发展，并有助于在社会形成生态化生产的模式与结构，促进人们绿色消费习惯的养成，从而形成生态化生产的大环境，为实现生产与环境的良性循环奠定基础。

3. 生态化技术创新能够促进社会的和谐有序

第一，实现社会生态和谐有序发展是生态化技术创新的价值追求。首先，通过生态化技术创新的实践，企业能够从人类社会与自然环境和谐共生的角度重新审视其生产经营活动，并反思传统生产经营活动对人类及自然环境带来的损害，并在此基础上重新树立其生态价值追求，并延伸到生产过程中形成团结、和谐与互助的人际关系，从而实现构建和谐企业的目的。其次，生态化技术创新的实施有利于多元化社会利益的协调与平衡。在社会财富的创造过程中，技术创新对财富增长的贡献作用越来越重要，财富增长的速度与总量都达到了空前的水平。但与此同时，也出现财富分配不公、不均等利益分化的问题，从而造成了不同利益群体之间的隔阂与矛盾。而生态化技术创新的实践则以生态化为核心对技术进行创新的同时也重新建立了一套利益调整与协调的手段与方法，从而缩小了不同利益群体之间的利益分配差距，增进了利益群体之间的相互了解，为推动和谐社会的构建做出了重要的贡献。最后，在生态化技术创新实践过程中，企业会重新审视人类与自然的关系，从而有助于培养企业的社会责任感，并促使企业更加关注社会民生问题的解决与良好社会秩序的构建，因此通过生态化技术创新使企业在收获经济效益的同时也收获了良好的社会效益，有力地推动了社会和谐进程。

第二，生态化技术创新也是城市化进程的必由之路。综观全世界的城市化进程，可以发现，目前城市化的速度越来越快，并且城市化水平也得到了不断提高，而这些成果的背后，科学技术的进步是功不可没的。但我们也应看到，单纯地以传统技术进步为基础的城市化也带来了一系列的制度矛盾，加速的城市化进程中也始终存在着人口与资源、社会与自然之间的紧张与冲突，并且呈现出日益尖锐化的趋势。很显然，现行的工业化模式已难以使城市化之路走得更远更健康。城市化进程的加快也使自然资源显得更加稀缺，伴随着人类向自然索取资源的增加，自然生态系统也显得日益脆弱，为扭转这一局面，实现人与自然的可持续发展，实施生态化技术创新就是城市化进程的战略选择与必由之路。

第三，生态化技术创新也是构建稳定有序的国际社会的重要选择。从世界范围来看，要构建公平稳定有序的国际社会其实质就是要实现发展中国家与发达国家差距的大幅缩小，使发展中国家与发达国家享有平等的发展权利。但现实情况是在经济全球化进程中，发达国家依靠其在国际经济秩序中的话语权及其所掌握的生态技术优势，打着保护生态自然的幌子，利用世贸组织的例外条款，对发展中国家设置绿色贸易壁垒，进一步打压发展中国家某些产业在国际上的空间，使发展中国家的发展权受到了严重的挑战。发展中国家应开展生态化技术创新，通过清洁能源与原材料的采用及生产工艺改进，大力加强绿色产业的发展，从而在根源上削减经济生产活动对自然环境造成的压力，最大限度地降低产品的生产成本，增强其在国际市场的地位，以此突破发达国家所设置的非关税壁垒，促进发展中国家的发展，最终推动公平稳定有序的国际新秩序的形成。

（三）我国生态化技术创新体制建立的制约因素

建立健全生态化技术创新体制既符合生产力发展的要求，也符合生态环境治理的要求，同时也是我国生态文化建设的重要组成部分，可以说是一项人与自然双赢的战略，但是从目前我国的实际情况来看，建立这种机制还存在着诸多主客观因素的制约。

1. 制度大环境的制约

虽然中国政府已经认识到环境问题的严重性，近几年在生态环境保护治理方面制定了较多的法律法规与政策体系，从中央到各级政府对生态环境的重视程度也提升到了一个新的高度，形成了较为完整和庞大的生态环境管理体系，但由于政治、经济、社会等多方面因素的制约，生态政策仍不够完善，无论从覆盖范围还是政策的权威性和力度上看，都还有欠缺。中国的生态环境保护政策总体上强制力不够，违法成本没有守法成本高，更难去督促生产者进行技术制度上的创新；法律政策体系也不健全，没有形成有效的价格机制、补偿机制和激励机制，影响生态化技术创新的热情；组织制度、权力制度等也导致各级政府更重视眼前的财政利益，缺乏对长远目标的预期，本身对生态技术创新的积极性就比较差，导向性作用自然就弱；同时在宣传、教育等方面的制度建设又长期处于薄弱状态，因此新生代成员在生态意识与创新方面的欠缺也就不足为奇了。

2. 对生态环境认识普遍不足

首先是公众与生态相关的意识都处于萌芽状态，对于生态化技术创新虽然不至于反感，但也没有形成一个良好的社会氛围。其次是企业的生态创新意识不强，没有意识到生态技术创新也是企业的责任之一，总是把注意力集中在短期的经济利益上，未能预见到未来生态化产品和服务领域广阔的前景，忽视了对技术的开发和对技术人才的利用，关键环节上生态化技术自给率低，而且企业创新意识不强，使其往往容易把资本停留在固定的行业中，反过来又制约了技术创新。最后是政府的生态环境意识也有待提高，我国目前的生态环境保护理念没有与时俱进，没有看到当今世界的生态环境已经与过去有了很大的差异。对待生态化技术创新的看法也比较片面，没有重视其在社会发展领域同样具有强有力的调节作用，多把它看作是一种经济调控手段。这三者综合起来，导致在意识形态层面，生态化技术创新发展缓慢。

3. 市场失灵

我国市场机制在激励生态化技术创新方面存在着许多缺陷：首先，由于生态环境本身就有非常强的公共属性，造成生态化技术创新同样有着正外部性的特征，即公共收益高于个体收益，而生态化技术创新又是一项投入规模大、风险高的项目，在市场激励机制缺失的情况下，个体由于采用生态创新技术而投入的成本没有得到预期充足的收益，从而削弱了个体生态创新的热情与主动性。其次，生态价值一直没有被正确看待，生态资源在市场上主要体现为经济价值，造成资源企业在成本上不当牟利，竞争压力的缺乏也使其没有足够的动力再去建立生态化技术创新体制。最后，低技术含量发展模式的惯性也是影响生态化技术创新的一个重要因素，自改革开放以来，我国经济增长的主要支撑是劳动密集型、资源密集型产业，这部分产业是进行生态化技术创新改革的重中之重，但由于它们所占比重太大，如果对其进行全面的转型与创新，则面临承担巨大转型成本的负担。

（四）建立生态化技术创新体制的途径

生态化技术的应用与创新为生态文化建设提供了强大的技术保障，由于其作用范围广、前期投入成本大、风险高、回报周期长，本着一切从实际出发的态度，应从我国基本国情着手来探究生态化创新体制的建立途径。目前，我国在生态化技术成果转让及应用方面还没有形成完善的机制，因此如果仅靠市场进行技术资源的优化与配置还尚待时日，在这种现实情况下，还得主要通过发挥政府的主导与调控作用，建立健全生态化创新体制。

1. 强制保障国家的技术创新生态化发展战略

既然一个追求利益的经济体不愿意主动进行生态化创新，那么政府作为外部的强制性手段的作用就凸显出来。政府应立法保证生态化技术创新战略的实施，继续制定出台相关法律法规，并对现有政策规定进行修改和完善，同时还需要对现有制度进行创新，发挥制度对法律法规以及政策有效实施的保障作用，结合法律法规和制度的力量，加大力度，执行政府对技术创新的强制手段。首先是顺应全球市场对生态技术的要求。各级政府和主管部门应从当前实际出发，建立健全生产过程中的法律法规，制定一系列产业流程中的生态标准，借此迫使生产者为了满足生态化标准，从技术创新的改进入手。其次是用更有力的手段对知识产权进行保护，制定有关生态化技术创新成果的评估标准，用制度手段保障技术创新者的利益。最后是对税费制度进行改革，加大生态价值在产品总价值中的体现，加大税收制度对生态化技术创新的倾斜，补偿开发、使用生态化技术创新成果的企业的经济损失，利用税收等经济杠杆增加对生态资源进行破坏性使用的企业的成本。在污染物排放阶段，同样要体现生态价值的约束力，从而保证生态效益和经济效益的一致。当然，要注意政府并不具有无限能力，政府控制资源的有限性和信息来源的局限，都决定了政府干预能力的有限甚至有可能带来失败，因此政府的强制手段不能取代市场竞争，这种手段只是在市场体制不健全的初期阶段起较大作用，最终目的是引导建立起完备的生态化技术市场。

2. 建立适当的刺激机制，鼓励生态化技术创新体制建立

政府发挥引导作用不能只依靠强制手段，在适当的时候也需要利用政策、经济的手段进行"支援"。一是加快产业政策的调整，加大对生态化创新产业的政策扶持和资金注入，提高环保资金的利用率，健全激励生态化技术创新的财政政策。这种措施有利于在资本投入的前期分担压力，降低投资者的风险，有助于鼓励多方力量参与到生态化技术创新之中，推动生态化技术的研究和应用。二是建立、改革技术创新成果的应用体制。生态技术创新具有很强的专业性和系统性，对创新能力要求很高，政府可以为科研机构和企业单位牵线搭桥，通过国有高校研究机构的科技成果和科技人才输出，以间接的方式增强企业在初期的竞争力，并帮助企业通过体制、机制建设为企业自身生态技术创新能力的培育创造有利的环境，从而提高企业自身的技术创新能力。

3. 建立健全公平的生态化技术市场运行机制

企业是生产活动的主体，生产要素的价格是其技术创新取向的一个重要因素，可以说，目前我国企业普遍缺乏建立生态化技术创新机制动力的原因，就是生态资源的稀缺性和限制性并没有完全地体现出来，也就是目前生产要素的价格并没有完整地反映出其生态价值。因此，从本质上来说，当下必须建立一个能够充分反映生态资源价值的市场价格机制，以及与其相适应的整个市场运行机制。要在制度上改变企业免费利用生态价值的现状，保障公共生态利益，国家应该制定有效的生态政策，落实价格机制和生态产权制度，重新界定公共生态资源的价值。同时，在计算成本时，也要考虑生态技术创新的投入，加强生态化技术创新企业的竞争力，通过市场的压力，系统地推进企业自发进行生态技术革新，推进企业的可持续发展。

传统的技术创新体制已经随着工业文明的发展走到了尽头。生态化技术创新则以人类生产活动与生态环境发生良性互动为前提，是未来社会发展的必然选择。因此，生态化技术创新体制的建立与完善对人类的意义不仅在于它通过技术创新发展了生产力，更重要的是它通过渗透于体制各个环节的生态文化因素，使生态效益和社会效益、经济效益处于相对平衡的状态，从而保障了人类总体的生存与发展。

第六章 多元与动态：生态文化建设的评价机制

生态文化评价是生态文明评价体系的核心组成部分。促进生态文化建设的一个基本要求，就是要建立合理而具体的生态文化评价机制。建构合理的生态文化评价机制对生态文化建设具有引导和塑造作用，从而可以获得广泛的社会认同。

一、逻辑必然：构建生态文化评价机制是生态文明建设的现实要求

自 18 世纪 60 年代的工业革命以来，人类社会在迈向现代化的进程中，随着科学技术的发展，人类利用和改造自然的能力大大提高，创造了前所未有的巨大财富。与此同时，人口不断增加，人类对于自然环境的影响力不断增强，人类生存的环境也急剧恶化，生态危机频发，甚至在一定区域已经严重影响人类自身生存。英国社会学家安东尼·吉登斯认为："现代社会如同置身于朝向四面八方疯狂疾驰的、不可驾驭的力量之中，而不像是处于一辆被小心翼翼控制并熟练驾驶的小车之中。"[1] "这种不可驾驭的力量，必然会将现代社会带入人为制造出来的各种麻烦之中，包括生态破坏和灾难、经济增长的崩溃、极权的增长、核冲突和大规模战争，及潜在的全球性灾难等。"[2] 20世纪 60 年代，由于"过度生产"和"过度消费"的加剧，西方工业文明的负面效应带来了经济的虚假繁荣，引发社会动荡，酿成生态危机，迫使人类不得不从根源上深刻反思曾有的生产和生活方式。2015 年习近平同志在第 70 届联合国大会讲话中指出："我们要解决好工业文明带来的矛盾，以人与自然和

---

①② ［英］安东尼·吉登斯：《现代性的后果》，田禾译，译林出版社 2000 年版。

谐相处为目标，实现世界的可持续发展和人的全面发展。"① 70 多年来，联合国"全球议程"从人权与发展，到环境与发展，再到可持续发展——变革我们的世界，标志着生态文化核心理念逐步被事实认证，生态文明价值观正在引领世界转型发展。要确立合理的评价标准不能简单地沿袭西方语境中的环境伦理观，而必须立足于中国语境，从世情、国情、民情和社情出发，综合考量人的利益实现以及所付出的环境代价，因此生态文化的评价机制应是一个复杂的多主体动态系统。

（一）构建新时代生态文化评价机制的现实意义

党的十九大报告指出："经过长期努力，中国特色社会主义进入了新时代，这是我国发展新的历史方位。"② "我国社会主要矛盾已经转化为人民日益增长的美好生活需要和不平衡不充分的发展之间的矛盾。"③ 这是自 1981 年以来，有关我国社会主要矛盾表述的首次改变。对社会主要矛盾做出新判断是习近平新时代中国特色社会主义理论对于现阶段我国社会主要矛盾的科学研判。党的十九大报告指出，"我们要在继续推动发展的基础上，着力解决好发展不平衡不充分问题，大力提升发展质量和效益，更好满足人民在经济、政治、文化、社会、生态等方面日益增长的需要，更好推动人的全面发展、社会全面进步。"④ 当今中国正处于"新型工业化、新型城镇化、信息化、农业现代化和绿色化"五化协同推进的发展阶段，而资源约束趋紧、环境污染严重、生态系统退化仍是发展面临的瓶颈；生态环境意识薄弱，折射出生态文化建设的滞后和推进生态文化建设的迫切性和重要性。在生态文明建设方面，解决好发展不平衡不充分问题，不仅要对工业社会文化痛彻反思，改变工业社会在文化本质上的反自然性，而且应该切实建立一套符合生态文明要求的生态文化评价机制。

从相关文献资料来看，在全球范围内，近年来世界各国尤其是西方发达

---

① 习近平：《习近平出席第 70 届联合国大会一般性辩论并发表重要讲话》，http：//www.xinhuanet.com/world/2015—09/29/c_1116703634.htm。

②③④ 习近平：《决胜全面建成小康社会夺取新时代中国特色社会主义伟大胜利》，人民出版社 2017 年版，第 7 页。

国家虽然对生态文明的建设重视程度不断提升，但是并未见哪个国家建立了一套完整的生态文化评价机制，仅有一些生态文化的研究机构、研究者，尝试性地提出一些生态文化的评价依据或方法。在我国，对于生态文化的评价也仅限于定性研究评价，并且是基于某区域某组织的生态文化研究，因此构建我国生态文化评价机制，形成较为系统、全面的综合评价指标体系本身就是一种创新。从国家层面构建生态文化的评价机制和指标体系，从定性定量结合的角度研究各区域各组织生态文化的程度和水平，可以对我国经济社会在生态方面的表现及发展态势进行评价和预测，为政府做出生态文化发展方向、趋势和调整的相关决策提供依据。同时，通过对我国生态文化领域的层次、规模、水平、结构及影响力进行定性、定量研究与评估，可以检测和揭示我国生态文明建设与经济社会发展的各种矛盾和主要问题，为我国全面践行"创新、协调、绿色、开放、共享"的发展理念，提升生态治理水平提供重要参考。

1. 构建生态文化评价机制可以全面揭示生态文化建设的总体目标

新中国成立 70 年特别是改革开放 40 多年来，我国经济社会迅猛发展，综合国力大幅提升，人民对美好生活的需要日益广泛。主要经济社会总量指标占世界的比重持续提升。经济保持中高速增长，在世界主要国家中名列前茅。国内生产总值从 54 万亿元增长到 80 万亿元，稳居世界第二，对世界经济增长贡献率超过 30%。我国稳定解决了十几亿人的温饱，总体上实现小康。2012～2016 年，人均国民总收入由 5940 美元提高到 8000 美元以上，接近中等偏上收入国家平均水平。对外贸易、对外投资、外汇储备稳居世界前列。党的十六大报告指出，人民生活总体上达到小康水平；党的十八大提出，2020 年实现全面建成小康社会宏伟目标。当前我国总体上已经达到小康水平，不久将全面建成小康社会。我国城镇居民人均可支配收入从 1978 年的 343 元增长到 2016 年的 33616 元，农村居民人均纯收入从 1978 年的 134 元增长到 2016 年的 12363 元。城乡居民收入增速超过经济增速，中等收入群体持续扩大。覆盖城乡居民的社会保障体系基本建立，人民健康和医疗卫生水平大幅提高，保障性住房建设稳步推进。随着我国经济社会的快速发展，人们对生态环境的需求日益提升。

进入新时代以来，我国对生态文化建设提出了目标要求，这是我们构建社会主义生态文化评价机制的总体目标。其一，将生态文化理念精髓纳入新时代中国特色社会主义的核心价值体系，体现在我国经济社会发展战略和规划布局中，贯穿于生态文明建设的全过程，形成共建生态文化的良好社会氛围。其二，大力弘扬生态文化，努力传承优秀的具有历史传统、民族特色、区域特点的生态文化。挖掘生态文化遗产资源，赋予其丰富的时代内涵，增强其适应性和创新活力，在传承中创新，在创新中发展，不断加以推广。其三，以生态文化理念推进公共服务设施均等化建设，让广大人民群众共享发展成果。在保护中求发展，在发展中促保护，优化产业结构与推进节能减排，把建设美丽中国与实现经济社会繁荣相统一。

2. 构建生态文化评价机制可以详尽提供生态文化建设的对标依据

党的十八大以来，我国加快"五位一体"总体布局的建设，党的十八届三中全会进一步提出深化生态文明体制改革，加快生态文明制度化建设。2015年，国务院先后印发《关于加快推进生态文明建设的意见》《生态文明体制改革总体方案》，对生态文明建设做出顶层设计，提出坚持把培育生态文化作为生态文明建设重要支撑。《中国生态文化发展纲要（2016～2020年）》从思想观念、园区建设、示范培育、产业发展以及文化体系研究等方面对于我国生态文化建设提出详尽目标，为生态文化建设提供对标依据，也为生态文化评价机制提供评价标准。

其一，在思想观念方面，争取到2020年，生态文明教育普及率将努力实现85％的目标，积极培育生态文化，将生态价值观、生态道德观、生态发展观、生态消费观、生态政绩观等生态文明核心理念纳入我国社会主义核心价值体系，使之成为全社会的共识和时尚追求。

其二，在园区建设方面，争取到2020年，全国森林公园总数将努力实现达到4400处的目标，支持建设重点国家级森林公园200处，以国家级森林公园为重点，建设200处生态文明教育示范基地、森林体验基地、森林养生基地和自然课堂。生态文化宣传设施要纳入公园基础建设之中。开展国家"一园三基"建设，建立"国家生态文化博览园"，开展"生态文化示范基地建设""生态文化基础设施建设"和"生态文明宣传教育基地建设"。

其三，在示范培育方面，选择一批国内外高度关注的自然保护区、湿地保护示范区，进行有效管理的试点和生态文化服务体系建设示范，使60％的国家重点保护野生动植物种数量得到恢复和增加，95％的典型生态系统类型得到有效保护。建设76个国家湿地保护与合理开发利用、湿地生态文化服务体系建设示范区。以森林公园、自然保护区、专类生态园、海岛等为载体，因地制宜，积极打造体验性强、特色鲜明的多样化生态文化主题的产业示范基地。

其四，在产业发展方面，大力推进以森林公园、湿地公园、沙漠公园、美丽乡村和民族生态文化原生地等为载体的多类型、多特色的生态旅游业、生态服务业和生态文化科普产业。发展产业集群，提高规模化、专业化水平。吸引更多民众加入生态文化产业，促进产业转型，拉动就业，惠及民生。

其五，在文化体系研究方面，"十三五"期间争取出版发行更多的森林生态文化、草原生态文化、湿地生态文化、园林生态文化、海洋生态文化、沙漠生态文化和华夏古村镇生态文化等理论研究和知识普及成果。创建100个国家森林城市、1000个全国生态文化村、50家全国生态文化示范企业和20个全国生态文化示范基地，着力培养生态文化宣教骨干队伍，推动生态文化普及。

3. 构建生态文化评价机制可以积极拓展生态文化建设的领域范围

党的十九大以后，我国全面建设生态文明社会进入了新时代。构建生态文化评价机制对于践行"创新、协调、绿色、开放、共享"的发展理念，推进经济社会转型发展的文化选择，积极拓展生态文化建设的领域范围，科学、全面、准确反映我国生态文化建设水平，进一步完善我国生态文明建设评价体系具有重要意义。

其一，在生态文明指标体系完善方面，我国生态文明指标体系和衡量生态文明程度的基本标尺正在逐步建立。以生态价值观、生态政绩观、绿色发展观、绿色消费观等生态理念文化的尺度，建立衡量生态文明观念的基本标尺。以当期自然资源资产实物量、价值量，自然资源资产存量及增减变化以及一定区域经济发展的自然资源消耗、环境代价和生态效益为生态物质文化尺度，建立衡量生态文明物化的基本标尺。以划定生态主体功能区、自然资源可持续利用上限、污染物排放总量上限和划定其他生态红线等生态制度文化尺度，建立衡量生态文明制度的基本标尺。以生态与环境绩效评估、生态效益补偿、领导干部离任审计，以及主体对自然资源的占有、消费、消耗、恢复和增值活动情况等生态行为文化的尺度，建立衡量生态文明行为的基本标尺。

其二，在全民宣传教育推进方面，我国将生态文化融入全民宣传教育。一方面，我们要全方位、多领域，系统化、常态化地推进生态文化宣传教育。全力打造一批统一的、规范的、特色化的国家生态文明试验示范区，以创建生态文化示范社区、生态文化体验区、生态文化村和生态文化示范企业活动，为社会成员广泛提供共建共享生态文明成果，通过广泛参与互动传播使社会成员感受生态文化熏陶。以自然保护区和森林、湿地、海洋、沙漠、地质等各类型公园及风景名胜区为平台，面向公众广泛开放，通过各具特色、形式多样的生态文化普及宣传，对社会成员进行潜移默化的教育。另一方面，我们要高度重视大中小学生等群体生态文化教育，主动将生态文化教育纳入国民教育体系。在教科书编写、课程设置和教学大纲编制过程中，有意识地将生态文化教育纳入其中。推动生态文化理念入教材、上课堂、进头脑，从学校教育抓起，全面提升青少年生态文化意识，形成自觉的生态文明行为。与此同时，我们还要改革创新、协同发展生态文化传播体系。综合运用部门宣传和社会宣传两种资源、两种力量，中央媒体和地方媒体两个平台，形成优势互补、协同推进的新闻宣传格局。依托高新技术，大力推动传统出版与数字出版的融合发展，加速推动多种传播载体的整合，努力构建和发展现代传播体系。

其三，在生态文化与制度建设融合方面，我国将生态文化理念融入法治建设。一方面，我们要加快建立自然生态系统保护管理的法制体系。以我国现有的《环境保护法》为基础，以生态文化的核心理念，构建有效的保护生态系统的法制体系。建立健全生态环境评价制度、生态危机预警制度、环境许可制度、生态补偿制度、环境污染防治制度、自然资源保护制度和生态消费制度等一系列制度。加强森林、草原、海洋、湿地、沙漠、矿产、土地等自然资源保护监管，抓紧落实土壤和水资源污染防治、重点海域排污总量控制、核安全等生态安全和环境保护措施。积极参与联合国有关生态文明建设的公约，达成共识，努力实现由改善和保护局部生态环境向保护和管理全国乃至全球的整个自然生态系统转变。另一方面，我们还要建立健全自然资源执法监督体系。要从源头、过程到终端，建立全过程绩效跟踪制度。守住生态红线，鼓励广大人民群众积极参与，强化多元社会监督，落实公众的知情权、监督权，使新闻媒体、民间组织舆论和公众组成一张监督大网，为生态文明建设提供监督保障。

其四，在科技研发与绿色发展融汇方面，我国致力将绿色发展理念融入科技研发应用。一方面，我们要着力科技与生态文化相融驱动。科技是第一生产力，文化是软实力，科技与生态文化相融驱动有助于推进文明进程。在科技研发应用中引入生态文化理念和绿色发展的理性思考，以科技研发的新视角、新思路、新举措，推进绿色发展，促进节约集约利用自然资源，保护和修复生态环境。通过科技与生态文化思想的融合，增强科技创新对生态文明建设的支撑作用，推进生态文明绿色发展战略的实现。另一方面，我们还要深化对生态文化哲学智慧研究。生态文化是研究并促进人与自然和谐共生的新兴科学。我们要整合各级各类研究团队的力量，加强生态文化理论研究，尤其是要注重全局性、战略性的重大课题，努力促进理论研究成果的应用转化。广泛开放区域间和国际多元化的生态文化交流，促进森林、海洋、湿地、沙漠、草原、园林等生态文化，以及华夏古村镇生态文化研究，构建完整的中国特色的生态文化体系。

其五，在生态文化传承与产业化方面，一方面，我们要着力城镇化进程中的文脉传承与创新发展。组织生态文化普查，探索、感悟蕴含在自然山水、植物动物中的生态文化内涵；挖掘、整理蕴藏在典籍史志、民族风情、民俗习惯、人文逸事、工艺美术、建筑古迹、古树名木中的生态文化；调查带有时代印迹、地域风格和民族特色的生态文化形态，结合生态文化资源调查研究、收集梳理，建立生态文化数据库，分类分级进行抢救性保护和修复，使其成为新时期发展繁荣生态文化的深厚基础。另一方面，我们要加强生态文化遗产与生态文化原生地一体保护。对自然遗产和非物质文化遗产、国家考古遗址公园、国家重点文物保护单位、历史文化名城名镇名村、历史文化街区、民族风情小镇等生态文化资源，进行深度挖掘、保护与修复完善。在具有历史传承和科学价值的生态文化原生地，鼓励当地民众自主管理和保护，努力维护自然生态和自然文化遗产的原真性、完整性，提升保护地民众的文化自信和文化自觉。

（二）新时代生态文化评价机制的应有功能

在生态环境日益恶化和文化大发展、大繁荣的形势下，生态文化建设是时代进步的必然，它作为生态文明时期的新型文化样态，构成了生态文明建设的核心和灵魂。建设新时代的生态文化，需要建立生态文明指标体系和衡量生态文明程度的基本标尺，这些应用于生态文化评价的机制、体系，基于我国当前世情、国情、民情、社情以及生态文化的自身特点，在践行"创新、协调、绿色、开放、共享"的发展理念过程中应该具备以下几方面的功能：

1. 描述和判断功能

新时代，生态文化评价机制建设的首要功能在于客观地反映我国生态文明建设过程中生态文化的客观现状。通过各种途径和手段收集我国不同区域、不同组织的生态文化发展状况的相关信息，并且对其进行客观的描述，使生态文化的建设主体和评价主体较为准确地把握各区域各组织的生态文化现实状况。有了这样现实描述的基础，我们不仅能够对各区域各组织的生态文化发展状况以及与生态文明整体建设匹配度进行全面、深入的分析，发现存在的差距，对各区域各组织的生态文化发展水平做出准确判断；而且通过对我国生态文化评价体系的各细项的对标，为发现问题、解决问题提供必要的科学研判。对各区域各组织的生态文化发展状况的信息搜集主要来源于以下两个方面：一是内源信息，二是外源信息。内源信息主要是指来自各区域各组织内部的生态文化信息和动态；外源信息主要是指各区域各组织所处的生态文化环境的信息和动态。一个组织的发展既要受到其内部公众对象的制约和影响，又要受到其外部环境的制约和引导。准确描述和研判各区域各组织内部公众的生态文化认知水平与执行力，以及外部环境的影响力，是生态文化评价机制的基本功能。

2. 监测和反馈功能

生态文化是人与自然和谐相处、协同发展的文化，生态文化评价机制犹如一台精密的检测仪器，以人与自然和谐相处、协同发展的文化指标，对各区域各组织的生态文化状况进行检测和考核。我们当前正处在全球化大数据时代，建构生态文化评价机制，就必须学会对各种生态文化的信息资源进行充分的利用。生态文化评价机制的监测和反馈功能，就是在对各区域各组织的生态文化建设主体行为或态度，实行监视和监测获得一定信息结果的基础上，对信息资源进行筛选。生态文化评价机制的监测功能体现在对内监测和对外监测两个方面。对内监测主要是就生态文化建设主体自身而言，主要通过不断的信息采集处理和反馈，通过对生态文化建设主体内部和外部的各种细微变化的把握，来对生态文化建设状态和主体目标实现的可行性进行检测。对外监测是指对于生态文化建设主体以外的公众、组织的行为或态度的监测。对外监测主要是通过各种信息传播媒介或各种实证调查，及时掌握与各区域各组织的生态文化建设有关的各种信息、具体走向，以监视和反馈公众、组织对生态文化建设主体的态度及其行为的变化趋势。这种监测的目的是让生态文化建设主体及时了解自身的状况，以便及时进行调整。

3. 预警与提示功能

建构生态文化评价机制不仅要描述和监测生态文化建设主体态度及其行为，而且对其偏离生态文化评价的指标能够及时地进行预测和警示。犹如战争未发生之前的"哨兵"，要监测环境中的一草一木，预测"敌人"的行动方向。生态文化评价机制具有预见性，评价指标的制定不仅包括我国近期生态文化建设的要求，而且一般包括生态文化长远发展目标。对于我国一定区域、一定组织的生态文化水平进行评价，不仅是发现现有的价值，更要关注和挖掘未来的价值。因此，生态文化评价机制所设置的评价指标，不能只是以我国当前生态文化建设水平为依据，而要依据生态文化发展的趋势制定更高标准的评价指标。通过对某一区域具体的生态文化评价，我们就能够清楚地把握该区域生态文化的建设水平，对于明显落后的生态文化建设区域应当及时做出预警，避免其进一步拉低我国生态文化建设的基准水平；对于生态文化建设处于明显优先地位的区域应予以积极的鼓励，并且以较高的标准促进其生态文化建设更上一层楼。因此，生态文化评价机制预先设定的评价指标必须具有较强的前瞻性、趋势性，以便对于一定区域生态文化建设进行持续的问题追踪与情况的评价。

4. 评价和引导功能

生态文化评价体现的是一种测量尺度的功能，就是运用一定的指标体系对一定区域生态文化水平进行衡量，从而形成纵向与横向的比较。从纵向上看，就是对一定区域生态文化在不同发展时期的历史比较；从横向上看，就是在生态文化发展状况方面将一定区域与同一时期的其他区域进行比较。通过纵向与横向的比较，我们往往可以形成对某一区域生态文化发展状况的准确评价与定位。生态文化建设是一个过程，也是一个结果，因此我们应当从动态和静态的不同角度来研究和评价生态文化。我们在生态文化评价机制的体系建构中之所以要选取充分体现和反映生态文化动态系统的指标，关键的原因就是生态文化评价还要承载重要的引导功能。一方面，生态文化评价体系中的评价指标应当是一定区域生态文化建设的努力方向和基本目标；另一方面，生态文化评价的指标体系也是一定时期我国生态文化建设状况的具体体现。因此，我们在构建生态文化评价指标体系时，既要紧密联系我国国情，又要有远景的规划和更高的目标，这样才能更好地引导我国生态文化平衡、充分发展。

二、主客统一：生态文化评价机制的价值基础

在人类的历史进程中，从"以自然为中心"到"以人类为中心"再到当代的"人与自然和谐"，人类与自然的关系逐步发生着根本性的转变。建设生态文明，以把握自然规律、尊重自然为前提，以人与自然、环境与经济、人与社会和谐共生为宗旨，以资源环境承载力为基础，以建立可持续的空间格局、产业结构、生产方式、消费模式以及增强可持续发展能力为着眼点，以建设资源节约型、环境友好型社会为本质要求。生态文化是以生态学为基础的，是人类在处理人与自然关系的过程中，经历了人类为了追求自身利益的最大化，造成了人与自然的极度对立并且招致自然报复的"反自然"状态的"反思"，确立人与自然和谐关系的前提下，主张人类应对大自然要有恰当的

尊重和责任承担。

（一）生态文化评价与价值的关系之辨

价值评价，也称评价。"它是指主体对一定价值的肯定或否定、评估、预测、计量和权衡，是价值意识的对象性活动过程及结果。"① 从一般意义上说，评价是价值意识对象性活动过程的总和；从动态上看，就是人们对照价值意识对现实存在的描述。人们的价值意识是在主客体的互动中不断变化的，评价活动就是人们发现价值、揭示价值、期盼价值，从而指导人们的各种选择性行为的活动。人们的价值评价活动既呈现为一个过程，又体现为一定的结果。

1. 生态文化评价是对生态文明价值的能动反映

马克思主义价值论坚持的是唯物论的路线，强调评价是主体对于客体的价值反映，并且认为这种价值反映是一个能动的过程，是一种对特殊对象的特殊反映。生态文化评价作为生态文明价值的能动反映，一方面意味着生态文明价值具有一种不以具体的生态文化评价为转移的客观特性。也就是说，一定的事物对一定主体有无价值或价值大小，是由这个事物对这个主体是否有影响，以及它能多大程度上满足主体的需要决定的。在生态文化评价活动中，我们始终要把握生态文明价值的客观性。生态文化评价似乎只是评价主体对生态文明价值的观念把握，是生态文化评价主体觉知客体有无价值和价值大小而已。其实不然，比如无论是在物质文化领域还是在精神文化领域，我们在进行生态文化评价时都有可能会出错，评价主体常常会因自己的评价失误而采取不当的选择性行为。这恰恰说明，不是评价决定价值，而是生态文明价值决定着我们的生态文化评价。

另一方面，生态文化评价是一种能动的反映。生态文化评价主体对生态文明价值的观念把握因不同的主体而产生差异，因为评价活动还是主体对客体的主动的、能动的反映。显然，生态文化评价是依据一定生态文明价值的理念和观念尺度对某一事物或现象进行评估和预测，这往往体现

---

① 杨耕、陈志良、马俊峰：《马克思主义哲学研究》，中国人民大学出版社 2000 年版。

了某一事物或现象与主体需求在生态文明价值理念上的契合，这一过程充斥着各种主观因素的互动作用。评价的根本任务不仅是要确认某一事物或现象既有的价值，而在于揭示、挖掘某一事物或现象潜在的价值和预设将有的价值，从而指导主体变革、改造某一事物或现象以实现应有的价值目标。

因此，如果没有生态文化评价，人们的生态文化建设活动就将失去生态文明价值理念的引导而成为盲目的活动；倘若生态文化评价出现了失误，人们的生态文化建设活动就会因指向错误而导致事倍功半，甚至事与愿违的结果。

2. 生态文化评价是为选择生态文明行为服务的

利奥波德提出的生态学"是非标准"可以成为生态文化的重要准则："凡有利于生态系统之完整、稳定和美丽的事情都是对的，反之是错的。"[①] 生态文化评价所依据的生态文明价值并不是要否定人类个体追求自身的利益，而是要在人与自然共生系统承载能力范围内追求最优化的人与自然共生状态，生态文化评价作为一种特殊的价值评价，是为人类选择生态文明行为服务的。

人类认知的直接目的是获得知识，了解客观事物的本来面目，不仅是外在的现象，还包括深层次的本质。相对于人类的认识活动，人类的评价活动则是直接指向实践，为实践主体的选择活动服务。"这种直接的实践指向性就决定了评价总是与主体维持或改变一定现实状态的意向性相联系、相一致，规定了评价结论必须是具体的、明确的，能够指导选择的。"[②] 由此可见，生态文化评价活动必须直接指向生态文化建设的实践，必须与一定时期一定区域的生态文明建设相同步。由于人类认识活动与评价活动的目的不同，检验人类认知水平与评价水平又有着不同的特点和要求。检验人类认知与客观存在的一致性，这是通过实践探究真理的过程；而检验人类的评价活动，不仅需要求真，还要探究有效性、合理性、真善美相统一的和谐性。生态文化评价活动显然不仅需要通过"求真"，将人与自然置于二者共生共荣的系统之

---

① 邓永芳、赖章盛：《环境法治与伦理的生态化转型》，中国社会科学出版社2015年版。

② 杨耕、陈志良、马俊峰：《马克思主义哲学研究》，中国人民大学出版社2000年版。

中，以实现人与自然和谐共生的价值为目的，既注重人的主体性价值又关照自然的整体性价值；而且还要进一步探究建构起来的生态文化评价是否能够具体地、明确地、有效地指导人们选择或做出符合生态文明价值理念的合理行为。我们只有理解生态文化评价的这种特殊性，了解认知活动和评价活动的共性与差异，才能参照生态文明建设中的生态文化认知活动，精准地认识和把握生态文化评价是为选择生态文明行为服务的这一特殊性。

（二）我国生态文化评价机制的价值取向

马克思主义价值论强调价值的主观性与客观性的统一。马克思主义价值论认为，价值是客体满足主体某种需要的一种特殊事实，即主体性事实。虽然它与体现客体自在自为特性的客体性事实截然不同，二者在人类的现实实践和生活中却是并存的。在人与自然共生系统中，主体性事实与客体性事实之间总是紧密联系、相互作用，并在一定的条件下相互过渡和转化。因此，以价值形态出现的生态文明价值不是凭空产生的，人类社会之所以会从倡导工业文明的文化向生态文化转型，由"人统治大自然的文化"转变为"人与自然和谐相处、协同发展的生态文化"，主要是由于人与自然共生系统的破坏引发一系列的生态危机，不仅造成人类生存环境的恶化，物质资源过度损耗甚至枯竭，并且殃及整个人类社会的精神文化，为此人类不得不反思工业文明的文化价值，渴望重新建构符合人与自然和谐共生可持续性的价值观念。生态文化是随着经济社会发展的历史进程逐步形成的新文化形态，是以生态文明价值为基础的文化。"生态文化作为人类与自然共同创造的物质财富和精神家园，传递着真善美、向上向善的生态文明价值观，引导着人们增强道德判断力和道德荣誉感。"① 因此，这也就理应成为我国生态文化评价机制的价值取向。

1. 人类主体价值与自然整体价值的有机统一

从价值角度审视人类主体与自然整体的关系，我们发现：不仅自然界的

---

① 《中国生态文化发展纲要（2016—2020 年）》，www. greentimes. com/green/news/yaowen/szyw/content/2016—04/15/content _ 332421. htm。

事物是多种多样的，而且人类在实践中也创造出了各种各样的事物，这一切似乎都是为了满足人类多种多样的需求。由于人类的需求与创造物及自然万物是不断变动发展的，因此人类的需要与事物之间的关联形式也呈现出多种多样的特性，也就是说，价值具有多种多样的具体存在形式。但是，无论如何多种多样的价值都具有统一的性质，那就是价值往往表现为事物对主体需要的满足和接近的关系。生态文明要求人们形成"人与自然"的整体价值观，生态文化是生态文明社会的思想基础，必然以人类主体价值与自然整体价值的有机统一为导向。

第一，"人与自然"的系统整体性是人类主体价值与自然整体价值的有机统一的基础。生态文化是以生态学理论为基础，以人与自然和谐共生为核心理念的一种全新形态的文化。当代的生态文明价值观是人类通过深刻反思工业文明带来的生态危机，进而形成的正确处理人与自然关系，倡导人与自然和谐共生的一种价值理念，我国生态文化评价机制的价值取向也正是基于此而产生的。生态文化评价所要衡量的恰恰就是人们是否真正摒弃极端的人类中心主义，是否存在人类凌驾于自然之上，是否对自然采取肆无忌惮的掠夺。生态文化认为，人类不可能在"人与自然"的系统整体性基础上，我们应当把人与自然纳入生态文明的价值范畴，在人与自然和谐共生的系统内，既关注人的主体价值又注重自然的整体价值，努力实现人与自然的共生共荣。生态文化评价引导人类正确看待人与自然的关系，建立人与自然和谐共生系统，通过主客体之间的互动与制约，促进人与自然和谐共生系统的整体、协调和有序的发展。

第二，"人与自然"的供求适度性是人类主体价值与自然整体价值的有机统一的要求。在传统发展观下，人类片面追求经济增长，甚至把 GDP 指标作为衡量社会发展的标杆，忽视了经济社会的全面发展。生态文化提倡的是一种人与自然的和谐关系，人类应当采取一种合理的、有度的消费行为。中国古代主张"过犹不及""执两用中"，从人类主体价值与自然整体价值的有机统一来看，既要抑制人类不断膨胀的物质需求和无尽的消费欲望，严格按照环境的承载能力和容量来进行生产和消费，克服人类过度消费的不正当性，也要保证人类生存和发展的基本需求，消解短缺消费的不人道性。一方面自然是人类生存的基础，另一方面人本身又是自然界的一部分，自然的兴衰必将影响人类的生存与发展。生态文化评价必须始终秉持尊重自然、遵循人与自然和谐共生的理念。生态文化"认为不仅人具有价值，生命和自然界也具有价值，包括它的外在价值和内在价值"，[①] 实现人类需求的适度性应是生态文化的价值当然要求。

"人与自然"的关系和谐性是人类主体价值与自然整体价值的有机统一的目标。生态文明把人与自然和谐共生当作核心理念和首要目标，以生态系统平衡为前提开展生产实践，既注重人与自然的和谐共生，又关注代际公正与和谐发展。马克思认为："人本身是自然界的产物，是在自己所处的环境中并且和这个环境一起发展起来的。"[②] 生态文化评价讲求人与自然的和谐共生属性，讲求人与自然在动态的平衡之中发展。人类社会是人与自然这个大系统的子系统，一方面人类为了生存和发展不得不改造自然为自身所用，另一方面人类的改造不得破坏人与自然的动态平衡。实现人类主体价值与自然整体价值的有机统一是生态文化评价的应有之义。

2. 人类个体、群体与类价值的有机统一

价值是人类个体、群体与类活动中的重要因素。纵观人类的发展历史，任何形式的价值都始终与人类社会文明进程相一致。在人类社会的任何历史时期，人类文明的发展既有宏观层面整个族类的发展，又有中观层面群体发展的程度，更有微观层面个人发展的状态。因此，生态文化评价所要建构的体系同样必须包括宏观层面的整个族类、中观层面的群体和微观层面个人的状况，体现个体、群体与类价值的有机统一。比如，在自然经济时代，人类的整体发展水平不高，为了人类群体的生存发展往往忽略甚至牺牲普通个体利益，整体主义因此成为这个时代的核心价值。而在商品经济社会中，随着人类改造自然能力的增强，人们的"人定胜天"观念开始提升，开始重视个人的权利和自由。资本主义价值体系以个人主义反对封建社会压制甚至敌视个性、否定个人价值的整体主义，是有其历史进步意义的，但过度强调个人

---

① 余谋昌：《生态哲学》，陕西人民出版社 2000 年版。

② 马克思、恩格斯：《马克思恩格斯选集》（第 3 卷），人民出版社 2004 年版。

主义又导致了严重的问题。如一味强调个人权利和自由，过度追求自我利益的最大化，盲目推动经济的高增长，造成一系列的社会危机和生态危机。我们当前推进生态文明建设，大力倡导生态文明价值，既要反对片面的个人主义，也要反对无视个人、压抑个性的整体主义，在坚持人与自然和谐共生的基础上，重视个人、群体和类的协调发展，以"人类命运共同体"为依归。因此，寻求人类个体、群体与类价值的有机统一当然也是生态文化及其评价机制、体系的价值导向。

生态文化的核心价值是反对将人与人之间的关系对立化的。从某种意义上看，人与人之间的关系所反映的就是人与自然的关系。既然生态文化讲求人与自然和谐共生、互惠互利，那么也一定讲求人与不同主体间平等共存。在人类社会中，个人的价值追求与群体的价值追求之间似乎常常存在矛盾，社会整体的发展与个人利益追求有时会不一致，甚至对个体利益追求产生制约作用。在人与自然的复合系统中，它既是社会整体稳定和发展的基础，又是个人安身立命之所。倘若个体为了自身的利益，破坏了人与自然复合系统的和谐，那么，不仅社会整体的稳定和发展会受到影响，而且个人利益也将最终受损。因此，人类个体、群体与类价值取向从根本上说是有机统一的。

三、双重交互：生态文化评价机制的主客体分析

"主体指实践活动和认识活动的承担者；客体指主体实践活动和认识活动的对象，即同认识主体相对立的外部世界。在哲学史上，主体与客体这对范畴早就出现，并在不同的意义上被使用。"[①]

（一）价值评价中的主体与客体

在人类的认知结构中，客体可以是自然事物，也可以是社会事物，还可以是人类自身，包括人类自身的思想，但无论怎样，客体总是与主体处在一种相互外在的"理论关系"中，主体只是要探求客体到底是什么、有什么特

---

① 彭漪涟：《逻辑学大辞典》，上海辞书出版社 2004 年版。

点、会怎么样，不能加进自己臆想的东西，因此在认知结构中，外在的客体是以客体性的事实方式存在的。而在人类的评价体系结构中，价值与人类的生产生活相联系，也与人们的价值观念和评价活动相联系，它始终以一种主体性的事实存在着。当我们考察一定的历史阶段一定的价值体系及其运动时，就不能抽象地把它看成一种离开人类主体的评价而独立的东西，而必须从人类主体的历史的、具体的、现实的活动出发，把它看成一定历史时期一定条件下，人类主体把握、发现、创造和享受客体价值等多个环节的有机统一。

1. 价值评价主体与客体的界定

人的活动不同于动物的活动。动物的活动是自发的、本能的，而人的活动是自觉的、有目的的。人的活动总是在努力地实现和争取美好的预期，避免不好的结果，以满足人类自身的需求。这种"趋利避害"的导向就是价值，而价值就是主体和客体之间的一种意义关系。马克思曾经说过，价值这个词"实际上是表示物为人而存在"。[①] 的确，在人类产生以前，世界作为自在之物按照自然规律运行，无所谓好坏、美丑和有用无用。只有出现了人类，有了人的活动和人的需求，才形成人与事物之间的价值关系。因此，在价值评价中，人类成为了主体，自然事物、社会事物和人类自身（包括思想与行为）都成为了客体。

2. 价值的客观性与评价的主体性

一方面，在人类社会的一定历史阶段和一定主客观条件下，客体对主体需要的满足与否、满足程度大小，在某种意义上是客观的；它不以人们的评价为转移，却是决定人们评价的第一性的东西；它不依赖于主体的认知，独立于主体的认识之外，这也就是价值的客观性。正如《三国演义》里李恢与马超的对话提道，"越之西子，善毁者不能闭其美；齐之无盐，善美者不能掩其丑"。另一方面，价值的客观性并不排斥评价的主体性。虽然评价和认知从内容上看都是对客观事实的反映，但认知反映的是客体性事实，而评价反映的是价值这种特殊的主体性事实。由于任何形式的价值都是一定客体对主体的价值，客体的存在、属性和功能是否具有价值，是以主体的需求为标准的，

[①]　马克思、恩格斯：《马克思恩格斯全集》（第 26 卷），人民出版社 1974 年版。

随着不同的主体和不同的需求而转移。主体需求的多样性规定了价值的多维性，主体需求的层次性决定了价值的层次性。无论从纵向的历史性，还是从横向的民族性来看，同一时代的不同民族尽管处于同一历史发展阶段，但一个民族觉得极富价值的东西，另一个民族未必觉得有什么价值，这既是评价的主体性基础，也是评价的主体性重要表现。与此同时，价值评价还具有强烈的感情色彩。由于在评价过程中主客体总处在一定的情境之下，因此评价主体与客体很难像认知主体与客体的关系那样，不带有一定的爱憎好恶。事实上，评价主体要完全排除情感因素毫无感情地去评价客体，那几乎是不可思议的。在人与自然的关系中，人类之所以关切资源约束趋紧、环境污染严重、生态系统退化等环境危机，实际上是对人类主体的危机；同样我们要建构环境友好型社会，就是对人类主体好的社会。无论是自然还是人类社会的万事万物，其价值的大小总是由作为主体的人按照自己的需求程度来排列的。习近平同志指出，"环境就是民生，青山就是美丽，蓝天也是幸福。要像保护眼睛一样保护生态环境，像对待生命一样对待生态环境，把不损害生态环境作为发展的底线。"① 这充分体现了我国生态文明建设进程中对生态环境价值评价的主体性。

（二）生态文化评价机制的主体

生态文化评价是一种价值评价。价值评价的主体和客体之间总是存在着一种关系，在主客体的相互作用中，主体总是按照其自身的需要对客体的属性和功能有所选择并加以改造和利用。生态文化评价作为主体按照人与自然和谐共生、协同发展的需要对生态文化的属性和功能进行的价值评价，呈现出鲜明的主体性。生态文化核心价值在肯定人与自然共生系统的整体价值性的同时，也肯定人的主体性价值。生态文化建设主体不是脱离自然、凌驾于自然之上的主体，而是存在于人与自然共生系统之中，承担着人与自然共生系统的调控者角色。生态文化建设是多主体的，不同主体共同发挥着人的主观能动性、创造性，协调着人与自然的关系，促进人与自然共生系统的协调、

---

① 中共中央宣传部：《习近平总书记系列重要讲话读本（2016 版）》，人民出版社 2016 年版。

有序与合目的性发展，达到人的主体性价值和自然整体性价值的有机统一。同样，我国生态文化评价也是多主体的，既有执政者及其国家机关，又有经济组织、社会组织，还有广大人民群众。我国生态文化评价机制、体系是一个有机的、协调的、动态的和整体的制度运行系统，不同的生态文化评价主体担负着不同的主体责任，实现着生态文化评价服务生态文化建设，促进生态文明发展的共同目标。

1. 党和政府——生态文化评价机制的主导者

生态文明建设是由政治权力系统、市场经济系统、社会组织系统、法律法治系统和思想文化系统围绕人与自然共生系统的建构与维持构成的一个有机整体。生态文化建设是生态文明建设的重要组成部分，它强调合作与参与，在生态文化评价机制中占主导地位的特征显著。

中国共产党作为新时代中国特色社会主义事业的领导核心，在社会主义现代化建设中主要发挥政治领导、思想领导和组织领导作用。推进我国生态文明建设和发展生态文化的真正落实需要从中央到地方的各级政府来具体完成，政府在生态文化评价机制中扮演着名副其实的责任主体的主导角色。

第一，党和政府是生态文化评价的理念供给者。生态文明的核心目标是实现人类社会的可持续发展，其关键在于协调经济发展与环境保护关系，兼顾生态可持续性和社会经济发展。党代表最广大人民群众的根本利益，政府以实现最广大人民群众的根本利益为重要使命。党的十八大把生态文明建设放在突出地位。《中国生态文化发展纲要（2016～2020年）》提出在生态价值观、生态政绩观等方面建立衡量生态文明程度的基本标尺。党的十九大提出，要"坚持人与自然和谐共生""必须树立和践行绿水青山就是金山银山的理念，坚持节约资源和保护环境的基本国策，像对待生命一样对待生态环境"[①]。到21世纪中叶，我国物质文明、政治文明、精神文明、社会文明、生态文明将全面提升，成为综合国力和国际影响力领先的国家。为实现这一伟大目标，需要党和政府树立生态文明的价值理念，并且把它当作生态文化评价的标杆式理念，努力向全社会推广。

---

① 习近平：《决胜全面建成小康社会夺取新时代中国特色社会主义伟大胜利》，人民出版社2017年版。

　　第二，党和政府是生态文化评价的制度供给者。在实现中华民族伟大复兴的伟大征程中，党的领导始终处于中国特色社会主义事业的政治核心地位，中国共产党的各级组织既是国家治理现代化的最重要治理主体，又是实现国家治理现代化进程中的重要制度供给者。党的十八届三中全会指出，"政府的职责和作用主要是保持宏观经济稳定，加强和优化公共服务，保障公平竞争，加强市场监管，维护市场秩序，推动可持续发展，促进共同富裕，弥补市场失灵"。[①] "政府要加强发展战略、规划、政策、标准等制定和实施，加强市场活动监管，加强各类公共服务提供。"[②] 的确，我国各级政府在经济建设、政治建设、文化建设、社会建设、生态文明建设等各个领域中发挥具体责任主体作用，一方面要贯彻和执行党的路线、方针、政策，同时制定经济社会发展规划及各种政策；另一方面要在促进政府、经济组织、非政府组织以及个人的多元合作中发挥主体作用，肩负起培育社会组织，引导公民参与，完善法律法规的责任。因此，政府在制定各类规划中掌握着各种资源配置的权力，这决定了从中央到地方各级政府理所当然的是生态文明建设和发展生态文化的制度供给者，生态文化评价制度也是由党和政府供给的。

　　第三，党和政府是生态文化评价的协调机制供给者。价值体系的选择中总会遇到价值矛盾和冲突的情况，涉及一些利弊相连、优劣参半的问题。由于现实的情况往往是比较复杂的，一些对象、一些措施、一些新的东西，一方面对主体有利、有价值；另一方面又有害，是负价值，这就是功利价值的比较方面说。然而，有时就功利价值而言是有利的、值得大力提倡的，但就道德价值来说又是需要批判的。不仅如此，由于人类的需求具有不同层次、不同内容，这些不同层次、不同内容的需求往往难以同时得到满足，在一些特殊情形下，甚至是互相冲突的。如在社会发展到一定时期，人们毁林开荒、围湖造田，虽然在当时满足了人们局部的、暂时的需求，但破坏了生态平衡，损害和牺牲了人们的长远利益和代际利益的平衡。政府是根据公共需要而产生的，其关键职责就是保护公共利益，充当调节社会纠纷的社会仲裁人。因此，在生态文化评价体系中，党和政府作为主导者，既要统筹生态利益与经

---

①②　《中共中央关于全面深化改革若干重大问题的决定》，人民出版社 2013 年版。

济社会公共利益的整体和谐发展，又要兼顾国家整体利益与地方区域利益的平衡发展，在坚持生态优先的前提下确立生态文化评价标准时，应尽可能地把某一方面的需要与其他方面的需要，局部的、暂时的需要和整体的、长远的需要，低级的需要和高级的需要等协调起来，充当生态文化评价的协调机制供给者。

2. 非政府组织与媒体——生态文化评价的公正第三方

党的十八大提出，"发挥基层各类组织协同作用，实现政府管理和基层民主有机结合"[1]。党的十八届三中全会强调激发社会组织活力，提出"正确处理政府和社会关系，加快实施政社分开，推进社会组织明确权责、依法自治、发挥作用"。[2] 在我国大力推进国家治理体系和治理能力现代化的进程中，非政府组织和媒体要发挥生态文化评价的公正第三方的主体作用。在完善生态文化评价机制过程中，也应该把更多的适合非政府组织提供的公共服务交由非政府组织来承担。让非政府组织、媒体在成长与成熟中承担更多生态文化评价服务功能，就必须进一步加大非政府组织和媒体的培育力度，并处理好政府与非政府组织、媒体之间的关系。必要时，政府要以购买非政府组织、媒体生态文化评价服务等形式提供相应的支持，这样才能更好地发挥非政府组织、媒体在生态文化评价机制中的倡导、宣传、推动和监督作用，由党和政府单一评价向多方参与综合评价转变。

第一，非政府组织是生态文化评价的倡导者。在推进国家治理体系和治理能力现代化时，应当重视发挥非政府组织与党和政府的协同作用。在生态文化建设和生态文化评价机制内，我国许多非政府组织既是生态环境保护与治理的倡导者，又是生态文化评价的倡导者。许多非政府组织以生态环境保护作为其核心利益诉求，不仅开展多种多样的生态环境保护活动，积极参与生态环境评价和保护工作，对生态环境危机有着深刻的认识；而且主动维护生态利益，对于人与自然生态系统的共生互利持有坚定的信念，大力倡导和推进生态文化评价。由于对生态环境保护仅有纯粹的公益之心，因此，这一

---

[1]　胡锦涛：《坚定不移沿着中国特色社会主义道路前进为全面建成小康社会而奋斗》，人民出版社2012年版。

[2]　《中共中央关于全面深化改革若干重大问题的决定》，人民出版社2013年版。

类型的非政府组织比其他群体对于生态环境和生态文化都更加敏感且更富有洞察力，它们甚至会采取各种方式主动评价生态环境和生态文化状况，而后呼吁和倡导政府及相关部门改进生态环境保护和生态文化建设。

第二，非政府组织是生态文化评价的推动者。我国具有生态环境保护背景的非政府组织众多，这些非政府组织吸纳了大量的有志于生态环境保护的专家和学者，由于这些组织成员的社会地位、专业背景各种各样，相互之间可以实现知识互补、能力互补，不仅具有较强的生态环境保护专业知识和法律知识，而且对生态环境保护影响因素和生态文化的构成要素相当熟悉，因此既有助于他们代表环境污染和生态遭受破坏的受害者开展维权行动，更有利于科学、全面、客观地评价不同区域、不同组织的生态文化建设水平。近年来，随着我国对于非政府组织的功能与发展的重视，具有生态环境保护背景的非政府组织遍布我国各个区域，它们具有足够的参与能力和广阔的空间分布，在生态文化评价方面成为有力的推动者。

第三，非政府组织和媒体是生态文化评价的宣传者。非营利性组织和媒体中不乏各个专业学科的专家、学者，与一般公众相比，他们在宣传生态文明建设和推广生态文化评价方面显得更加专业。生态文化评价不能在封闭的状态下开展，它需要在全社会不同主体充分认同我国生态文明价值观和充分了解我国生态文明建设的现实状况下，才能很好地开展。与西方发达国家不同，我国的生态环境保护和治理工作是从党和政府层面直接发动的，党和政府既是生态环境保护和治理的主导者，又是生态文化建设与评价的宣传者和倡导者。但是，由于其浓厚的行政色彩，使社会中的不同组织、不同群体在接受生态文明价值观的宣传时略显被动，宣传效果受到一定影响。非政府组织和媒体在宣传生态文明价值观和生态文化时，显然具有得天独厚的专业优势和亲切感。它们可以开展丰富多彩的宣传教育活动，运用专业的叙事和灵活多样的宣传，不仅使公众在潜移默化中接受生态环境保护与治理的知识，而且自觉形成生态文明价值理念。从某种意义上就让更多组织、更多群体了解生态文化的构成要素及其评价标准。

3. 各类经济组织——生态文化评价的重要践行者

各类经济组织本身不仅是生态文化的建设者，而且是生态文化评价的重要践行者。生态文化建设是生态文明建设的重要组成部分，因此生态文化评价也是生态文明评价的重要组成部分。生态文明评价的目的是什么？不仅要建立起可操作性的评价指标，而且要求各类经济组织用这些指标衡量自己，调整自己的生产经营和管理。同理，生态文化评价和生态文化建设也是如此，各类经济组织成为生态文化建设和评价的重要践行者。近年来，我国各类经济组织的生态文化意识虽然有所提高，但总体情况仍然不容乐观。要使我国大部分区域空气优良率保持高位成为一种常态，那绝对离不开各类经济组织确立生态文化的核心理念——生态文明价值观，明确生态文化评价机制、体系，加强自我约束，推动各类经济组织生态文化自觉。

一方面，要让各类经济组织了解生态文化评价机制、体系，才能使它们成为生态文化建设和评价的重要践行者。随着我国《中共中央国务院关于加快推进生态文明建设的意见》《中国生态文化发展纲要（2016—2020年）》的推出，节约资源和保护环境的法律法规日益健全和完善，各类经济组织恪守生态文明价值观与循环经济发展要求，在他律与自律的双重作用下主动选择有利于节约资源和保护环境的生产经营和管理方式。各类经济组织主动在生产过程中实现清洁生产，发展绿色经济、循环经济，成为生态文化的自觉践行者。这在很大程度上有赖于各类经济组织关于经济发展与生态环境保护相协调的意识提升，也有赖于它们对生态文化评价机制、体系的了解。生态文化评价的目的就是让各类经济组织做出有利于生态文明和生态文化建设的举动。另一方面，在我国生态文明建设过程中，由于各类经济组织的生态文化尚未普及、生态文明价值观的自律乏力，大多数的经济组织难以依靠内在培育自觉树立生态文化的相关价值理念，而是要通过外在严格的法律制度以及有效的处罚规范使其被迫生成生态文化意识。这一过程就是要倒逼各类经济组织去了解生态文明和生态文化评价机制、体系，按照生态文化评价机制、体系建构其生态文化，并在与其他经济组织的生态文化比对中，改善自己组织的生态文化，避免受到法律法规的惩戒，从而形成生态文化的内在自觉。

在美国，PPP模式（Public－Private Partnership）是政府在生态环境保护和治理工作中常常使用的一种运作模式，这是一种由政府主导、行业参与的政府资源和社会资本合作的模式。各类经济组织和社会团体可以通过多种多样的 PPP 自愿伙伴合作计划参与生态环境保护和治理工作。各类经济组织与政府结成合作伙伴关系，调整各种现行环境标准，改进了各类经济组织的资源节约与环境保护行为。由此我们觉得，我国各类经济组织不仅要遵守各种资源节约与环境保护法律法规，依照现有的生态文化评价机制、体系建设自身的生态文化，而且可以与政府合作，为现有的生态文化评价机制、体系的调整提出有益的建议。

4. 广大人民群众——生态文化评价的广泛参与者

党的十九大报告在"加快生态文明体制改革，建设美丽中国"部分明确提出，要"构建政府为主导、企业为主体、社会组织和公众共同参与的环境治理体系"。[①] 在生态环境保护和治理过程中需要广大人民群众的积极参与，广大人民群众是生态文化的直接感知者，对生态文化的建设状况有着切身的体会。良好的生态文化背景会促成广大人民群众的生态文明行为，不良的生态文化背景会导致有悖于生态文明的行为，二者会产生截然不同的生态后果。因此，要积极吸纳广大人民群众参与生态环境保护和治理，实现生态环境善治。我们要打破政府自上而下单一主体的生态治理模式，努力建构融汇政府、社会、公众的上下互通、互动的多元合作的生态治理模式。只有充分发挥广大人民群众的广泛性、直接性和热情高的特点，使之成为生态文化建设与评价中最为根本的受益者和最为活跃的参与者，才能真正促进生态文明建设。

首先，广大人民群众是生态文化评价最为广泛的参与者。各区域各组织的生态文化建设水平往往反映了当地的人与自然共生系统的状况。我国政府启动生态文化建设与评价工作，应该适时地将当地群众纳入生态文化建设与评价体系中来，增加广大人民群众参与生态文化评价的机会，提高其投身生态文化建设与评价的热情，保障生态文化评价的民主性、广泛性。

其次，广大人民群众是生态文化评价结果最为直接的体验者。自然生态环境是广大人民群众生产生活赖以生存的基础，广大人民群众需要从其所处的自然环境中获取生活和生产所需的各种资源，包括维持生命的基

---

① 习近平：《决胜全面建成小康社会夺取新时代中国特色社会主义伟大胜利》，人民出版社 2017 年版。

本资源——水和空气。随着我国生产力水平的不断提高，日益增长的物质文化需求得到了很大的满足，同时人民日益增长的美好生活需要与不平衡不充分发展之间的矛盾日益凸显。一方面广大人民群众的生产生活质量完全有赖于自然环境，另一方面人们的生产生活又导致环境污染和生态破坏。甚至由于消费观念的异化，扮演了环境污染者与生态破坏者的角色。生态文化追求人与自然共生共荣，广大人民群众是生态文化建设成果最为直接的体验者。不同区域的人民群众与当地的生态环境有着千丝万缕的利益关联，生态文化评价结果与他们的直接体验是否一致，也是检验生态文化评价体系的可行性、准确性、有效性和科学性的关键。

最后，广大人民群众是生态文化评价过程最为重要的监督者。我国 2015 年 1 月 1 日起施行的新《环境保护法》明确规定："公民应当增强环境保护意识，采取低碳、节俭的生活方式，自觉履行环境保护义务。"[①] "一切单位和个人都有保护环境的义务，并有权对污染和破坏环境的单位和个人进行检举和控告。"[②] 这一系列的法律规定，不仅要求广大人民群众在个人环境行为方面，主动改变落后的生产和生活方式，对于垃圾分类、废物管理和节约能源等，以生态文明价值观规范自己的行为，自觉遵守国家环境保护的相关法律法规；而且要不断提高生态文化素养，积极响应和参与生态文化建设，加强对生态文化建设与评价过程的监督。广大人民群众有权利和义务督促政府与各类经济组织等相关主体遵守环境法规，自觉培育生态文化，从而形成对生态文化建设与评价过程强有力的监督约束。党的十八届三中全会强调加强社会主义民主政治制度建设时，提出要"开展形式多样的基层民主协商，推进基层协商制度化，建立健全居民、村民监督机制，促进群众在城乡社区治理、基层公共事务和公益事业中依法自我管理、自我服务、自我教育、自我监督"。[③]显然，生态文化建设与评价过程同样需要通过健全协商、监督等机制来促进群众参与。

---

①② 中央政府门户网：《中华人民共和国环境保护法（2015 年）》，2014 年 4 月 25 日，http：//www.gov.cn/xinwen/2014-04/25/content_2666328.htm。

③ 《中共中央关于全面深化改革若干重大问题的决定》，人民出版社 2013 年版。

(三) 生态文化评价机制的客体

评价活动与认知活动存在巨大的差别，体现在评价活动所反映的对象具有特殊性，评价活动是对特殊对象的一种反映。也就是说，评价活动和认知活动从内容上看都是对客观事实的反映，但认知活动反映的是客体性事实，评价活动反映的是一种特殊的、有别于客体性事实的主体性事实——价值。因此，生态文化评价机制的主客体具有不同于实践活动与认知活动的主客体关系。生态文化评价简而言之就是对于生态文化的价值评价。在此价值评价的过程中，价值评价主体所指向的对象就是一定历史时期、一定区域的生态文化。

文化是一个相当复杂的范畴。对文化的阐释，东西方学者就有 300 多种不同的定义。文化作为与自然相对的概念，主要是指在人类社会的发展进程中，人类开展的物质生产和精神生产活动及其创造出来的物质成果和精神成果。它应该包括精神文化、物质文化、行为文化和制度文化，其中的精神文化是文化的核心所在。在我国当前确立"创新、协调、绿色、开放、共享的发展理念"，走向新时代中国特色社会主义的生态文明建设进程中，推动生态文化建设与评价，必须明确和细分生态文化评价的客体。根据《中国生态文化发展纲要（2016—2020 年）》和我国生态文化建设现状，可以将生态文化评价的客体分为：生态理念文化、生态物质文化、生态制度文化和生态行为文化。

1. 生态理念文化

理念文化是一种理性化、系统化的价值文化，它是价值意识的高级形态。理念文化和人们的认知水平与认知范围有着紧密而深刻的联系，它服从和依赖一定的价值推理逻辑，各种要素间具有较高的协调性。它所揭示的往往是根本性的价值内容，特别是基本的评价标准和评价原则。随着我国生态文明建设新时代的开启，我们的理念文化也实现了生态转型。在生态文明建设的新时代，习近平同志指出，"山水林田湖是一个生命共同体，人的命脉在田，田的命脉在水，水的命脉在山，山的命脉在土，土的命脉在树".[①]（《中国生

---

① 中共中央宣传部：《习近平总书记系列重要讲话读本（2016）》，人民出版社 2016 年版。

态文化发展纲要（2016—2020 年）》）阐明了我国生态文化关于人与自然和谐共生关系的思想精髓，是生态理念文化的最好诠释。生态文明追求的是人与自然和谐共荣，要求人类社会的发展必须秉持可持续性的发展理念。生态理念文化以人与自然和谐共生、协同发展为目标，以"平衡相安、包容共生，平等相宜、价值共享，相互依存、永续相生"为准则，成为生态文明主流价值观的核心理念。我国在大力弘扬包括生态文明价值观在内的社会主义核心价值体系进程中，把生态文明建设融入经济、政治、文化、社会建设之中，构成"五位一体"的新时代中国特色社会主义总体布局。"把培育生态文化作为重要支撑"，使生态理念文化成为生态文明建设的灵魂。

《中国生态文化发展纲要（2016—2020 年）》对于我国生态文明新时代的生态理念文化进行了全面阐明，明确指出"尊重自然、顺应自然、保护自然的理念，发展和保护相统一的理念，绿水青山就是金山银山的理念，自然价值和自然资本的理念，空间均衡的理念，山水林田湖是一个生命共同体的理念，是生态文明核心理念"。① 生态理念文化具有基础性的价值导向功能，它规定并影响着我国当前生态文明的发展状况，引领着生态文明未来的发展路向。一个国家、一个民族拥有怎样的生态理念文化，就会呈现出相应的生态文明发展态势和方向。生态理念文化不仅是生态文明建设的先导，还是生态文明建设的精神动力。我国生态理念文化源于广大人民群众实践，是对人类经济发展方式历史变迁的价值认识，是中华民族世代相传的生态智慧的浓缩。因此，广大人民群众一旦具备了生态理念文化，将会为我国生态文明建设进程提供源源不断的精神动力和理念支持。与此同时，应通过在科技研发应用中引入生态理念文化，加强对我国经济社会绿色发展的理性思考，把科技研发广泛应用于节约自然资源和保护生态环境，充分发挥科技创新对生态文明建设的支撑作用。

2. 生态物质文化

在人类社会的发展进程中，人类劳动创造了大量的物质成果，人类劳动

---

① 《中国生态文化发展纲要（2016—2020 年）》，http：//www.greentimes.com/green/news/yao-wen/szyw/content/2016—04/15/content _ 332421.htm。

及其创造的物质成果体现着各种各样的文化，如饮食文化、家具文化、建筑文化等，这就是物质文化。人类物质文化的传承与演变，在一定层面上展示了人与自然的关系进程。生态物质文化是生态文化的物质表现形态。自 18 世纪 60 年代工业革命以来，人类社会在迈向现代化的进程中对于自然环境的影响力不断增强，人类生存的环境也急剧恶化，生态危机频发，甚至在一定区域已经严重影响人类自身生存。20 世纪 60 年代，由于"过度生产"和"过度消费"的加剧，西方工业文明的负面效应带来了经济的虚假繁荣，引发社会动荡，酿成生态危机，迫使人类不得不从根本上深刻反思这样的物质文化。事实证明，生态物质文化的发展对于推进我国经济社会的发展不走弯路，避免遭受自然的报复意义重大。正如习近平同志指出，"人与自然是生命共同体，人类必须尊重自然、顺应自然、保护自然。人类只有遵循自然规律才能有效防止在开发利用自然上走弯路，人类对大自然的伤害最终会伤及人类自身，这是无法抗拒的规律"。[①] 生态文化要求以"人与自然和谐共生、协同发展"的新视角、新思路、新举措，推进绿色发展、循环发展、低碳发展。我国通过科技与生态文化相融合推动生态物质文化的创造，开发新型能源、发展生态技术，改变掠夺式的生产和生活方式，实现节约资源和恢复、保护环境的愿望。在我国推进生态文化发展的重大行动中，我们着力打造生态文化城镇，建设美丽中国；构建现代化城市绿色产业体系，推行绿色生活和消费方式；积极创建"全国生态文化村"，保护和建设具有生态文化品质的美丽乡村；加强生态文化现代媒体传播平台建设，构建生态文化现代传播体系。这一系列举措对于丰富生态物质文化形式，提升生态物质文化建设水平，实现物质文化的生态化转型具有重要作用。

3. 生态制度文化

生态文化不同于其他的生态文明形态，它以生态文明价值观为核心，自始至终地渗透、贯穿影响着生态文明建设的不同领域，而它在生态文明制度建设领域的渗透，是生态文化的制度形态，也就是生态制度文化。"物质价值、精神价值和人的价值三者的关系构成一定价值体系的基本框

---

① 习近平：《决胜全面建成小康社会夺取新时代中国特色社会主义伟大胜利》，人民出版社 2017 年版。

架，而人的生活理想和社会秩序理想是其核心。"① 对于"人的生活理想和社会秩序理想"的实现很大程度上有赖于制度的建立与执行。加强生态文明建设，坚持节约资源和保护环境是关乎人民幸福和民族未来的长远之策。直面我国严峻的生态形势，为实现我国经济、政治、社会、文化、生态等多个维度的统筹推进和协调发展，为公众创造良好的生产生活环境，要大力推动生态治理现代化，推进生态制度文化势在必行。习近平同志指出："推进国家治理体系和治理能力现代化，就是要适应时代变化，既改革不适应实践发展要求的体制机制、法律法规，又不断构建新的体制机制、法律法规，使各方面制度更加科学、更加完善，实现党和国家社会各项事务治理制度化、规范化、程序化。"②

　　从新中国成立至改革开放前，我国生态立法主要侧重于作为工农业生产基础的各种资源的保护以及污染防治，如《矿产资源保护试行条例》《防治沿海水域污染暂行规定》等。改革开放以后，我国生态立法进入发展时期。1979 年颁布了《环境保护法（试行）》，1989 年制定完善了《环境保护法》。此后，我国的生态环境专门法陆续出台，主要涉及生态环境的污染防治与资源保护，如《大气污染防治法》《水污染防治法》《海洋环境保护法》《固体废物污染环境防治法》《环境噪声污染防治法》《放射性污染防治法》，以及《水土保持法》《水法》《森林法》《草原法》和《可再生能源法》等，此外还出台了《环境影响评价法》《大气环境质量标准》等一系列生态环境标准法。2015年 1 月 1 日起，我国新的《环境保护法》开始施行。《中国生态文化发展纲要（2016—2020 年）》进一步提出将生态文化理念融入法治建设，推进生态制度文化完善。一方面加快建立自然生态系统保护管理的法制体系，以生态文化的核心理念推进生态文明制度建设，构建整体保护生态系统的法制保障；另一方面建立健全自然资源执法监督体系，要从源头、过程到终端，建立全过程绩效跟踪制度。在生态文化评价体系中，对于我国不同区域、不同组织的生态制度文化的评价将占较大的构成比例。

① 杨耕、陈志良、马俊峰：《马克思主义哲学研究》，中国人民大学出版社 2000 年版。
② 习近平：《切实把思想统一到党的十八届三中全会精神上来》，《人民日报》2014 年 1 月 1 日。

4. 生态行为文化

在人与自然的关系中，存在着实践与认识的主体——人类，以及人类实践与认识活动所指向的客体——自然。因此有学者提出将生态文化划分为两大类——"自然生态文化和社会生态文化"，一个是"生存于自然中的文化"，另一个是"生存于社会中的文化"。人类社会的变迁或发展主要源自人类的个体、群体和类主体的行为。生存于社会中的生态文化，包含由人类生产生活产生的生态行为文化，生态行为文化的发展状况在很大程度上反映了生态文明建设的水平。

这一系列的全球性灾难显然都是在人与自然共生系统中人的不当行为造成的。自然环境是人类赖以生存发展的物质基础，人类通过生产和消费与自然环境之间进行着不间断的物质交换，也就是说，人类的生产和消费行为决定着人与自然共生系统是否能够实现共生共荣和协调发展。因此，以生态文明价值观为核心建构人类的行为规范，完善和发展生态行为文化意义重大。以消费行为为例，尽管我国传统社会就开始积极倡导勤俭节约、反对铺张浪费的优良道德传统，然而随着我国经济社会的快速发展，物质财富的不断积累，在西方物质主义和享乐主义思潮的冲击下，人们的消费观念和生活方式发生了巨大变化，依靠人的自律的消费伦理规范显得约束无力，"超前消费、炫耀性消费和低俗消费成为常见的消费方式，人们普遍认为消费与幸福之间存在正比关系，消费越多，幸福也就越多，过度消费当然就意味着更多的幸福"。[①] 2016 年，国家十部门联合印发《关于促进绿色消费的指导意见》，这正是在我国加快生态文明建设，积极倡导绿色发展理念，加快大力发展生态文化的背景下出台的。绿色消费是一种关注人与自然共生系统的可持续性，实现个人效用、生态效能有机统一的消费行为。《中国生态文化发展纲要（2016—2020 年）》将生态文化融入全民宣传教育，全方位、多领域，系统化、常态化地推进生态文化宣传教育，改革创新、协同发展生态文化传播体系，其目的就是培育生态行为文化，使人民自觉养成生态文明行为。因此，生态行为文化必然成为生态文化评价体系的重要客体。

---

① 孟平：《生态消费立法的伦理考量》，河南师范大学，2012 年。

四、动态权衡：新时代生态文化评价机制的体系架构

生态文化建设的效果如何，取决于是否符合生态文明价值观，是否实现生态文化建设的目标，其中科学有效的生态文化评价机制对于衡量生态文化建设的水平以及效果至关重要。马克思指出，真理与价值是人类活动的两个基本尺度，一个是外在的尺度，即物的尺度，包括活动对象的本质和规律，也就是真理尺度；另一个是内在的尺度，即人的尺度，包括人的需要和目的，也就是价值尺度。生态文化建设过程中之所以要建立一套评价的机制体系，就是要通过这样的生态文明价值观的导向，一方面探索人与自然共生系统的发展规律，另一方面建立起符合人与自然共生系统发展规律的生态文化。《中国生态文化发展纲要（2016—2020 年）》把建立生态文明的评价体系，作为生态文化发展的重点任务之一，既要建立生态文明指标体系和衡量生态文明程度的基本标尺，又要开展一系列的生态文化价值评估。随着 20 世纪 90 年代生态治理理论的蓬勃发展，对生态治理评估的理论研究和实际应用也随之受到普遍关注。然而在生态文化价值评价方面，由于具有不同经济社会历史文化背景、不同的区域、不同生态环境和不同政治制度，尽管世界各国大都秉持"人与自然共生"的生态文明价值观，却很难建构相对一致的生态文化评价体系。即使在一个国家之内，要想建构一定条件下的生态文化评价机制体系，力求全面、精确、科学、有效地反映某一区域某一组织的生态文化状况，也是一件难度非常大的工作。尤其是建构一个一劳永逸的生态文化评价机制体系，是不可思议的。因此，我们按照《中国生态文化发展纲要（2016—2020 年）》的要求，紧密联系我国新时代中国特色社会主义的政治、经济、文化、社会和生态的发展状况，从生态文化评价的基本原则、生态文化量化评价与生态文化质化评价等方面着手，对于我国生态文化评价机制体系的建构开展尝试性的探索。

（一）生态文化评价的基本原则

我国开展生态文化评价的首要目的是改善我国不同区域、不同组织的生态文化发展不平衡的状况，引领我国生态文化建设的发展方向，推动我国生态文化建设的现代化进程。建立一套科学合理的国家生态文化评价体系，科

学测量我国的生态文化状况，联系世情国情，我们应当坚持以下几方面的基本原则。

1. 坚持以习近平新时代中国特色社会主义思想为指导，坚持人与自然和谐共生的理念

"以中共中央、国务院生态文明建设顶层设计为统领，牢固树立和贯彻创新、协调、绿色、开放、共享的发展理念，紧紧围绕'十三五'全面建成小康社会的总目标，将培育生态文化作为重要支撑和现代公共文化服务体系建设的重要内容。"① 在我国"十三五"生态文化发展总体思路中，提出了"因地制宜构建山水林田湖有机结合、空间均衡、城乡一体、生态文化底蕴深厚、特色鲜明的绿色城市、智慧城市、森林城市和美丽乡村，为城乡居民提供生态福利和普惠空间"。②通过打造统一规范的国家生态文明试验示范区、生态文化教育基地，努力向全国提供示范，并且辐射带动全国各地区生态文化的发展。通过挖掘优秀传统生态文化思想和资源来创作文化作品，推进我国生态文化遗产资源的保护和发掘，助推国家间和区域间生态文化合作。根据我国"十三五"生态文化发展总体思路要求，结合我国各区域、各领域生态文化建设状况，认真筛选各种符合生态文化内涵、反映生态文化思想的指标要素，有针对性地选取切实反映生态文化发展水平、具有现实评价意义的评价方法，紧紧围绕生态文化评价服务生态文化建设的根本目标，全力推进生态文明建设的制度化、体系化和生态文化建设的能力现代化。

2. 坚持立足我国特殊的国情与借鉴国际社会有益经验相结合的原则

立足我国特殊的国情，反映我国的生态文明建设特色，体现我国的生态文明价值观和生态文化理念。我国作为一个有着13亿人口的发展中大国，不仅政治、经济、文化、社会和生态等基本国情不同于西方国家，而且新时代中国特色社会主义的制度体系也具有鲜明的特色，因而我国的生态文化评价机制体系应当最大限度地反映我国的生态文化特色。

---

①② 《中国生态文化发展纲要（2016—2020年）》，http://www.greentimes.com/green/news/yaowen/szyw/content/2016-04/15/content_332421.htm。

　　自古以来，我国生态文化就是具有人性与自然交融的最灵动、最具亲和力的文化形态。在我国古代，无论是道家还是儒家，"天人合一，道法自然""厚德载物，生生不息""仁爱万物，协和万邦""天地与我同一，万物与我一体"等反映人与自然和谐共生的道德意识、道德情怀和道德伦理，都充分体现了我国人民的生态智慧。它不仅奠定了我国生态文明价值观的核心理念，而且也是我国建构生态文化评价体系的重要依托。改革开放40多年来，我国经济社会的发展越来越面临突出的资源环境制约，人与自然和谐共生的系统受到严重破坏。从基本国情看，我国资源总量大、种类多，但人均占有量少，人均耕地、林地、草地面积和淡水资源分别仅相当于世界平均水平的43％、14％、33％和28％。我国生态文明建设的紧迫性突出地体现了生态文化建设的必要性。党的十八届五中全会提出了"创新、协调、绿色、开放、共享"的发展理念，成为我国迈向生态文明新时代的行动纲领，也为倡导人与自然"平衡相安、包容共生，平等相宜、价值共享，相互依存、永续相生"的生态文化理念提供制度支持。"文化是一个国家、一个民族的灵魂。文化兴国运兴，文化强民族强。没有高度的文化自信，没有文化的繁荣兴盛，就没有中华民族伟大复兴。要坚持中国特色社会主义文化发展道路，激发全民族文化创新创造活力，建设社会主义文化强国。"①

　　建立一套科学合理的符合我国国情的生态文化评价机制体系，既有利于科学准确测量我国生态文化建设水平，又能够打破西方的话语主导权，增强我国在生态文化建设方面的国际话语权与国际认同度。制定国家生态文化评价标准，按照既定的标准对我国生态文化建设水平进行评估，从生态政治层面上看，就是在国际社会中推广生态文化评价标准制定者自己的生态文明价值观，争取自己在生态政治领域的话语权。此外，我们也要坚持"以我为主、兼收并蓄"，学习和借鉴国际社会在生态文化建设与评价方面的有益经验，包含那些体现人与自然和谐共生的共同规律和价值指标。

　　3. 坚持用数字测量的量化评价与多元化比较的质化评价相结合原则

　　构建新时代生态文化评价机制、体系，在评价的程序、方法上要采取以

---

① 习近平：《决胜全面建成小康社会夺取新时代中国特色社会主义伟大胜利》，人民出版社2017年版。

量化评价为主、质化评价为辅，二者相结合的原则。既要在树立生态价值观、生态政绩观、绿色增长观、绿色消费观等理念文化方面，建立衡量生态文化程度的基本标尺，采取质化评价的方法进行衡量与评价；又要结合当期自然资源资产实物量和价值量的变化，经济主体对自然资源资产的占有、使用、消耗、恢复和增值活动等情况，建立生态文化的指标体系，从物质文化层面评价各区域各组织的自然资源消耗、环境代价和生态效益状况，力求全方位、高精度地反映各区域各组织的生态文化建设水平。

将抽象的生态文化中的审美艺术价值、科研教育价值、历史地理价值、传统习俗价值、伦理道德价值以及历史的悠久度、级别的珍贵度、影响的广泛度、文化的富集度、文化的贡献度（关联度、利用度、依存度）等要素转变为可操作化和可用数字测量的指标，既能纵向地观察我国生态文化的发展变化，又能横向进行不同区域比较，甚至可以进行与其他国家生态文化水平的比较，以发现不同区域生态文化建设的优势和不足，学习和借鉴生态文化水平较高的国家和区域的经验。

与质化评价相比，量化评价具有数据收集准确和比较直观的优点；与量化评价相比，质化评价的信度和效度与量化评价的相关含义有所不同。由于质化评价中的"意义"并不是仅仅客观地存在于被评价对象之中，而是存在于评价的主客体关系之中，因此，质化评价在某种意义上更适用于生态文化评价。由于生态文化评价是一个复杂、系统、综合评价主客体的价值评价过程，需要运用多方面的指标对于一定区域、一定组织的生态文化状况进行整体表征，不仅需要对生态文化指标所处的状态进行描述，也需要对生态文化指标达到的程度进行计量。因此，只有采取量化评价与质化评价的综合判别，方能满足生态文化评价的客观需求。

4. 坚持生态文化评价体系的稳定性与动态性相结合的原则

生态文化建设既是一个过程，也会形成一定的结果，因此生态文化评价应该从动态的角度来进行。从纵向上看，随着社会历史的发展和人的发展，生态文化总是不断地变化着自己的形态，作为生态文化的核心理念——生态文明价值观也是在不断变化着的，从来就没有一成不变的价值和价值观念。人类不同的价值体系的变迁，一方面表现为一个"自然历史过程"，具有不以人的意志为转移的客观特征；另一方面又是人们选择的结果。人们为满足自己的生存需要进行生产，生产和交换的实践既满足了人们的需要，又激发创造了新的需要，也发展了人的能力，于是又开始了新的生产和交换实践。正如马克思所说，"已经得到满足的第一个需要本身、满足需要的活动和已经获得的为满足需要而用的工具又引起新的需要"。① 正是这种需要的不断分化和丰富化，奠定了人类价值体系向广度和深度扩展的现实基础。当一定的价值体系不能满足人们的要求时，这种价值体系的历史合理性就完结了，就会让位给新的价值体系。没有主体的选择，就不会有价值体系的发展和演进，不会有价值体系的丰富多样性。

因此，生态文化评价体系指标要素的选取应该充分体现和反映生态文化的系统、动态的变化特点，既要体现生态文化建设的空间延展特性，又要体现生态文化成果延展的时间变动性。几年前，我国有学者根据指标体系的构建原则，运用模糊层次分析法从生态资源、文化市政设施、生态环境保护、生态农业、文化教育科技和社会保障服务六个方面构建京津冀生态文化评价指标体系，并对京津冀生态文化发展水平进行评价。② 随着《中国生态文化发展纲要（2016—2020 年）》的出台，我们以为对于生态文化的评价应该从"生态理念文化、生态物质文化、生态制度文化和生态行为文化"四个维度入手。当前我国的生态文化评价还处于起步阶段，缺乏系统的评价机制体系，而且现有的生态文化评价体系也多缺乏实际测评的检验和修正，所以坚持生态文化评价体系的稳定性与动态性相结合的原则是必要的。

经过中国特色社会主义 40 多年的实践，我国的经济实力、科技实力、国防实力和综合国力都进入了世界前列，我国的国际地位得到了前所未有的提升，这一切都有赖于我国坚持中国特色社会主义的建设发展正确方向。在新的历史时期，我国更进一步明晰和全面践行"创新、协调、绿色、开放、共享"的发展理念。中国特色社会主义进入新时代，我们不仅要全面建成小康社会，不断增强我国的硬实力，而且要解决好发展不平衡不充分的问题，满

---

① 马克思、恩格斯：《马克思恩格斯选集》（第 1 卷），人民出版社 2004 年版。
② 石宝军、郭丹、忻华：《京津冀生态文化评价体系研究》，《衡水学院学报》2016 年第 4 期。

足人们日益增长的美好生活的需要，还必须增强软实力建设。从生态文化的建设层面看，为了更好地指导人们在生产生活中选择采取各种符合生态文明价值的行为或活动，实现人们对优良生态环境的美好生活需求，创造代际生态公平以及人与自然和谐共处的境况，我们必须构建新时代生态文化评价机制、体系，并使之成为我们以生态文明价值为准绳从动态上对生态文化进行科学、合理、有效评价的工具。

（二）生态文化量化评价的步骤及特点

无论是自然科学研究，还是社会科学研究，当今的量化分析研究已经成为重要的研究技术。自 19 世纪法国古典社会学大师孔德创立实证主义以来，量化分析研究在各领域的研究中都占据着主导地位，甚至有相当一批学者认为只有量化分析研究才具有科学性，只有量化分析研究才可以产生客观的、科学的研究成果。量化分析研究"强调知识或科学只限于可以观察到或经验到的事实，在人们的主观世界之外，存在一个客观且唯一的真相，研究者必须采用精确而严格的观察或者实验程序控制经验事实的情景，从而获得对事物因果关系的了解"。① 由于量化分析研究在过程设计、数据收集、结果分析和总结上，都要求严格遵循一定的程序和规范，而且具有可操作性、概括性及客观性的特点，因此在各种各类评价体系也被广泛采用。

1. 生态文化量化评价的步骤

从一般意义上说，价值评价是价值观念对象性活动过程的总和，就是要发现价值、揭示价值、期盼价值，这一过程与科学研究同构。我们开展生态文化评价，在评价不同区域、不同组织生态文化的历史悠久度、级别珍贵度、影响广泛度、文化富集度、文化贡献度（关联度、利用度、依存度）等要素时，采用生态文化的量化评价体系及方法既具有评价行为的可操作性，又具有评价结果的客观性和信服力。

量化评价一般包括以下几个步骤：第一，评价者应当建立关于变量之间关系的假设；第二，为了实现资料的数据化，评价者要把评价对象的抽象概

---

① 严强、魏姝：《政治学研究方法》，江苏教育出版社 2007 年版。

念操作化，设计出可比较的标准化测量工具；第三，收集评价对象的相关数字化资料；第四，运用数学和数理统计的方法对数据进行统计分析，阐述分析评价结果。生态文化量化评价的步骤与一般量化评价只是评价主体与评价客体有所不同，生态文化量化评价要建立影响生态文化状况的各种因素变量关系，将生态文化中的生态理念文化、生态物质文化、生态制度文化和生态行为文化要素操作化、数据化。

2. 生态文化量化评价的特点

首先，生态文化量化评价的重要认识论基础是实证主义。实证主义主张用实证方法取代抽象思辨，认为直接经验才是认识的基础，只有经验证实的知识才是可靠的知识，理论只有得到经验证据的完备支持时才是可接受的。按照实证主义观点，生态文化量化评价所要评价的对象状况是客观存在的。评价主体可以使用一系列程序和方法获得真实的评价客体的信息，采用系统观察、调查、访问、文献考察和比对等方法，以保证所获得的评价对象的相关数据是真实可靠的。由于在评价过程中采取近乎自然科学研究的数据搜集方法，因此量化评价最突出的优点就是数据搜集的准确性高。巴比认为量化研究"常常使我们的观察更加明确，也比较容易将资料集合或得出结论，而且为统计分析，从简单的平均到复杂的公式以及数学模型，提供了可能性"。①由此可见，实证主义量化分析研究最突出的优点就是观察的准确性，数据搜集的准确性高也因此成为量化评价最突出的优点。

其次，生态文化量化评价的目标是解释各种影响因素之间的关系，从而调整人们生态文化的建设行为。当我们对生态文化进行量化研究与评价时，我们总是渴望通过各种纷繁复杂的文化现象探寻其背后各种要素的关联性以及它们相互作用的内在规律，通过观察大量案例中的各种变量，就可以对不同生态文化状况进行分类，推论某类生态文化的构成，发现推进生态文化健康发展之道。量化研究与评价往往能够带来对于评价对象的广泛比对与解释。生态文化评价者通过对变量之间关系的量化分析比对，可以证明生态文化影响因素变量之间的相关关系和因果关系，从而建立通则性的解释。尤其是现在大数据技术背景

① ［美］艾尔·巴比：《社会研究方法》，邱泽奇译，华夏出版社2005年版。

下，凭借着大量的数据并采用各种计量方法，可以使我们更清楚地判断、预测和评估某种生态文化建设举措与生态文化水平之间的关联性到底有多高。

最后，生态文化量化评价无法将评价主体的主观意识、情感和态度排除在价值评价之外，无法做到价值中立。虽然在生态文化量化评价过程中，评价主体为了获得客观、准确的数据，扮演着类似"自然科学家"的角色，但是价值评价所获得的是主体性的事实，常常会因评价主体的各种原因导致无法实现"客观的""纯粹的"评价。而且，评价主体获得数据精确性的同时会丢失数据内涵的丰富性。定量数据由于附带的数字本身的不足，其中包括意义丰富性的潜在损失，因此定量的数据含义往往不如定性的语言含义丰富，有时某些定量的数据还无法表达具体的生态文化测度。比如，我们说一个人是一个具有较高生态文化修养的公民，这是一个定性的判断，此时我们可能会对较高生态文化修养做多重含义的理解，包括对公民的生态消费行为、参加生态文化体验主题活动、接受生态文化教育等，如果为了量化的需要，研究者用"每月有几次生态消费行为、参加几回生态文化体验主题活动、接受几次生态文化教育"作为测量生态文化修养水平的指标，那么虽然获得的信息更加精确了，但是对概念的理解却简单化或者片面化了。

（三）生态文化量化评价指标的量化操作

在生态文化量化评价过程中，实现评价体系内的相关要素的操作与测量是首要工作。生态文化量化评价主体要从生态理念文化、生态物质文化、生态制度文化和生态行为文化等维度对于生态文化相关要素进行操作与测量并非易事。生态理念文化、生态物质文化、生态制度文化和生态行为文化四个维度中，只有对生态物质文化的测量相对明确一些，如划定生态主体功能区、自然资源可持续利用上限、污染排放总量上限，测算生态文化村、生态文化示范社区、生态文化示范企业的数量与规模等。然而，像生态理念文化、生态制度文化和生态行为文化三个维度的相关要素的测量与评价就相对复杂许多，只有将其相关要素的概念实现量化，才可能进行测量与量化评价。

1. 生态文化量化评价指标的量化

生态理念文化、生态制度文化和生态行为文化三个维度的相关要素往往是以一定的概念形式呈现的。马克思主义认识论认为，"概念"是对同类事物的一般特性和本质属性的概括和反映，是思维的细胞，也是最基本的思维形式。"概念的建构来自于观念上的共识。我们的观念是看起来相关的观察和经验的集合。尽管观察和经验都是真实的，起码是客观的，但是从中得来的观念和概念却只是思维的产物。跟概念相关的术语，只是为了归档和沟通的目的而被创造出来的。"① 因此，在量化研究与评价中，一个重要的步骤就是概念的操作化，即把抽象的概念转化为具体的定义和可测量的指标。由于不同概念的抽象程度不同，概念的操作化因此具有两种形式，其一是根据概念的内涵给出操作性定义，其二是由概念的内涵直接引申出一定指标，二者最终的目的都是实现对某个概念的观察和测量。

根据生态文化相关要素的概念内涵给出操作性定义。在量化研究与评价中，只要能够给出表示某一要素的"概念"的具体定义，我们就可以将其用于直接的观察和测量了。例如，如果我们要进行一项生态文化政策评估研究，研究的主题是"贫困人口与生态村镇建设"，要进行这项研究就必须对课题中包含的概念，如"贫困人口"进行操作化。对于这个概念，我们就可以通过给出一个具体的、可以直接用于观察和测量的定义实现操作化，例如，我们可以把"贫困人口"定义为"按 2016 年标准，我国年人均纯收入少于 3100 元的人"。有了这样的操作性定义，我们就可以统计一个区域或全国贫困人口的数目，并对其中的若干人口与生态村镇建设的关联性进行调查与评价。通过这种方法能够实现操作化的概念一般来说抽象度都不是很高，一般所指的都是一些相对具体的事物、组织或者群体，如"贫困地区""非政府组织（NGO）""大学生村官"。

由生态文化相关要素的概念内涵直接引申出一定指标。在量化研究与评价中，生态理念文化、生态制度文化和生态行为文化等维度中用于表达相关要素的"概念"往往是具有较高抽象程度的，生态文化评价更经常面对这样一些抽象度高的"概念"，如"公民参与""文化自信""生态政绩""生态资源"等，对于这些概念的操作化适合采用另外一种方式，即从概念中引申出

---

① ［美］艾尔·巴比：《社会研究方法》，邱泽奇译，华夏出版社 2005 年版，第 119 页。

若干个指标，用这些指标来表达这些"概念"。例如，在研究生态文明建设过程中的"公民参与"时，我们可以使用下列指标来代表"公民参与"：参加生态决策及表决、参加生态问题咨询、参加植树造林、参与环保公益活动、参加环保义务捐款等。再比如，"生态资源"可以用"人均能源消费量""人均水资源量""森林覆盖率""可利用草原面积占草原总面积比重""湿地面积占辖区面积比重""自然保护区占辖区面积比重"等作为指标。

由生态文化相关要素的"概念"引申出一定指标，有几种常用的策略：一是"经验的策略"，是由我国台湾学者吕亚力在《政治学方法论》一书中介绍运用的。它只要求研究与评价者根据自己对该"概念"的经验体会，从概念的粗略含义出发，选择一些指标来界定该"概念"。由于是从经验体会出发，这些指标对于概念的界定有深有浅，因此常常无法断定所选取的指标是否足以穷尽该"概念"的指涉，但是采用这一策略相对比较省时省力。[1] 二是"理性的策略"。顾名思义，研究与评价者依据一定的理性规则，审慎而全面地诠释概念的内涵。把某一"概念"与相关指标的关系抽取出来，以期达到可借助相关指标的量度来求证某一"概念"量度的实效，并且借助一定的实证调查研究不断改进这些表达某一"概念"度量。采取这样的一种策略，相对费时费力，但对概念的测量相对更加精确。

与此同时，对于生态文化相关要素的概念操作化过程中应当注意概念所表达的不同层次和不同维度。生态文化的研究与评价者在研究与评价中会发现很多概念具有不同层面的含义，例如，"消费意识"有"消极意义上的过度消费意识"和"积极意义上的绿色消费意识"，再比如"核心价值观"可以区分为"国家层面的核心价值观""社会层面的核心价值观"和"个体层面的核心价值观"。这时研究与评价者就需要先明确概念所要表达的层次或维度，然后再从不同层次和维度分别引申出可以代表这一概念的指标。

下面是我国学者近期进行的一项研究中采用由概念引申出可以测量的指标案例，对于我们开展生态文化评价体系的多级指标的设定具有一定的借鉴意义。河北省生态文明建设与县域经济发展研究基地和河北工业大学的石宝

---

① 吕亚力：《政治学方法论》，（台北）三民书局 1979 年版。

军、郭丹、忻华在河北省社会科学基金项目（HB15YJ041）的成果——《京津冀生态文化评价体系研究》一文中，运用模糊层次分析法从生态资源、文化市政设施、生态环境保护、生态农业、文化教育科技和社会保障服务六个方面构建京津冀生态文化评价指标体系（见表6—1）。

表6—1　京津冀生态文化评价指标体系

目标层	准则层	指标层
京津冀生态文化发展水平	B1：生态资源	C1：能源消费弹性系数（反向指标） C2：人均水资源量（立方米/人） C3：森林覆盖率（%） C4：可利用草原面积占草原总面积比重（%） C5：湿地面积占辖区面积比重（%） C6：自然保护区占辖区面积比重（%）
	B2：文化市政设施	C7：有线电视入户率（%） C8：互联网普及率（%） C9：电话普及率（包括移动电话）（部/人） C10：人均拥有公共图书馆藏量（册） C11：每万人拥有公共交通车辆（标台） C12：建成区绿化覆盖率（%） C13：每公里城市道路照明灯（盏/公里） C14：人均公园绿地面积（平方米） C15：每万人拥有公共厕所（座）
	B3：生态环境保护	C16：每公里城市污水日处理能力（立方米/公里） C17：水土流失治理面积占地区面积比重（%） C18：工业固体废物综合利用率（%） C19：工业固体废物处置率（%） C20：城市生活垃圾无害化处理率（%） C21：森林病虫鼠害防治率（%） C22：工业污染治理投资占固定资产投资比重（%） C23：林业生态建设与保护投资占总投资比重（%）
	B4：生态农业	C24：第一产业贡献率（%） C25：人均耕地面积（平方公里/万人） C26：农用化肥施用强度（吨/公顷） C27：农用化肥产值率（万元/吨） C28：天然生产水产品产量占总产量比重（%）

续表

目标层	准则层	指标层
京津冀生态文化发展水平	B5：文化教育科技	C29：文教娱乐消费支出占消费总支出的比重（％） C30：平均每百人每年订报刊数（份） C31：博物馆参观人次占总人口比重（％） C32：人均教育经费投入（万元） C33：非文盲人口占 15 岁及以上人口的比重（％） C34：科学研究和技术服务业从业人员比重（％） C35：技术市场成交额占 GDP 比重（％） C36：产品质量省级监督抽查合格率（％）
	B6：社会保障服务	C37：第三产业贡献率（％） C38：医院病床使用率（％） C39：每千人口社会服务床位数（张） C40：保险赔付支出占保费收入比重（％）（反向指标） C41：文化体育与传媒财政支出占总支出比重（％） C42：节能环保财政投入力度（％） C43：城镇登记就业人员就业率（％） C44：人口总抚养比（％）

资料来源：石宝军、郭丹、忻华：《京津冀生态文化评价体系研究》，《衡水学院学报》2016 年第 4 期。

2. 生态文化量化评价指标

生态文化量化评价指标通常都是通过一定的概念加以表示的。概念是对特定一类事物、现象和过程的一般特性和本质属性的概括和反映，是一种抽象化的观念。为了在研究与评价过程中找出不同的量化评价指标之间的关系，我们必须把用以表达要素的"概念"作常量和变量的区分。概念中所体现的"属性"就是指事物的具体特征或本性，在量化过程中常常体现为一定的值域。我们常常会把具有固定的、单一属性的概念当作"常量"；把逻辑上能够具备不同属性归类的概念当作"变量"。比如"文化价值"与"森林文化价值"关系中，"森林文化价值"就是"常量"，"文化价值"就是"变量"。因为与"文化价值"这一变量相关的值域包括"森林文化价值""湿地文化价值""海洋文化价值""沙漠文化价值""地质文化价值"等。再比如，与常量"汉族"相关的变量是"民族"，这一变量的值域包括汉族、满族、彝族、藏族等。我们无论是进行描述性、比对性评价还是解释性、探究性的研究都离不开常量、变量及其属性（变量的值域）。表6－2为变量与属性关系的示例。

表6－2　变量与属性之间的关系

变量	属性
生态文化	理念文化、物质文化、制度文化、行为文化……
自然环境	森林、湿地、沙漠、海洋、山地、丘陵、高原、平原……
性别	男、女
年龄	少年、青年、中年、老年……

　　为了深入探究不同量化评价指标之间的关系，并且试图通过量化研究与评价找出不同要素之间的因果关系或相关关系，我们往往还要区分不同类型的变量，如自变量、因变量。自变量是指某一变量的值被当作事先给定的，自变量常常被看作是原因或决定因变量的因素。因变量是指某一变量的变化是依赖于或是由其他变量（主要指自变量）引起的。因此，自变量是无须解释的，好似自然生成的，因变量则是由别的事物引起的，是可以探究和解释的要素。自变量和因变量总是存在因果关系，也就是说自变量是"因"，因变量是"果"，强调的是自变量的变化引起了因变量的变化。比如，在生态文明建设中，一定区域地方政府"重视生态环境保护的程度"与该区域"生态环境状况"这两个变量之间存在一定的逻辑关系。如果二者之间存在因果关系，一定区域地方政府越是重视生态环境保护，该区域的生态环境状况就越好；那么我们就可以说一定区域地方政府"重视生态环境保护的程度"是自变量，该区域"生态环境状况"就是"因变量"。当然，任何一个生态文化评价体系中的要素作为"变量"到底是自变量还是因变量要取决于具体的研究，同一个变量在某项研究与评价中是自变量，在另一项研究与评价中却可能成为因变量。

　　3. 生态文化量化评价指标的测量

　　在量化研究与评价中，最初的工作就是需要对量化研究与评价对象进行简单分层，并且对不同层次、不同维度的"概念"给出相对清晰的、确定的操作性定义或指标，其结果就是评价体系量表中的选项。这些选项代表了量化研究与评价中使用的不同层次、不同维度的"概念"。有了概念的操作化、指标化，我们就可以展开结构化的、大规模的量化资料收集与评价。

　　（1）量化评价指标的一般测量。概念的测量是指量化研究与评价者依据一定的规则，用数字来表示事物、现象及其属性。在生态文化量化评价中，测量用于表达评价指标的"概念"通常要做到以下两个方面：

其一，在概念的操作化完成以后，需要进一步地明确量化评价指标变量的属性，要确保变量的属性具有完备性，从逻辑学角度来看，就是要确保变量的外延完整性。一个变量的各种属性的外延之和要等于该变量的外延，组成该变量的属性就应该涵盖所能观察到的所有情况，这样才能确保概念测量的完整性和有效性。比如，我们测量某一区域广大人民群众的文化程度，可以通过测量"受教育水平"这一概念，将其属性分为"大学本科及以上""大学专科""高中和中专""初中""小学"，显然，我们的研究与评价对象中还有"未接受过教育的人或者说文盲"未能列入，这就破坏了"受教育水平"这一概念属性的完备性，影响到测量结果的完整性和有效性。

其二，在确定量化评价指标变量的属性时，还要确保变量的各个属性具有互斥性，从逻辑学角度来看，就是在保证变量外延完整性的同时，变量的各个属性之间应当是全异关系，也就是说，各个属性之间不存在着交叉或重叠。例如，我国生态文明建设的维度测量"生态文化示范区"这一变量，就有"生态文化示范村""生态文化示范社区""生态文化示范企业""生态文化示范公园"和"生态文化示范自然保护区"等属性。那我们就要确保这几个属性之间不存在交叉关系或重叠关系。

在对量化评价指标变量的属性做出了详细的说明之后，接下来就需要按照一定的规则给每一个属性指定数字。概念的一般测量以数字作为一种表征指向概念的某一属性，概念所指的事物、现象一旦被量化，我们就可以进行数学计算和统计。当然我们还要运用一定的规则在不同层次、不同维度赋予概念的不同属性所指代的数字以特定的意义。例如，对于变量"性别"，有两个属性，即"男"和"女"，我们可以规定用数字"1"表示"男"的属性，用数字"2"表示"女"的属性。

（2）生态文化量化评价指标权重及其选取。由于我国生态文明建设贯穿了政治建设、经济建设、文化建设和社会建设诸多方面，作为生态文明建设重要组成部分的生态文化建设，也就必然与政治建设、经济建设、文化建设和社会建设有着密切的关联，加之生态文化具有生态理念文化、生态物质文化、生态制度文化和生态行为文化多个维度，因此生态文化量化评价指标选取与设置也就更显复杂。生态文化量化评价指标选取的科学、合理和有效与否，都直接影响到生态文化量化评价的准确性和典型性。在多重指标生态文化量化评价体系中，权重的合理配置与指标选取是量化评价的关键。为了尽量减少主观因素对研究与评价结果的影响，我们在借鉴各种实证方法和文献资料收集方法的基础上，选取"熵值法"来确定备选评价指标的权重。

"熵"是德国物理学家克劳修斯于1850年创造的一个专业名词，最初用来表示一种能量在空间中分布的均匀程度。熵是一个物理学中热力学的概念，是描述体系混乱程度（或者无序程度）的量度。美国数学家、信息论的创始人克劳德·埃尔伍德·香农第一次将"熵"的概念引入到信息论中来，将"熵值法"应用在系统理论中，熵值越大说明系统越混乱，携带的信息越少；反之，熵值越小说明系统越有序，携带的信息越丰富（见表6－3）。因此，在信息论中，熵值可以用来度量不确定性的程度。我们在生态文化量化评价指标权重的配置与选取中可以利用熵值法，根据测算所列备选指标信息的熵值大小来确定指标的相对变化程度，从而选取相对变化程度大的指标对生态文化进行量化评价。

表6－3　熵值与权重的关系

熵值	信息有序程度	信息量值	效用值	权重值
熵值大	信息无序化	信息量小	效用值低	权重小
熵值小	信息有序化	信息量大	效用值高	权重大

其一，建立指标集合。假设一个地区生态文化状况评价指标（备选）的集合分三级指标，四个层次，具体如下：

一级指标集：$x=\{x_1, x_2, x_3, x_4\}$

二级指标集：$x_1=\{x_{11}, x_{12}, x_{13}, x_{14}\}$

$x_2=\{x_{21}, x_{22}, x_{23}, x_{24}\}$

$x_3=\{x_{31}, x_{32}, x_{33}, x_{34}\}$

$x_4=\{x_{41}, x_{42}, x_{43}, x_{44}\}$

三级指标集：$x_{11}=\{x_{111}, x_{112}, x_{113}, x_{114}\}$

$$x_{12} = \{x_{121}, \ x_{122}, \ x_{123}, \ x_{124}\}$$

$$x_{21} = \{x_{211}, \ x_{212}, \ x_{213}, \ x_{214}\}$$

$$x_{22} = \{x_{221}, \ x_{222}, \ x_{223}, \ x_{224}\}$$

$$x_{31} = \{x_{311}, \ x_{312}, \ x_{313}, \ x_{314}\}$$

$$x_{32} = \{x_{321}, \ x_{322}, \ x_{323}, \ x_{324}\}$$

$$x_{41} = \{x_{411}, \ x_{412}, \ x_{413}, \ x_{414}\}$$

$$x_{42} = \{x_{421}, \ x_{422}, \ x_{423}, \ x_{424}\}$$

其二，利用熵值法估算各指标的权重，利用评价指标的信息效用值来计算，某一评价指标的信息效用值越高，对评价的重要性就越大，也就是权重越大，对评价结果的贡献越大，评价体系中就要选取这样的评价指标。

第 j 项指标的权重计算公式为：

$$W_j = \frac{d_j}{\sum\limits_{i=1}^{m} d_i} \tag{6-1}$$

其三，采用加权算数公式计算样本的评价值，公式如下：

$$U = \frac{\sum\limits_{i=1}^{n} w_i x_i}{\sum\limits_{i=1}^{n} w_i} \tag{6-2}$$

式中，U 为综合评价值，n 为指标个数，w_i 为 i 个指标的权重。当评价指标的 U 值越大时，选取的评价指标样本效果就越好。通过最终比较所有备选评价指标的 U 值，确认应选的评价指标。[①]

4. 生态文化量化评价的量表设计

我们要在坚持科学性原则的基础上，兼顾系统性、代表性、可操作性及动态与稳定性原则，参考国内外相关研究文献，构建生态文化量化评价指标体系，设计生态文化量化评价的量表，分别从生态理念文化、生态物质文化、生态制度文化和生态行为文化等维度对生态文化进行测量和评价。在生态文化系统下设置三级指标：目标层、准则层和指标层。

---

① ［俄］纳塔丽·西德南科、尤里·耶申科：《经济、生态与环境科学中的数学模型》，申笑颜译，中国人民大学出版社 2011 年版。

（1）生态文化一级指标——目标层说明。关于生态文化的一级指标，即目标层，是目标、准则与指标三位一体的动态指标，通过二级指标（准则层）总和而成，主要反映生态文化总体水平下生态理念文化、生态物质文化、生态制度文化和生态行为文化四个维度的基本特征，是一个最终的、综合衡量生态文化水平的综合性指标。

（2）生态文化二级指标——准则层说明。准则层是从总指标中分解而来的，主要是从不同侧面反映生态理念文化、生态物质文化、生态制度文化和生态行为文化各个维度的水平。将生态文化一级指标分为 4 种类型，构建生态文化的 4 个子系统，从 4 个维度反映和揭示生态文明建设过程中的主要矛盾和问题，共包括 23 个二级指标。

（3）三级指标初级指标——指标层说明。在准则层的基础上，依据指标的属性将指标细分到具体的可以量化的指标层，并用具体可度量的指标加以描述。为了更客观科学地度量生态文化的综合水平，我们根据《中国生态文化发展纲要（2016—2020 年）》中的主要目标，综合我国生态文明建设指标体系，借鉴国内外相关学者目标选取，在总体部门基础上采取频度统计、比较方法和权重计算方法，考虑数据的可得性和重要性，最终选择了 82 个单项可测量指标，构成了生态文化综合评价指标体系（见表 6－4）。当然，这样的指标选取方法可能会存在完备性的缺陷，我们将在后续专门的研究中不断完善。

表6－4　区域生态文化评价指标体系

系统层	目标层	准则层	指标层
A：区域生态文化发展水平	B1：生态理念文化	C1：生态价值观 C2：生态道德观 C3：生态发展观 C4：生态消费观 C5：生态政绩观	D1：对生态环境的心理感知程度 D2：节约资源与保护环境的知识量 D3：对资源环境的情感重视程度 D4：生态文明教育的普及率（%） D5：文教娱乐消费支出占消费总支出的比重（%） D6：平均每百人每年订报刊数（份） D7：平均每个家庭的书籍拥有量（本） D8：博物馆参观人次占总人口比重（%）

续表

系统层	目标层	准则层	指标层
A：区域生态文化发展水平	B1：生态理念文化	C1：生态价值观 C2：生态道德观 C3：生态发展观 C4：生态消费观 C5：生态政绩观	D9：人均教育经费投入（万元） D10：非文盲人口占 15 岁及以上人口的比重（%） D11：每年有关生态文化的讲座数量（场） D12：每年有关生态文明建设的领导宣讲数量（场） D13：公务员生态业绩占比（%） D14：人均参加生态公益活动的次数（次） D15：生态公益组织数量
	B2：生态物质文化	C6：生态资源状况 C7：全国森林公园 C8：自然保护区 C9：生态文化示范基地 C10：生态文化服务体系建设示范区 C11：生态文化宣传教育基地 C12：生态文化产业 C13：文化市政设施	D16：森林覆盖率（%） D17：森林公园的数量及分布（面积） D18：可利用草原面积占草原总面积比重 D19：湿地面积占辖区面积比重（%） D20：自然保护区占辖区面积比重（%） D21：自然保护区的数量及分布 D22：粮食生产面积红线（亩） D23：生态文化示范基地数量及分布 D24：生态文化服务体系建设示范区数量及分布 D25：生态文化宣传教育基地数量及分布 D26：生态文化产业产值占比（%） D27：从事生态文化产业组织数量 D28：建成区绿化覆盖率（%） D29：每公里城市道路照明灯（盏/公里） D30：人均公园绿地面积（平方米） D31：每万人拥有公共厕所（座） D32：人均拥有公共图书馆藏量（册） D33：每万人拥有公共交通车辆（标台） D34：互联网普及率（%） D35：文化市场成交额占 GDP 比重（%）
	B3：生态制度文化	C14：生态环境评价制度 C15：生态危机预警制度 C16：环境许可制度 C17：生态补偿制度	D36：生态环境评价的水平 D37：自然资源保护法律法规数量（部） D38：自然资源保护制度的细分程度 D39：环境污染防治法律法规数量 D40：环境污染防治制度的细分程度 D41：生态补偿制度法律法规数量 D42：生态补偿制度的细分程度 D43：生态税收制度法律法规数量

系统层	目标层	准则层	指标层
A：区域生态文化发展水平	B3：生态制度文化	C18：环境污染防治制度 C19：自然资源保护制度 C20：生态消费制度	D44：生态税收制度的细分程度 D45：有关绿色消费的法律法规数量 D46：每公里城市污水日处理能力（立方米/公里） D47：水土流失治理面积占地区面积比重（%） D48：工业固体废物综合利用率（%） D49：工业固体废物处置率（%） D50：城市生活垃圾无害化处理率（%） D51：森林病虫鼠害防治率（%） D52：工业污染治理投资占固定资产投资比重（%） D53：林业生态建设与保护投资占总投资比重（%） D54：有关生态问题诉讼案件数量 D55：有关生态问题诉讼案件审结社会评价 D56：电器产品能耗标识普及占比（%） D57：水电价格的阶梯幅度
	B4：生态行为文化	C21：绿色生产行为 C22：绿色消费行为 C23：绿色服务行为	D58：第一产业贡献率（%） D59：人均耕地面积（平方公里/万人） D60：农用化肥施用强度（吨/公顷） D61：农用化肥产值率（万元/吨） D62：天然生产水产品产量占总产量比重（%） D63：畜牧业养殖废物废水无害化处理占比（%） D64：工业废水无害化处理占比（%） D65：工业废气无害化处理占比（%） D66：能源消费弹性系数（反向指标） D67：家庭节能产品的消费占比（%） D68：人均水资源量（立方米/人） D69：人均绿色产品消费占比（%） D70：奢侈品消费占比（%） D71：家庭垃圾分类回收占比（%） D72：垃圾分类回收率（%） D73：每月人均食物浪费量占比（%） D74：每月人均一次性购物袋消费量 D75：公共交通出行占比（%） D76：借贷消费占比（%） D77：第三产业贡献率（%） D78：医院病床使用率（%）

系统层	目标层	准则层	指标层
A：区域生态文化发展水平	B4：生态行为文化	C21：绿色生产行为 C22：绿色消费行为 C23：绿色服务行为	D79：每千人口社会服务床位数（张） D80：保险赔付支出占保费收入比重（%）（反向指标） D81：文化体育与传媒财政支出占总支出比重（%） D82：节能环保财政投入力度（%）

在生态文化的量化评价过程中，一定要考虑影响生态文化的诸多因素。一定区域生态文化水平所反映的不仅是该区域生态文化的物质化、制度化的水平，而且还反映该区域群体和个体的生态文化的理念化、行为化的状况。而任一群体和个体的理念和行为不仅会受到政治、经济和文化等外在因素的影响，而且会受到一定群体和个体的需求动机、心理因素和认知水平等自身内在因素的影响。因此，我们对一定区域生态文化水平进行评价时，尤其是对该区域群体和个体的生态文化的理念化、行为化的状况进行评价时，要注意分析影响该区域群体和个体的理念和行为的群体和个体自身因素，并且根据不同的人口统计因素和心理与认知因素，对该区域群体和个体的生态文化的理念化、行为化指标进行分类评价。下面我们以生态文化的表征之一——绿色消费为例进行简要说明。

第一，人口统计因素。影响生产消费的人口统计因素主要包括性别、年龄、收入、受教育程度、居住城市等。许多相关的调查结果显示：性别和绿色消费行为存在着显著的相关性，具体来说，女性比男性的生态意识更强，更可能实行绿色消费行为。关于年龄对绿色消费的影响，有学者认为，相当一部分年轻人更倾向于担当社会责任，尤其是那些成长于环境恶化和生态破坏比较突出时期的年轻人，对于生态环境问题更加敏感。此次的相关课题调查显示：在中国，在受教育程度相似的情况下，年龄越大的居民，越倾向于绿色消费，也越注重循环型的消费行为。关于受教育程度与绿色消费的关系，多数的实证研究普遍认为，受教育程度越高者其环境友好的消费行为倾向也就越强，也就是说，受教育程度和绿色消费行为呈显著的正相关。关于收入和绿色消费的关系，不少研究证实：收入较高的消费者，能够承担实行环保行为的边际支出，他们偏好于购买绿色产品，支持实行资源回收行为。与此不同的是，国内有些研究表明，出于经济动机，而未必是内在的责任意识或是对环境的关注，低收入者更倾向于循环型的消费行为。此外，有的研究还表明，一个人的居住地可能会影响其对资源环境问题的认知以及对绿色消费的态度，比如大城市里的居民，由于他们生活的环境受污染程度较高，相较于居住小城镇和乡村的居民而言，他们更加关注环境的问题，因此关切绿色消费。表6-5为亚洲的收入水平与消费特点的关系。

表6-5　收入水平与消费特点（亚洲）　　　　　　　　　单位：美元

年收入	消费特点
1000以下	主要集中在基本食品上，很少有可自由支配的消费开支
1001~2000	有些消费品开支；开始外出就餐；在某些超级市场购物，但所购产品范围有限
2001~3000	在超级市场采购范围很广的食物；娱乐或休闲的开支很显著；耐用消费品的开支增加，购买个人使用的小型汽车或摩托车
3001~5000	多样化的饮食消费；多样化的休闲开支，包括旅游度假；耐用消费品开支范围很广，包括非必需的耐用品（如摄像机或高保真音响）；个人健身的开支增加；购买汽车增加
5001~10000	外出就餐的开支增加，基本食品已为冷冻的加工食品所代替，休闲开支包括海外度假与购买奢侈品；出现投资
10001以上	投资；购买奢侈品；家庭娱乐

资料来源：菲利普·科特斯：《市场营销管理（亚洲版）》，中国人民大学出版社2012年版。

　　第二，心理与认知因素。与人口统计因素相比，心理与认知因素对绿色消费者的行为具有更大的影响力。美国研究者罗伯茨（1997）对生态意识消费者行为的研究发现，人口统计因素差异仅仅说明了绿色消费者行为差异的6％，而加入心理与认知因素后上升到45％。影响绿色消费的心理与认知因素主要包括消费者的环境态度、环境知识、感知效力和社会责任感。态度一直被广泛认为是行动的主要影响因素，早期的一些学者研究认为，持环境友好态度的人必然会采取对环境友好的行为，一个人对待污染的态度往往会影响到他对绿色消费方式的态度，也就是说，关心环境污染问题的人，他们往往会购买和使用避免造成污染的产品和服务。关于环境知识，此次的相关课题调查显示：环境知识是环境敏感行为的一个重要影响因素，只要通过增加消费者对环境问题的知识，就会有力地促进其对绿色消费采取更加积极的态度，环境知识不仅对消费者的购买前态度产生作用，而且对于消费者的购买后行为（循环回收行为）具有特殊的影响力。消费者的感知效力是消费者对其自身改善环境问题的能力和信心。当消费者认为其自身的意境和行为能在一定程度上改变环境恶化和生态失衡的问题时，他们的感知效力就因此产生。具体来说，消费者的感知效力是环境态度和个体消费行为之间的一个重要桥梁，它调节着环境态度和个人消费行为之间的关系结构和紧密度。消费者的感知效力越强，消费者的环境态度和环境知识也就越容易促成绿色消费行为。一些学者研究发现，积极参与社区活动、具有较强的社会责任感的人，他们更可能采取绿色消费，购买生态产品和服务。图 6—1 为绿色消费价值观—态度—行为系统模型。

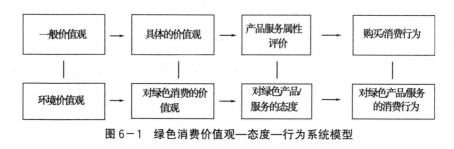

图6—1 绿色消费价值观—态度—行为系统模型

（四）生态文化的质化评价及方法

构建新时代生态文化评价机制既要采取量化评价方法建构一定的评价体系，又要采用质化评价的方法通过研究者、评价者与一定区域、一定组织的被研究者、被评价者的沟通，才能对一定区域、一定组织的生态文化状况做出科学、准确、客观的评价。如果仅仅依靠单一的量化评价收集相关的数据，那只能对于那些表象化的指标进行测量，对于像生态政绩观、绿色消费观和生态价值观等非直观性的生态理念文化的评价，就十分需要质化评价手段的辅助与补充。

1. 质化评价的内涵及特点

质化评价以质化研究为基础，是质化研究的具体应用。在 20 世纪上半叶以及之前的很长一段时期，由于近代科学发展的实证主义基础创造了许许多多重大的科技进步，量化研究不仅在自然科学领域，而且在社会科学领域都占据着绝对主导地位。20 世纪 60 年代以后，随着后现代主义在西方社会的兴起和发展，实证主义的"价值中立"及其量化研究在社会科学研究领域逐渐受到批判。而以自然主义、建构主义为基础的质化研究逐渐受到许多学者的青睐。在当今的社会科学研究领域，质化方法已经被越来越多的学者广泛使用。

其一，质化评价具备质化研究的方法多元性。生态文化建设是一项复杂的系统工程，其复杂性主要是源自我国不同区域的经济、社会、文化和生态文明发展的不平衡和不充分。不同区域不同类型的生态文化，不能用单一的指标来衡量。"生态文化建设的评价是一项全局性、导向性、前瞻性很强的系统工程，既是过程也是目标。因此对于指标体系的设计要考虑到不同评价主体的特殊性，将专家评价与公众评价、上级评价和自身评价统一起来，避免单一主体评价的片面化。实际运用中要具体问题具体分析，才能建构出合理的评价体系。"① 量化研究以实证主义为基础，在研究过程中容易秉持"价值中立"的态度。而质化研究方法本身的"价值"特性决定了其具体方法更加多元化，不同的研究者在研究实践中摸索发展出了各种各样的方法，如参与式观察、深度访谈、焦点团体访谈、常人方法学、草根方法、比较研究、参与行动研究等，这些方法之间存在着复杂的既相互区别又相互交叉的关系，这些多元化的方法有助于我们对于一定区域、一定组织的生态文化状况做出更加科学、准确、客观的评价。

其二，质化评价具备质化研究的可解释性。质化研究的研究目标是对"价值"的"解释性理解"，即对被研究对象在一定价值体系框架内进行合理的解释，质化研究要求研究者进入被研究者的生活情景以达成解释性理解。质化研究者"先进入成员的意义体系，然后再回到局外人的观点，或研究的观点"。② 生态文化质化评价也需要评价主体介入被评价对象的现实生产生活

① 阮晓莺、张焕明：《生态文化建设的社会机制探析》，《中共福建省委党校学报》2013 年第 5 期。
② ［美］W. 劳伦斯·纽曼：《社会研究方法》，宋柔若译，台湾扬智文化事业股份有限公司 2003 年版。

情境中，通过与被评价对象的沟通和对自身的反思，达成对于被评价对象的理解与评价。与此同时，质化研究还追求解释的深度，寻求多元化的个案式解释，"在这种解释方式中，我们试图穷尽某个特定情形或是事件的所有原因"。① 质化研究认为各种各样的人是不一样的，研究者只能对特定环境中特定的人做出独特的解释。生态文化质化评价所要评价的对象可能具有完全不同的经济、文化、历史和生态环境的背景，不同区域、不同组织、不同群体呈现出不同的生态文化状态。因此，生态文化质化评价过程中，既要看到不同区域、不同组织、不同群体展示出的生态文化共性，也要重视个案价值的研究分析，以便于促进生态文化评价指标的丰富与多元化。

其三，质化评价具备质化研究的主客体统一性。质化研究首先遵循的是自然主义的探究路线，强调在不受人工干预的自然情景下进行研究，才能获得某一事物或现象的客观真相。也就是要理解特定的事物或社会现象就必须把它置于其背景和环境中，循着整体主义的路径进行研究。质化研究的整体性也是质化评价过程中实现主客体统一性所必要的。生态文化作为一种社会现象具有典型的整体性和相关性，同时在质化评价中，评价客体是不能离开评价主体而存在的，"价值"并不是客观地封闭于被评价对象，而是存在于评价主客体的关系之中。因此，生态文化质化评价必须非常重视评价主客体之间的关系，要求生态文化评价主体对自己的角色、倾向以及与被评价对象之间的关系、沟通方式等方面进行不断反思，避免因为种种主观因素的影响导致严重的评价失误。在生态文化质化评价过程中，研究者和评价者要始终保持一种相当开放的态度，需要根据收集到的资料进行反思，从而实现科学、准确的评价，并且不断拓展生态文化评价体系。

2. 生态文化质化评价的常用方法

相对于量化研究来说，质化研究中使用的资料收集和评价方法更加多样化，包括参与式观察与非参与式观察、深度访谈、焦点团体访谈、收集实物、收集使用文献和档案记录等。其中最常用的是资料收集方法，即参与式观察、深度访谈和焦点团体访谈，这三种方法可以为我们进行生态文化质化评价所运用。

其一，通过参与式观察方式来收集评价客体的资料。人类认识总是通过

---

① ［美］艾尔·巴比：《社会研究方法》，邱泽奇译，华夏出版社 2005 年版。

观察来获得对世界的了解，观察也是质化研究中收集资料的基本手段。观察不仅是对世界简单的、直接的感知，而是要在获取感性资料的基础上运用复杂思维。观察法具有各种不同的类型，在生态文化质化评价中，我们应当采取参与式观察方法。生态文化评价主体直接加入某一区域、某一组织的某一社会群体之中，以内部成员的角色参与他们的各种活动，与被评价对象一起生活、工作，在共同生活中通过密切的相互接触和直接体验进行观察，从而获得该区域、该组织生态文化的第一手资料，并由此进行相应的评价。

其二，通过深度访谈方式来收集评价客体的资料。深度访谈是质化研究中收集资料的一种重要方法，为了探究研究对象的真实信息，研究者总要通过多次访谈以及与研究对象充分互动才能获得所要信息。生态文化质化评价采取深度访谈的方式收集资料也十分有效。通过深度访谈某一区域、某一组织的某些个体，可以让评价主体获得有关评价对象比较全面的信息。根据对不同角色个体的深度访谈，我们可以了解某一区域政府官员的生态政绩观、经济组织的绿色增长观、普通民众的绿色消费观等。

其三，通过焦点团体访谈方式来收集评价客体的资料。焦点团体访谈方法与深度访谈一样，也是通过无结构或者半结构的访谈来收集资料和展开研究的。焦点团体访谈与深度访谈所不同的是，一个选择的是一群参与者，另一个选择的是一个参与者。而且焦点团体访谈是一群参与者围绕一个焦点议题进行讨论，通过各种不同意见的交锋，为我们提供启发性的理解。事实上，生态文化质化评价可以通过采取焦点团体访谈的方式大幅提高资料收集的效率。比如，就购买空调、冰箱等家电时是否关注产品的能耗问题，选择一群不同教育背景的人进行团体访谈，通过不同参与者就这一主题进行交谈，产生各种各样的意见。评价者可以通过收集各种各样的不同意见以及与受教育程度的关系，对于该地区人们的绿色消费观做出相应评价。

其四，通过分析性比较方法强化质化评价的信度与效度。"信度指的是如果我们采用相同的测量方法对同一个研究对象进行测量，每一次获得的结果都是相同的。"[1] 比如，如果我们通过"每天家中生成多少垃圾？是否进行垃

---

[1] 严强、魏姝：《政治学研究方法》，江苏教育出版社 2007 年版，第 245 页。

圾分类"来测量某一区域的某一群体的生态文明行为状况,那么我们可以在每周让相同的调查对象回答相同的问题,要是每次得到的答案都一样,就说明这一测量方法信度是高的,也就是可靠的。"效度指的是一个测量在多大程度上反映了概念的真实含义。或者说反映了人们对于概念的共识。"① 比如,我们用"每次到超市购物是否自带手提袋?""投放生活垃圾时是否进行垃圾分类?""夏天家中空调温度调控在 27℃ 以上?"等来测量人们的绿色消费态度,如果这些指标的确能够反映某一区域的某一群体的绿色消费态度状况,那就说明测量具有较高的效度。质化研究分析性比较方法主要有取同法与取异法。取同法就是研究者关注的是个案间的共同性,努力探究数个个案的相同结果的共同原因。取异法就是研究者在数个个案中找出众多相似之处的基础上,探究不同个案关键地方的差异性。通过取同、取异的分析性比较,有助于我们在设计生态文化质化评价体系过程中选择增强评价效果的信度与效度的指标,一个优秀、准确的测量评价既要有信度又要有效度。生态文化质化评价需要高度关注相关指标测量的信度与效度,只有设计兼顾测量的信度与效度的质化评价体系,我们才能保证生态文化质化评价的科学性、准确性和有效性。

---

① 严强、魏姝:《政治学研究方法》,江苏教育出版社 2007 年版,第 245 页。

第七章　他山之石：生态文化建设的学习机制

西方发达国家不仅在生态文化学理方面有着丰硕的理论成果，在推进生态环境保护、寻求社会发展与生态资源相协调等方面，也取得了较大的成就。当前，在全面建成小康社会和实现中国梦的伟大历史进程中，西方国家的这些学理和经验做法对我们有着重要启发。在梳理西方社会关于生态文化的学理认知的前提下，探讨运动和制度在德国生态文化建设中的作用、公民素质的培养在澳大利亚生态建设中的作用和日本发展循环解决之路对中国的启示具有重要的意义。

一、国际共识：西方社会关于生态文化的学理认知

如前所述，西方社会关于生态文化观的哲学基础主要有"人类中心论"和"非人类中心论"。这两种观点都从哲学角度探讨了"传统人类中心论"是形成当下全球面临生态环境严重危机的根源。二者的不同点在于关于人类摆脱生态危机的出路是"走出人类中心主义还是走入人类中心主义"的抽象价值争论上。综合这两种价值观，当前西方社会关于生态文化的学理认知主要有以下几种思潮：

（一）生态马克思主义

生态马克思主义是 20 世纪 70 年代全球生态危机的凸显及由此而引发的绿色运动所产生的一种社会思潮，是西方学者根据社会的变化而对马克思主义理论的一种新发展、新探索。其主要代表人物是美国哲学家威廉·莱斯和加拿大的本·阿格尔。生态马克思主义学的主要观点是：资本主义制度以及

生产方式的非正义，以及科学技术的非理性运用是当代生态危机产生的根源，因此资本主义不可能找到解决生态危机的根本出路；主张用"异化消费"论去补充马克思主义，用价值理性取代盲目消费；主张用小规模的技术去取代高度集中的、大规模的技术，使生产过程分散化、民主化，用生态理性替代经济理性；探讨建立一种"稳态"的社会主义经济模式；提出发达资本主义国家争取社会主义道路的设想。他们不满现存的社会主义制度，也极力反对资本主义制度，试图寻找新的社会发展理论，而生态危机及由此引发的绿色运动却让他们找到与马克思主义新的结合点。生态马克思主义将人与自然的关系、科学技术的社会作用及生态环境问题作为研究的切入点，力图从马克思主义经典著作中的重要思想来寻求解决方案。这为解决社会问题提供了新思路。但生态马克思主义也存在不足，将生态问题看得高于一切，用生态危机论去取代经济危机论，企图用人与自然的矛盾转移人们的斗争方向。但其对人与自然、自然与社会关系问题的研究远未达到马克思理论的深度。总之，生态马克思主义认为应用生态危机理论取代经济危机理论，要人们承认生态危机已成为资本主义的一大矛盾，并认为正是因为现代科学技术的广泛应用引发了当下全球的生态危机，因此，他们提出解决生态环境危机，必须回归到传统的生产发展模式之中，主张以"零增长"的经济发展模式来代替当下牺牲生态环境为代价的高速经济发展模式，这些观点有失偏颇。

（二）生态社会主义

20世纪中期，人和自然的矛盾制约了人类社会政治、经济、文化的发展，从而引发了生态运动，生态马克思主义的兴起和发展为生态运动提供了理论支撑。生态社会主义是在西方国家绿色运动和社会主义运动的双重作用下而产生的，生态社会主义源于在马克思主义理论中引入生态学理论，借助于社会制度的变革，从中获得既可解决环境问题，又能实现社会主义制度的双赢办法。生态社会主义理论的基本观点主要是两点：一是对资本主义制度下生态环境危机或弊端的批判；二是对未来生态社会主义社会的制度设计及实现这种社会经济变革的政治途径。[1] 生态社会主义反对人类中心主义，主张人与自然的关系是人类中心主义和人道主义的结合体；在政治民主问题上，主张政权机构是由民众选举产生，政治权力应由基层官员掌握；在殖民问题上，否定生态殖民主义，批判军国主义和霸权主义等。生态社会主义所提出的观点促进了社会生态文化的建设，随着社会的向前发展，生态社会主义也逐渐暴露了一些问题。生态社会主义将生态环境问题视为最大的问题，也是构建生态社会主义所要解决的首要问题，以生态环境破坏危机替代经济发展危机，达到转移人们的斗争方向的目的。在经济发展上，主张建立小国寡民的经济思想，采用小规模的"软技术"。诚然，在当今科技日新月异的大背景下，此主张是不切实际的。在社会变革上，主张通过建立生态示范区，逐渐地变革资本主义制度，摒弃传统的"暴力"策略，将变革资本主义制度的革命限制在"示范生活"和"教育"的范围内，而在社会变革的领导力量上，生态社会主义的学者热衷于生态运动，坚持维护中产阶级在社会变革中的领导力量，这是对生态主义"乌托邦"的继承。此外，在关于世界的战争与和平的问题上，生态社会主义学者主张通过建立"生物区"来代替民族国家，从而避免战争，实现世界和平，这种观点也带有严重的"乌托邦"色彩。

（三）生态政治

全球性的人口危机、资源危机、环境危机使人类的生存面临着巨大的挑战，环境问题已经被摆在各个国家的政治议程中，环境与政治的关系日益紧密。关于西方生态政治的发端，主要有两种观点：一种观点认为绿色政治研究发端于 1962 年卡逊的《寂静的春天》，该书使环境作为一个政治问题被摆上政治议程。另一种观点认为在 1972 年以前，并没有"真正的环境政治"，而对生态政治具有里程碑意义的是《增长的极限》《人类环境宣言》的出版，使环境得到了极大的关注，甚至将环境与发展列入国际政治议程之中。不管是哪种观点，生态政治学作为一门有影响力的学科开始在环境学中发展起来。其主要的内容是：探究该选择何种正确的人类发展道路以摆脱生态环境危机，

---

[1]　郇庆治：《西方生态社会主义研究述评》，《马克思主义与现实》2005 年第 4 期。

发达国家的"先发展经济，后保护环境""先发展、后治理"的生态发展模式是否正确，若不正确，该选择何种发展路径；对环境保护进行市场体制和政府干预的政治经济分析得出，市场机制的微观调节和政府机制的宏观干预是解决生态环境危机的可行之策，于发展经济过程中同时达到环境保护之作用，因此应当将二者有机结合，以保证人类在经济活动中能保护环境；探讨建立当代国际政治新秩序，解决全球环境问题。生态政治主要研究和处理的是政治和环境的关系，是对传统政治学的扬弃，与传统政治学相比，其是在通晓生态学的基础上，结合并改造传统政治，以使人类对自然的改造符合生态规律。生态政治还是以民主政治为基础的，与民主政治一样主张应让公众广泛参与，主张公众有获得环境权的权利，主张公众为自己的生存环境而斗争。生态是以民主为基础的，民主政治是生态政治的前提。同时与政治斗争相比，生态政治并不回避阶级及其斗争。它主张要同破坏环境的行为作斗争。生态政治学在发展过程中，曾出现"百花齐放"的局面，但各理论间有重叠的部分，也有对立的部分。主要体现为生态中心主义的生态政治学和人类中心主义的生态政治学，由于这两种基本价值观的对立，导致生态政治一直没能建立起一套系统化的理论。

（四）生态经济

20 世纪 60 年代后期，美国经济学家肯尼斯·鲍尔丁发表了一篇名为《一门科学——生态经济学》的学术论文，并在文章中首次正式提出"生态经济学"这一重要概念。生态经济是经济发展与环境危机之间矛盾激化的产物，是人类对传统经济发展方式反思的结果。当前社会，虽然经济和科技以前所未有的速度和规模发展着，人们的物质财富也日益增加，但人们却发现物质财富的增加并没有给他们带来更加幸福的生活，他们的生活环境反而充满忧虑，甚至威胁着他们的生存。经济发展与环境破坏矛盾激发之初，专家、学者单一地从生态学抑或是经济学角度去解释问题所在，试图寻找既可以发展经济又可以保护环境的办法，但成效不大。只有经济学和生态学的交叉研究，将两者有机结合，从中寻找契合点才是谋求二者双赢的有效之策，生态经济学应运而生。生态经济指的是，在环境容纳量可以容纳的范围内，将生态经济学原理和系统工程方法运用于人类生活与生产之中，并改变人类的生活和生产方式，重点探讨人类社会的经济行为及其所引起的资源和环境嬗变之间的关系。其主要内容是研究自然生态系统和社会经济系统之间相互依存而又相互制约的关系；研究生态系统对经济发展的制约以及社会经济、科学技术进步对生态平衡的影响；研究人口膨胀、粮食紧缺、能源危机、资源枯竭和生态恶化这五大问题产生的原因、发展趋势、需求合理解决的途径等。

但由于资本主义社会中的各种社会意识、科学观点和经济观点的不同，关于生态经济的学说各持己见，众说纷纭，大概可以分为三派：一是悲观派，代表人物是 D. 米都斯，其代表作是《增长的极限》。悲观派的观点主要是经济增长与人口增长是生态危机的主要原因，如果按现在增长的趋势发展，总有一天会达到极限，从而导致地球的毁灭，为了避免此种情况发生，就需限制经济和人口的增长，停止工业和技术的发展。二是乐观派，代表人物是 H. 康恩，其代表作是《下一个 2000 年》，此派的观点是人类的发展正处于 1800～2200 年的"伟大转折"的中期，是产业革命到后工业社会的过渡时期，是由贫困走向富裕的过渡时期，因此，必须保持经济增长的趋势。三是现实派，代表人物是阿尔温·托夫勒，其代表作是《第三次浪潮》。阿尔温·托夫勒的经典著作立足于社会现实，深入分析了当前经济发展状况和生态环境问题，并对经济发展与环境保护的协调统一做出预测，其认为当前存在的经济发展与环境保护不协调问题仅是短暂性的，是人类发展史上出现的阶段性特征和瓶颈，人类的发展和历史的推进将蕴含着前所未有的前景和希望。不管哪种派别的观点，其实都关注在经济发展过程中环境的重要性问题，资源的稀缺性、环境的复杂性等引导甚至是决定经济的发展模式，经济的发展势必要与生态环境相协调，在发展经济中保护环境，在保护环境中发展经济，从而实现人类的可持续发展。

（五）其他生态学理认识

西方社会关于生态文化的学理认识还包括深层生态学、生态批评等。深层生态学是 20 世纪后期兴起的环境主义理论之一，是在当代开展的各种生态运动的背景下兴起的。它的创始人是挪威哲学学者奈斯，他在"第三世界未来研讨会"上做了一个题为《浅与深的、长远的生态学运动》的演讲，他的观点是将深层生态学的重心放在生态智慧上，认为人类的生态危机实质是文化的危机，人类的价值观即人类中心主义是产生生态危机的真正根源，人类中心主义只关心人的利益，这是浅层生态学的观点。深层生态学是非人类中心主义，关心的是整个自然界的福祉。深层生态学对生态危机的探索是值得肯定的，但其主张以生态中心主义作为其核心观点，这一观点具有片面性，是值得商榷的。比如，生态危机的真正根源是社会内部的利益竞争。随着人口的增长，资源的稀缺性和人类生产生活的需要，对于环境资源的依赖和需求日益增加，社会的竞争逐渐转变为对环境资源的争夺，即拥有更多的环境资源，在社会竞争中将处于优势地位。为了在竞争中脱颖而出，人类就需占有更多的自然资源，产生更多的污染，加深生态危机。而在生态智慧论中，深层生态学以生态伦理学为基调，以减少资源利用为途径，提出了新的生产生活方式，但它过分强调善良的意志，这与人类的理性分析和富有智慧的行动是不相适宜的。

生态批评一词是在生态批评家鲁克尔特于 1978 年发表的《文学与生态学：一次生态批评实验》中首次出现的。生态批评是在自然环境遭到严重破坏，人类精神生态出现严重危机的情况下提出的一种对社会文化进行批评的思潮。这一理论的基本立足点是非人类中心主义，主张要维护自然生态的平衡。要以整体和联系的观点将文化与自然环境结合起来，以此证明生态危机的根源实质上是人性、文化和想象力的危机，而非经济问题或者技术问题。它认为要彻底解决生态危机，不仅要靠经济手段和科学技术，更需要有人文社会科学积极广泛的参与，必须突破人类中心主义思想的束缚。其显著特征是跨学科、跨文化，甚至跨文明，尊重差异，崇尚多样性，主张生态多元化与生活多元化的互动共存。随着生态批评的发展，它必将成为生态文化建构的重要力量。

除了以上所探讨的学理外，西方关于生态文化的学理认识还有其他的观点，如生态运动、社会风险等，这些观点虽然没有作为主流，但它们为生态文化的建构提供了一些视角。

二、比较研究：运动和制度在德国生态文化建设中的作用

（一）德国的环境运动

20 世纪 70 年代德国的环境运动源于 20 世纪 60 年代后期学生运动中出现的"新社会运动"，环境运动是新社会运动的主流。"环境运动"是一个内涵较宽泛的概念，它常常被视为由公众和组织组成，参与集体行动，以追求环境利益的广泛网络。工业化所带来的环境问题、西方学者的"增长的极限"、"二战"中核威慑带来的不堪后果引发了德国市民的环境运动，到现在始终没有停止。

1. 德国环境运动的兴起

德国的环境运动是由对紧邻街区的环境退化担忧的地方居民的创议团体组成的，[①] 是以公民行动团体为主导的运动。20 世纪 70 年代西方国家的环境问题日益凸显，工业文明所带来的环境污染越来越威胁到人们的生存。为此，一批关注地方性环境难题的公民行动团体通过聚会讨论、示威游行、静坐等方式参与环境运动，以期通过此类行为引起政府的关注，从而使环境问题纳入政府的决策议程。反核运动的推行又进一步推进了德国环境运动的进程。到 20 世纪 70 年代中期，参与环境运动的公民团体的正式组织和非正式组织已经达到了 3000 多个。

2. 环境运动的三大组织支柱

德国环境运动作为一个整体，与其他国家一样，是由公民团体所组成的复杂网络。其组织支柱主要有三个：一是正式的地方性行动团体和非正式的团体，即自治的、松散连接的地方草根团体和一些正式的地方性行动团体所构成的网络。1986 年，切尔诺贝利核事故引发了新一轮全国范围内的草根反核运动浪潮，甚至出现大众暴力抗议的周期性传播，与其他相对柔和的环境运动一起组成德国环境运动的组织支柱。这些草根团体要么独立开展运动，

---

① ［英］克里斯托弗·卢茨：《西方环境运动：地方、国家和全球向度》，徐凯译，山东大学出版社 2005 年版。

要么几个团体之间联合行动。如罗宾森林、环境保护公民创议联盟（BBU）等。二是一些正式的但运动规模较小的组织。这些组织一般都是为了追求公共利益而结合在一起的"公共利益游说团体"。这些团体大多是由社会中的少数精英分子所组成的，为了追求公共利益而结合在一起，试图通过他们的呼吁引起政府的关注，从而解决公共问题。典型的例子就是1977年成立的生态研究所，它的成立宗旨本是为环境团体提供科学和司法支持，但随着成员对公共利益的追求，这些利益集团就独立出来成为一个生态研究所，这些团体大多是"批判性专业知识"的研究所。三是绿党组织和新一代的环境运动组织。绿党是德国生态运动中的主导性组织，它主要是由在柏林和汉堡面临着重要性和影响力不断下降的新左翼团体和在萨克森和巴伐利亚更加右翼的团体所组成的。但由于绿党自身的政党特性，它并不能成为环境运动的真正一部分。除了绿党是其组织支柱，还有两个最重要的组织：德国环境与自然保护联盟（BUND）和德国自然保护联盟（NABU），而1980年成立的绿色和平组织德国支部是新一代德国环境运动中最著名的组织，它以关注媒体对破坏性行动和运动的反应为组织的中心目标。总而言之，除了零星散落发生的暴力性反核大众暴力抗议活动，环境组织已经成为德国环境运动的组织支柱。

3. 从环境运动到绿党执政：环境运动的制度化进程

德国的环境运动不只存在于话语领域，也走向了制度主义。德国的环境运动在20世纪80年代后期达到了顶峰，环境团体被迫适应变化着的环境，这种适应主要是在行动方式、组织方式、动员战略等领域以及经济和政治角色的互动模式的适应。德国的环境议题已经摆脱了初级阶段"为什么"的争论，如唤醒公众意识或环境关切的合法性等，而进入到后期"怎么样"的争论阶段，即应当如何适当而高效地与经济和社会关注相结合。环境运动面临的最大问题是如何更好地使运动得以复兴并且更进一步地走向可持续发展，环境运动开始走上政治道路，环境政治也很好地融入主流政治，规范环境运动的制度就成为环境运动的重要内容。我国学者张妮妮（2009）认为，环境运动的制度化是指环境运动中提出的口号与诉求进入政治议程，开始成为立法者讨论的主题，进而成为法律和规章的一部分。①

由于环境运动是在现存的政治体制外的一种自发性质的抗议活动，可获得社会多方面的响应，影响力大，但终究被排除在国家大政方针的决策体系和过程之外，很难发挥运动的真正作用，也即社会运动只是在自己符号斗争领域中构建自己的影响范围，而这种影响游离于社会边缘，只能在外围间接地发挥作用，无法突破至核心区。只有重新定义符号秩序，将其提升到公共议程中才能充分发挥作用。德国环境运动的成功与失败的衡量标准主要是看其能否找到公众对其观点、批判和理想的共鸣。而环境运动组织又是由大量的非正式组织和正式组织组成的团体，面临着在专业化和大众参与组织之间以及传统与非传统的行动形式之间做出抉择的问题，因此，在德国环境运动的制度化进程中，需要依赖于大众媒体的调节。借助于大众媒体，以现有的制度结构、权力、利益以及网络为突破口，对现有的制度、权力结构、利益分配进行解构和重构，用新的方法和思路解决德国的环境运动困境问题。

德国环境运动的制度化进程在组织层次上主要体现为德国的社会运动参与了资源动员，试图产生制度性影响，并努力形成新的联盟，扩大参与机会和改善决策过程。而制度化由八个指标体系测量：付薪职员、具有特殊教师培训的成员、自有办公场所、法律地位、税收豁免、正式等级制、正式亚团体和团体成员间的劳动分工，德国的环境运动组织已经具备了这八个指标，因此，德国环境运动步入制度化。

德国绿党参与政治首先是从地方和基层层面开始的。1977 年，绿党的前身之一"反对核能选民团体"就在地方中获得了议席。随后，其他绿色组织在一些州的地方议会中也获得了一些议席，逐渐参与地方政治。1979 年 10 月，同为绿色组织的"不来梅绿色名单"在不来梅州议会选举中一举获得 5.1%的选票，成为德国历史上首个进入州议会的绿色组织，实现了零的突破，具有巨大的历史意义。随后，其他绿色组织在其他州的议会选举中也纷纷取得成功，据统计，20 世纪 80 年代中期以来，在 11 个州议会选举中，绿

---

① 张妮妮：《运动和制度在建设生态文明中的作用——以德国为例》，《马克思主义与现实》2009 年第 2 期。

生态文化建设的社会机制研究

党组织在 8 个州获得席位，170 多人当选州议会议员。同时，这一时期绿党还与其他政党组建联合政府，正式进入联合执政时期。1996 年，绿党在萨克森等四个州实现了与其他政党联合执政。虽然在此期间绿党也遭受了一些挫折和失败，但总体上来说，绿党在政治上取得了很大的进展和成功，这一时期绿党成为德国政治中一支不可忽视的力量成为人们的共识。

绿党和其他绿色组织在地方议会和政府中取得了巨大的成功，极大地鼓舞了它进一步在联邦议会和政府层面的政治参与。1983 年的联邦议会选举中，德国的绿党以 5.6% 的支持率获得联邦议会中的 27 个席位，这一前所未有的支持率使绿党成为德国第四大政党，具有历史性意义，标志着德国绿党在全国政坛上已占有一席之地。接着，在 1988 年的联邦议会选举中，德国绿党再接再厉，更进一步取得了 8.3% 的选票，进一步巩固了它在德国政坛的重要地位，经受住了时间和选民的考验。此后，受限于国内外各种形势，两德统一后的首次联邦选举，德国绿党未能赢得超过 5% 的选票，失去进入联邦议会的机会。为了进一步团结绿党组织力量，吸取失败经验，德国绿党与同时为绿色组织的东部联盟 90 进行联盟合并，成立一个新的德国绿党即"联盟 90/绿党"，壮大了绿党的力量。随后在 1994 年的联邦议会选举中一举获得 7.3% 的选票和 49 个议席，再次进入联邦议会，并成为德国第三大政党。这一时期，作为第一党的联盟党和第二党的社民党一改之前的态度，逐步认识到绿党在政治中的重要作用，将绿党作为自身执政联盟的重要伙伴。1998 年在德国第十四届联邦议会选举中，德国绿党获得 47 个席位并首次与社民党组阁，建立联合政府，成立德国历史上首个红—绿政府。2002 年，德国绿党获得有史以来最多的 55 个席位，继续与社民党联合执政。此后，德国绿党在历届联邦议会选举中均有超过 5% 的选票，成为德国政坛中一支稳定的政治力量，如在 2005 年获得 8.1% 的选票，2009 年为 10.3%，2013 年为 8.5%，2017 年为 8.9%。绿党成功参与政治，特别是在联邦议会和组阁上所取得的重大成功，标志着德国绿党开始从环境政治运动发展到一种新的运动政治的制度化。而绿党成为德国联邦政府的执政党之一，也意味着绿党成为德国政坛中重要的一个政党，对德国政治能够产生比较重要影响的政党，能够引导德国的政治，将自身的政治主张付诸政治实践，成为国家的政策和意志。

• 252 •

（二）绿党执政下绿色制度建设的全面推进

1. 绿党

德国社会运动首先发端于体制外的自发的一种抗议性活动，并没有统一的组织，各种运动依据自身具体的目标，缺乏统一性，与绿党比较密切的有公民创议运动、生态运动、反战和平运动和妇女运动四个主要类型。随着运动的不断发展，这些团体组织逐渐意识到，要想使自身的主张和理念成为政府政策并得以贯彻实施，唯有联合起来成为一支政治力量，参与到政治中去。1980 年绿党正式成立，并宣布自己的政治纲领，这宣告着一支有别于传统政党的新型政党正式登上德国政治舞台。绿党并不是直接地、简单地从环境运动中成长起来的，更多地被认为是一个更广泛的环境运动的一部分。绿党得以在政党中占有一席之地更多要归因于环境运动的现实力量和大众影响，而不仅是绿党边缘化的选举成效。随着绿党的不断壮大与发展，绿党已成为生态运动中的主导型组织。

2. 绿党的绿色制度主张

20 世纪 80 年代以来，绿党在地方及联邦议会选举中获得成功，使绿党成为德国的重要政党之一，在国家政治生活中发挥着重要的作用。随后，在绿党及其政治纲领的影响下，德国政府制定了一系列关于生态环境保护的法律和制度，出台了许多与环境有关的政策，使这一时期德国在环境和生态立法工作中实现了巨大的突破和发展。

生态学是德国绿党的理论核心，其大部分的政治主张都是建立在生态理论基础上的。德国绿党的首要人物格里巴赫教授认为，生态学是绿色政治学的理论基础，并于其经典著作《绿色政治哲学》一书中对绿色政治学的理论来源予以论述。德国绿党的中心任务就是"依托绿色政治物质力量来改造现存的一切政治、经济和社会制度"。

绿党的绿色制度主张主要有以下几点：

第一，在德国树立可持续发展的价值观和发展目标。绿党将可持续发展作为立党之本，认为生态优于一切。随着绿党在德国政治舞台上的不断出现，它所提倡的可持续发展的目标逐渐受到其他党派的认可和接纳，并将之贯彻在政府政策和施政理念中。德国社会民主党主席拉封丹曾说道："毫无疑问，绿党也改变了其他党派的工作计划……有关生态的思想在所有的党派中赢得了越来越多的追随者。"① 此外，德国社民党还在新的党的纲领中提出，保护自然生态是所有政治领域必须履行的义务，要与其他国家一道，共同建立新的环境保护标准。1998 年，实现联合执政的绿党和社会民主党在共同发表的《联合声明》中强调，要把"社会市场经济"学说发展为"生态社会市场经济"。② 在经济领域中，德国政府按照绿党提倡的生态优于一切的原则，采取了各种措施来优化经济发展、实现可持续发展。如制定严格的产业发展规划，停止或缩减破坏生态环境的各种工程项目的财政拨款，重点支持节能、再生能源等科研项目的资金支持和扶持力度，取消对各种高污染、高耗能企业的补贴力度，减少或限制不合理、破坏生态环境的各种生产和消费。2002 年，德国政府制定了国家可持续发展战略计划，提出了 4 个目标和 21 个具体的指标。可见，将可持续发展作为发展理念和目标正深入人心，成为德国全国上下的一致共识。

第二，实现环境立法。绿党强调生态优于一切的理念，实现在政治上的突破后，尤其是进入联邦议会和联合组阁执政后，绿党逐步将自身的理念付诸实践，并上升到国家环境立法和政策制定中。1994 年，德国基本法规定，"基于对未来人们的负责，国家将在符合宪法的范围内通过立法、行政和司法机构制定的一系列法律法规和制度，以保护人们生存的自然基础"。1974 年，德国政府成立环保局，1978 年，德国政府在部分商品中标注"连天环保天使"，以此提高消费者的环保意识。此后，德国政府陆续出台各种保护环境的法令，如《废弃物限制处理法》《商品包装条例》《循环经济法》《可再生能源法》等。值得一提的是，德国政府为了实现生态的保护和绿色经济，1999 年实施了《生态税改革实施法》，从法律层面制定征收生态税，通过征收生态税来调节经济结构的转型和优化，使环境生态有了法律依据，这种生态税包括资源税、能源税、污染税等。此外，德国联邦和地方还在其他法律法规中规

① ［德］奥斯卡·拉封丹：《心在左边跳动》，周惠译，社会科学文献出版社 2001 年版。
② 刘立群：《德国产业结构变动的绿色化趋势》，《德国研究》1999 年第 3 期。

定了其他有关生态的税种，其中比较典型的是机动车税和包装税。概括起来，德国环境立法有以下三个特点：一是较早实现环保立法，前瞻性强。在德国环境社会运动和绿党主张的影响下，德国较早地实现环境立法，比其他国家提早5~10年。二是立法体系最健全、最完备，范围广阔，在德国有关环境生态的法律共有8000多部，规定了方方面面。三是理念先进，较早地运用经济杠杆的作用调节与环保的关系，提出了循环经济、可再生资源等重要概念。

第三，进行生态补偿。在工业文明的影响下，德国环境污染一度严重、面临生态危机。为了实现生态优先和绿色经济，德国建立生态补偿机制，而这种生态补偿机制的最大特点是资金到位、核算公平。通过这样的机制，使资金实现横向转移支付，促进了地区的均衡发展。

德国绿党通过自己在议会中的影响力，使德国政坛呈现一番"绿化"景象。生态主义理念、可持续发展理念越来越影响到德国政府各项政策的制定和实施，如何使经济社会的发展与生态环境的保护相协调、使二者和谐发展成为德国政府施政的目标和考量因素之一。德国政府高度重视环境保护，其在净化空气方面的努力成为欧洲各国学习的榜样，从而也进一步推动了欧盟其他国家的环境保护建设进程，德国政府在20世纪90年代已经成为世界各国政府环境保护的先锋。

德国政府和社会公众在生态文化建设方面的努力，使德国政治的绿色色彩最为浓厚，在实现绿色行政方面走在世界前列。可以说，德国的生态文化建设在运动和制度的双重推动下，在社会运动和绿党的双重努力下得到了迅速发展。

（三）德国环境运动的制度化与草根运动

德国的环境运动始终方兴未艾，也被世界公认为是成功的。与其他社会运动不同的是，它具有制度化的特点，正是这一特点，使德国环境运动有了政治保证。德国的环境运动在不到10年的时间内，使环境问题迅速进入国家政策议程之中，并使它的政治组织——绿党很快在政治上实现了突破，纷纷在地方议会和联邦议会中占据重要席位，甚至成为执政党。可以说，环境运动为制度化的生态文化建设提供了最初的基本动力，而制度化的政治运动又为这种环境运动提供了政治保证，使之更受重视，更易进入立法和政策议题之中。但运动一般是趋向于打破平衡，若没有制度保证，就只能与其他社会运动一样，流于风潮；而制度趋向于稳定和保守，若没有环境运动的推动，则会趋于保守。

可持续发展的概念虽然在 20 世纪 90 年代初还只是在专家领域中讨论，但到 20 世纪 90 年代中期，公众对可持续发展却给予了高度关注。而生态与经济、社会是可持续发展中同等重要的方面。这就意味着环境议题也需考虑可持续，为此，环境运动也要以可持续运动为目标，才能得到社会公众的认同，也才能保证其自身的合法性。而可持续发展的注意力是在社会和制度实践方面，认为发展新的"可持续"生活方式和解决问题需采取新制度模式。因此，德国环境运动的前景依赖于它是否能够在公众领域和不同的制度领域展示具有说服力的可持续发展概念。一项战略只有通过政治对话、圆桌会议或新形式的参与性计划的合作，才能实现这一目标。

值得一提的是，作为生态文化建设的两大推动因素或动力，草根的环境运动和制度化的环境运动发挥着各自的独特作用，并相互依存、互为补充，二者共同作用于德国生态文化建设，也是德国生态文化得以建立的有力抓手。因此，德国环境运动的成功之诀就在于它把制度化和非制度化结合起来，从而推动了环境运动的进行，进而形成了自身的生态文化。

迪特·鲁赫特和约琛·卢斯在《处于十字路口的德国环境运动》中引用了有关 1970～1994 年德国的环境与反核能动员情况的数字资料。图 7-1 显示了 1970～1994 年抗议事件与参与者数量的比例关系。

从图 7-1 来看，代表抗议事件数量的曲线与参加者数量的曲线大致平行。迪特·鲁赫特和约琛·卢斯的分析和结论是："环境和反核能动员在 70 年代初参与并不踊跃，80 年代初迅速增长并在整个 80 年代达到了峰值，尤其是 1986 年，缘于对切尔诺贝利核事故的回应以及围绕在巴伐利亚的瓦克多夫建设核处理厂的冲突。之后 10 年，即 90 年代初开始，出现了有着温和水平增加的抗议事件和较大规模的参加者数量。我们假设，德国统一和由此导致的经济与社会难题的主导地位是 1989～1992 年环境抗议较为平淡的主要因素。我们最近的关于 1995～1997 年中期的资料表明，环境和反核抗议再次在

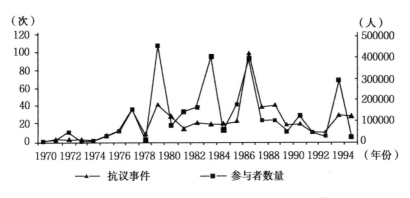

图7-1　1970～1994年德国的环境与反核能动员情况

日程上变得十分瞩目。它们不支持关于环境行动主义正在下降的广泛看法。"[①]

(四) 对中国生态文化建设的启示

1. 中国环境运动与制度

(1) 中国环境运动的三种形式。中国的环境运动开始于20世纪90年代，其运动形式主要有三种。一是民间组织发起的环境运动，由梁从诫等发起成立的"自然之友"成为中国最终成立的民间环保组织之一，随后，一大批非官方的环保组织相继成立。这类民间环保组织大多是由社会上的精英人士所组织起来的。他们基于自身对环境问题的理性认识，并以公众的利益和意愿为基础，通过各种合法手段和途径，发动社会上的各种社会力量，共同关注环境问题，并提出一些解决环境问题的可行性方法。二是知识分子发起的环境运动。最典型的例子就是厦门的PX项目。在厦门的PX项目中，知识分子在推动公众参与环境保护方面起着至关重要的作用。在这个例子中，民间的环保运动象征着其成为中国不容忽视的社会力量。三是由政府发动的环境运动。2005年，30多家大型企业未经环保审批私自违法开工，引起社会公众的强烈关注，在社会公众的呼吁下，国家环境保护总局为了维护《中华人民共和国环境影响评价法》的严肃性，于2005年11月出台了《推动公众参与环

[①] ［德］迪特·鲁赫特、约琛·卢斯：《处于十字路口的德国环境运动》，载［英］克里斯托弗·卢茨：《西方环境运动：地方、国家和全球向度》，山东大学出版社2012年版。

境影响评价办法》，该行政规章将具有环境污染、环境破坏等建设项目引入公众参与评价机制，将公众参与环评制度化、规范化，为公众参与环评提供了更具有操作性的制度基础。将公众参与引进环评机制之中是我国生态文明建设过程中的一大突破，使公众对环境污染、环境破坏等行为的监督有实质性的进展。

（2）运动和制度在中国和德国生态文化建设中的作用比较。鉴于中西方的国情不同，运动和制度在中国和德国的生态文化建设中所发挥的作用也不一样。中国民间组织所发起的环境运动与西方意义上的环境运动相比还存在相当大的差异。这些差异主要体现在以下方面：

首先，生态文化建设的路径和基础不同。中国生态文化建设的路径是中国政府根据工业发展过程中出现的环境污染问题而做出的发展理念上的调整，其发动的形式基本都是"自上而下"的，与此相呼应，环境制度的建设在中国的路径也是"自上而下"的。虽然在中国也兴起了一批民间的环保组织，但这些民间组织始终无法成为社会的主导力量，它们大多是在正式组织的夹缝中生存发展壮大的。因此，它们对中国环保工作的影响力远远不如德国的民间环保组织。在德国，生态现代化和绿色制度是民间公众所组成的环保组织对德国政府的诉求，而绿党在议会中成为执政党就标志着德国民间环保组织在德国生态文化建设过程中的路径是"自下而上"的。德国环境运动的兴起都是基于地方政府和公众的推动。这些民间环保组织的环境运动是打破德国政府环境政策保守的重要源泉，而在中国，由公众所推动的环保工作的影响力还不大。在环保问题上，往往是中央和政府的决心大于地方，而公众对环保的意识和热情较淡。中国生态文化大多是来自上级政府的决策。

其次，绿色制度建设的基础不同。在中国，绿色制度建设基本是在中央统一领导下的公众参与，而这个公众的参与面是不宽的，中国中产阶级的力量还不够强大，环保事业的社会基础还不够明朗。而在德国，环保制度的建设是以庞大的中产阶级为社会基础的。在德国的环境运动和绿色制度建设过程中，中产阶级是其主体和社会基础。在西方国家，中产阶级一般是年轻的、具备较高知识水平、有稳定收入的群体，因此，他们在满足自己生存的状态下去关心国家的环保事业。而正因为他们所处的年代的特殊性，导致他们对政治的关注点不再是如何更好地去发展经济，而是衡量经济发展的收益和代价的关系，更关心非经济问题如环保问题、妇女问题、种族问题等。德国的绿党通过自身的影响力在德国的政坛上表达自己的利益诉求。相比之下，中国的社会结构仍然是洋葱形，中产阶级的数量还比较少，而底层老百姓则面临着生存问题，因此，中央的方针、政策大多是中央根据社会情况而提出的，而不像德国通过中产阶级对政府的诉求而让政府听到社会的声音，从而制定出符合国情的政策方针。

2. 对中国生态文化建设的启示

中国和德国根据本国的国情和特点各自提出了新的发展理念，德国提出了"生态现代化"，而中国则提出了"生态文明建设"。与德国相比，中国在生态治理上面临着更多的挑战。通过以上对德国运动和制度对生态文化建设的作用分析，得出一些启示：

第一，要以生态文明促进经济发展。当前我国要告别高污染、高能耗、高成本的发展模式，以生态保护促进经济结构调整和转型，实现生态文明与经济发展相协调。德国正是在生态优先、可持续发展理念指导下，实现了绿色经济。因此，我国要立足本国国情和新时代的新特征，做好经济结构转型，加快转变经济发展方式，实现生态经济和绿色经济。遵循自然规律，完善经济社会发展考核评价体系，树立起"绿水青山就是金山银山""保护生态环境就是保护生产力"的理念。

第二，中国需要培育一个政府、企业和公民社会共同参与的治理网络。在德国的生态文化建设过程中，公民和企业在生态建设中发挥着重要作用。德国的环境运动大多是公众发起的，而在中国，政府主导了绝大多数的社会事务，包括生态建设。随着"服务型政府""以人为本"等理念的贯彻，中国社会正逐渐从"政府权力"主导的社会向"公民权利"主导的社会转变。民众的权利意识日益觉醒，参政议政的意愿不断得到加强，面对日益加剧的生态危机，越来越多的民众积极参与环保建设。在参与环境事业的过程中，公众意识到单靠个人的力量很难达到预期的影响力，因而他们往往自发组成组织，这些民间组织主要是解决"政府失灵"和"市场失灵"，通过这些组织的影响力，在中国逐渐建立起一个公民社会，通过公众的影响力完善环保事业的建设。

第三，建立完善的公众信息公开制度。单纯重视公众环保意识的培育是不够的，政府还需畅通公众参与公共事务的渠道。在中国，生态文化建设之所以民众参与度低，关键原因就在于公众参与公共事务的渠道不畅。正如厦门的PX项目，为何最初是少数知识分子发起的，而不是由公众发动的？正是因为公众无法通过正常渠道获取有关PX的相关项目。正是由于政府与公众之间的信息不对称、不充分、不及时，才使公众不清楚重大的环境问题具体情况，令公众参与意识和积极性下降。除了要建立公民社会，更重要的是要完善政府信息公开制度，随着"电子政务"的推行，公众对环保事务的参与有了更方便的渠道，但还远远不够，要想使中国的环保建设得以与德国等西方国家相媲美，还需要建立一套政府信息公开制度。

第四，中国应采取"边发展边治理"的生态治理模式，摒弃德国等西方国家"先污染后治理"的模式。这是因为，中国的经济发展水平本身还处在不高的阶段，同时还需投入更多的财力、物力和人力去保护经济和修复生态。因此，中国在现代化建设过程中，要摒弃工业化国家的"先污染后治理"的模式。中国应在"五位一体"总体布局的指导下，促进和发展生态文明，平衡好经济发展和生态治理的关系，走"边发展边治理"的道路，这样才能保证社会的可持续发展，也才能为全面建成小康社会和实现"中国梦"提供一个良好的生态环境、社会环境，生态文化才能实现。

第五，加强生态环境立法。法律具有强制性和普遍性的特征，任何人都要遵守。在全面推行依法治国的时代背景下，要想守护蓝天绿水青山，形成良好的生态文化，有赖于生态环境的立法，做到立法先行、实现保驾护航。德国生态文化的形成，很大程度上是由于制定了完备健全的法律法规体系，发挥了法律在推进生态文化中的积极作用。当前，我国生态环境立法还存在意识理念落后、体系零散、缺乏可操作性、主体责任不明确、公众参与制度缺乏等问题。因此，加强生态环境立法，明确规定各主体之间的权责，与时俱进，修订不符合当前的法律法规条款，使法律发挥守护蓝天绿水青山的独特作用。

三、人文关怀：公民素质的培养在澳大利亚生态建设中的作用

澳大利亚是目前世界上生态环境保护较好的国家之一。澳大利亚在全球环境恶化时，仍呈现给人们蓝天白云、青山碧水、鸟语花香的良好生态环境，这主要源自澳大利亚各级政府发挥政府的主导作用，制定严格完备的环保法规法律体系，注重公民和社会的共同参与等，不断提高公民的环保意识和素质，在全社会中营造良好的绿色环保和生态氛围。

（一）澳大利亚生态文化建设的特点

澳大利亚以生态环境良好闻名于世，客观上，是由于人口较少，国土面积较大，环境污染较少，环境容量较大。而主观来说，政府发挥主导作用，而市场、非政府组织和公民也各自发挥自身的优势和作用，使生态文化建设的主体呈现多元化的特点。

1. 政府主导

政府发挥主导作用，是澳大利亚在生态文化建设上取得成功的重要保证，可以说政府的作用是功不可没的。澳大利亚是世界上最早设立环保部门的国家之一，环保警察占据环保部门公职人员的一半以上，联邦政府用于环境和生态保护的财政预算占 GDP 的 1.6％，占财政预算的 10％以上，而州一级的则占到 20％以上。澳大利亚政府把生态环境的保护纳入国家的战略之中，突出了生态环保在国家各项公共事务中的突出地位。各级政府高度重视生态文化建设，政府的绩效考核也把环境保护纳入考核标准中。目前，澳大利亚政府有三个层次的环保机构，分别是联邦政府，其职能是在维护国家利益的基础上负责签订国际环保公约、国内环保法制定、跨州环保事务协调、环保科学技术的研究及推广等；州政府主要负责生态环境建设和保护、环保法律法规的制定和实施以及环境标准的制定和监督执行；而地方政府是在州政府的环保计划框架下，落实和制定本地区的环保规划。同时，各级政府也通力合作，加强沟通协调，通过强化措施来共同维护生态环境。

2. 依法治理

澳大利亚各级政府十分重视法律在推动生态环境保护方面的重要作用，

它是世界上最早进行环境立法的国家之一，理念先进，法律健全完备，涉及领域广泛，既有综合立法，也有专项立法，既有联邦层面具有指导意义的法律，也有州一级和地方以及众多的法律法规。据统计，联邦层面的法律有50多部，行政法规有20多部；各州相关的法律法规有100多部，体系完善的法律法规体系为生态环境保护、生态文化的形成提供了法律支撑。为了使各项法律法规能够严格得到执行，澳大利亚各州均组建"环保警察"（SEEP），赋予其较强的权威和法律地位，无论政府、个人还是企业，只要违背相关法律法规，均要受到严厉惩罚。因此，在澳大利亚很少有关于食品安全问题的报道，因为法律法规规定很严，相关食品生产企业如触犯法律，轻者关门停业，并终身禁止从事本职业，重者要承担刑事责任。澳大利亚环保立法的一个重要特点是以防为主，法律法规规定十分详细，具有很强的操作性。

3. 全民参与、综合协调

全民参与、综合协调是澳大利亚生态文化建设的重要成功经验。澳大利亚政府意识到，单纯依靠政府和法律的力量无法从根本上做好生态环境保护工作，应该让全社会一起参与进来，才能形成多方合力、多元参与的良好局面，收到更好的效果。因此，澳大利亚政府十分重视公民的积极参与，通过培养和提高公民的环保意识、加强环保素质教育来促进公民对生态环保的关注，进而促进本国生态文化的建设。同时，积极鼓励企业也投入环保事业中，在税收、信贷和政策等方面予以优惠和倾斜，吸引更多的企业投入环保事业，使其有动力和积极性参与生态环保事业，通过市场的力量和规律更好地促进生态环保。除了发动企业和公民参与环保建设，澳大利亚还倡导社会团体、社会中介组织参与环保工作，真正形成全民参与的良好局面。同时，公众还积极参与环境法律的制定，政府在法律法规的制定方面公开向全社会招标，只要符合条件的个体和单位，都可以参加招标，中标者负责法律法规的制定，政府将这些草案通过公开的方式向社会公示、征求意见，使法律法规的制定更透明、更合理，也通过公众参与法律的制定，提高公众参与环保事业的积极性，可以进一步增强公民遵法守法的自觉性。同时，政府通过学校教育、家庭教育、社会教育等多种手段提高公民的环保意识，使公民在各种场合都能接受到教育，做到从我做起、从细节小事做起，以实际行动参与环保事业，从而构建了鲜明的生态文化。

多元参与的特征决定了政府需要综合协调各方利益，因此建立了综合协调机制。在澳大利亚，联邦政府、州政府、地方政府均有多个涉及环保的政府部门，为了保证政府部门之间的相互合作及其效率，澳方通过法律法规来规范彼此之间的权责，同时还建立起跨部门机构来协调彼此间的利益冲突和矛盾，以此保证环保工作的顺利开展。引入市场机制和企业参与环保事业，发挥第三部门和社会中介在其中的积极作用。总而言之，澳大利亚各级政府除了发挥自身的主导作用外，通过经济、法律等各种手段，使市场、公民和第三部门充分发挥自身的优势，综合协调相互关系，以此达到多元参与的最大合力，构建了一个充满生机活力、各司其职的参与机制。

（二）澳大利亚生态建设中公民素质与生态环境的互动关系

在全球生态恶化时，澳大利亚能保持相对良好的生态环境，除了政府、企业、其他社会团体、社会中介组织的积极推动，更大程度上是由于澳大利亚人拥有相当高水平的生态文明素质。在一定程度上，生态危机的实质是人性危机，是人的生态文明素质的危机。

1. 公民生态意识与生活质量的提高

澳大利亚人之所以具有较高水平的生态文明素质，与其生活质量有关。公众生态意识的形成源于他们对提高自身生活质量的要求，来自他们的生活体验。人们的生活质量主要分为四个阶段：脱贫阶段、温饱阶段、小康阶段和富裕阶段。根据马斯洛需求层次理论，如果一个社会处在基本物质生活还未满足或者刚刚满足的阶段，环境保护的问题同疾病相比将退居其次，为了摆脱贫困，人们可以以牺牲环境为代价来满足自己的基本生活需求，穷人也就更乐意接受污染，与生活相比，污染就显得微不足道。贫困会导致公众漠视环境保护，缺乏保护环境的热情。而一个国家处在贫困的状态，往往也伴随着公众的文化素质不高。而公民整体素质不高往往是由于受教育程度不高造成的，他们缺乏科学文化素养，法治意识淡薄，文化程度不高。当今许多欠发达国家所屡屡发生的破坏生态环境的行为，就是由于经济的不发达、文化素质不高所造成的。而如果公民是贫困和愚昧的海洋，那么对环境的破坏将时时发生，这时任何道德的说教和法律的强制都是徒劳的。而如果公众的生活达到小康阶段和富裕阶段，为了能有更好的生存环境，就会下意识去关注如何营造一个良好的生存环境。因此，生活质量的提高是公民生态意识形成的前提条件。较高的经济发展水平以及由此带来的较高的公众生活水平是公众认同环境治理的前提。澳大利亚人的生活水平是较高的，为了追求更高质量的生活，公众自然而然就会进一步去关注大自然。

2. 生态文明素质与生态环境的互动

高质量的生活水平会让公众自觉养成生态意识，但这并不代表良好的环保意识是随着高质量的生活水平而自发生成的，更不代表低质量的生活水平必然导致生态文化素质低下。生态文明素质和意识的提高主要是靠宣传教育。澳大利亚人具有较高的生态文明素质，是因为澳大利亚不仅重视制定系统、全面、完备的生态环保法律法规体系，而且政府也十分重视宣传和教育，通过各种手段、各种力量使环保宣传无处不在，使民众了解环保，接受环保理念，进而形成浓厚的环保氛围。

具体而言，澳大利亚环境法律实行分权管理，分为联邦和州两个层面，联邦和州都有自己的环境法规。一般联邦政府只负责制定有限范围内的环境保护法规，而州负责各种环境保护的具体工作。澳大利亚环境法的最大特点是"防患于未然"，以预防为主，许多都是有关预防措施的条例，主要将着眼点放在事前的防范和控制上，避免了先污染再惩罚的行为发生，因此，有关事后惩罚的条款反而较少。此外，还非常重视和强调协调，协调联邦政府、州政府和地方政府之间的环保职能。正是因为其完善的法律法规，在加大宣传教育的条件下，自然而然就能提高民众的生态文明素质。

澳大利亚从上至下十分重视环保教育，通过各种手段开展全面环保意识和素质教育，使公众能够意识到生态环境的保护关乎自身的切身利益，关乎国家和民族的发展和未来，进而使他们能够自觉行动起来，践行绿色环保。澳大利亚的环保教育主要有：一是加强环保意识的教育和宣传。环保意识的教育注重从小孩抓起，从小学到大学都设有有关环保的课程，使他们从小潜移默化地形成环保意识，自觉行动起来。二是注重从小事做起、从我做起，使公民在实际中真切体会到环保的重要意义，例如，澳大利亚联邦政府通过向民众免费提供《如何减少能源消耗和废气排放》的小册子，作为宣传教育载体，向民众介绍如何合理配置家电以节约用电、如何有效利用太阳能、如何处理生活垃圾、如何出行等基本的环保常识。联邦政府以民众普遍能接受且力所能及的方式开展环保教育，卓有成效。三是大力推行社区环保行为，发挥社区在提高公民环保意识中的重要作用。例如，向社区民众免费发放可循环利用的垃圾分装袋，引导社区民众将各种生活垃圾以及各种其他废气物品按不同类别分别送到指定的地点，90%以上的家庭自觉参与，垃圾回收率很高，立足社区推行的环保行动非常成功。

　　正是在良好的环保宣传和教育下，澳大利亚公民从小就养成了良好的环保和生态意识，比如，澳大利亚地大物博，有着丰富的森林资源，但这并不意味着可以乱砍滥伐，相反政府规定只有枯死的树木才能做燃料，公众在良好的环保意识教育下能严格遵循规定。澳大利亚人喜欢宠物，但是他们在养宠物的同时也很注重环境保护，在人行道边专门设有收集宠物排泄物的垃圾箱与塑料袋，便于及时清理粪便，使街道不受污染，更为干净清洁。再如，澳大利亚规定只有死亡的动物才能作为博物馆的标本。

　　综上所述，澳大利亚的良好生态环境的保持不仅是由于其环境法的完善，更是由于澳大利亚人已经自觉养成保护环境意识，即澳大利亚人具备较高的生态文明素质。

（三）对我国生态文化建设的启示

　　公民素质的培养在澳大利亚生态建设中的成功经验值得我们学习。环保事业是一项长期系统工程，不仅需要政府的重视，更多的是要靠公众的自觉意识。政府官员生态文明素质不高，就不会加强环境立法，更不会严格执行有关环境的法律法规。同样，公民的生态文化素质不高，那么环保事业也无法被重视起来。为此，在我国当前严峻的生态环境危机的背景下，借鉴和吸收澳大利亚的做法，特别是关注公民生态素质的养成在生态文化建设中的积极作用，显得尤为重要。

1. 以公民意识教育推进生态文化建设

环境危机与公民个人的行为密切相关。公众如何约束自己的行为，遵守环境法律法规，维护公共利益，主要取决于公民意识。具体包含以下三个方面：

第一，强化公民的生态权利意识。环境权从主体上分，包括国家的环境权、法人的环境权和公民的环境权，其中，公民的环境权是环境权的基础。公民的环境权是指公民享有健康与良好环境的权利。生态文化的建设是建立在全体人民的思想观念和行为方式根本改变的基础上的。但当前我国由于传统观念和生活习惯等因素的影响，公众的环保参与意识仍比较薄弱。因此，在今后的生态文化建设中，要强化公民环保建设的权利意识，开展各种形式的生态环境保护的宣传教育。宣传是一种教育，而教育则具有宣传之功能。"环境保护，教育为本。"在宣传环境破坏带来危害的同时也要加大环保意识的宣传教育，将生态环保意识贯穿于家庭教育、学校教育、社会教育等国民教育的全过程，帮助公民培养正确的生态价值观和道德观，使他们充分认识到生态环保的重要意义，使他们能积极主动地投入这一过程中，形成理性的生态权利意识。

第二，强化公民的生态责任意识。权利与责任是有机统一的。生态文化建设需要公民切实承担起自己应负的社会责任。在市场经济利益的驱使下，有些人为了谋求一时的经济利益，乱砍树林、破坏环境，任意毁灭动植物。公众在遇到这种情况时，要自觉维护公共利益。进一步强化公民的生态责任意识，培养和造就一批高素质、有涵养的公众。自觉在日常生活中控制个人行为，自觉树立人与自然生态协调的消费观，为生态文化建设营造良好的发展环境。

第三，强化公民的生态监督意识。监督意识是权力制约机制的思想保障。公众要树立监督意识，对政府和企业的运作方式进行监督，减少污染，达到生态文化建设的目的。以培养公民的生态法律意识为切入点，能够依据相关的法律法规，依法对相关主体进行监督问责，勇于与各种环境污染、生态破坏等行为做斗争，运用法律武器保护公民的生态环境权利，让各种违法犯罪行为无处发生。

2. 培育公民生态德育，为生态文化建设提供支撑和依托

生态德育是从自然界和人类和谐相处的高度去审视人类存在和发展的可能性与合理性，是对公民的道德价值的诉求。生态德育需从培育生态道德情感、提高生态道德素质和规范生态道德行为入手，为生态文化建设提供支撑和依托。

第一，内生生态道德情感。强化公众对自然的情感体验，唤醒公众对自然的道德情操和道德良知。情感体验是生态德育的起点，让公众置身于大自然，从生存需要的角度去唤醒公众敬畏自然、善待生命的道德良知。主要是以生态道德情感教育（实际的例子）让公众体验到人类对大自然的破坏，但大自然的力量远比人类大，大自然会对人类进行报复。要想实现二者和谐相处，只有让人类在自然可以承受的范围内活动，才能与自然永续生存。通过此方式，让公众把已生成的道德规范化为自己的德行，自觉培养生态意识、生态能力和生态智慧。

第二，提高生态道德素质。生态素质的提高是个长期的过程，必须建立完善的生态德育体制。要在公众中加强生态道德养成教育，让其将所学的生态理论贯穿于实际的生活中，逐步成为人们的自觉行为。生态道德教育不仅是学校教育的内容，而且也应是社会教育、专业教育和职业教育、在职教育等多维交错，成为全民的终身教育。同时还可以借助媒体特别是互联网等新兴媒体等其他宣传手段，将生态文化的理念通过喜闻乐见、通俗易懂的方式传播给公民，提高公民的法律意识、道德意识和责任意识。通过多维角度提高公众的生态道德素质。

第三，规范公众的生态道德行为。生态道德行为是个人生态道德的综合反映，是生态德育的归宿。要引导公众的生态道德行为，才能使公众具备稳定倾向性的生态道德。可以通过倡导绿色消费，让公众主动购买对环境友好而又对健康无害的绿色食品；广泛开展生态道德主题的实践活动，如保护母亲河等，让公众切身体会环境保护的必要性，让其在实践中体会并逐渐养成良好的生态道德行为习惯。通过规范公众的生态道德行为也可以进一步提高公众的生态道德能力。

第四，以生态文化为努力方向。当今人类社会多主张建立生态文明，但

不同国家的发展背景不同，欧美等发达国家的生态危机是由于其工业文明的过度发展而导致的，因此，它们在解决生态危机时不是以生态文明的方式，而是试图通过生态现代化来改善工业文明的生产模式所带来的环境危机。应看到的是，发达国家的这种解决方式并没有真正解决生态危机，只是将生态污染问题转嫁到发展中国家。这很大程度上是由于西方国家没有深厚的生态文化。而我国的传统文化中蕴含着深厚的生态文化，我们在建设生态文化过程中应该扬弃国外发达国家的做法，吸收其有益部分，结合我们具体的国情，根据新时代出现的新情况、新特征、新问题，结合传统文化中蕴含的深厚生态文化，利用各种现代科学技术尤其是新媒体技术进行传播和宣传，吸收当代的自然科学知识和人文社会科学知识，构建具有中国特色的生态文化模式，为实现人与自然和谐共生提供文化支撑。

生态文化教养的形成主要是靠教育。要把生态文化教育贯穿到环保教育中，但在生态文化教育中，不仅要求公众掌握当代的自然科学和人文社会科学，更重要的是要求公众能够根据不同的生态环境，协调好民族文化和生态文化，把生态文化教育建立在科学知识教育和本民族生态文化融合的基础上，从而不仅使公民的生态文化呈现现代化的特质，而且还能吸收国外有益的生态文化，即既有国际味道，又具有中国特色，蕴含传统韵味。

四、体验环保：日本发展循环经济之路对中国的启示

从世界来看，日本在发展循环经济方面走在了世界的前列，取得了巨大的成功，根据本国国情采取一系列措施，形成了自己独特的生态文化之路。无独有偶，在发展经济过程中，我国同样存在环境污染、环境破坏等问题，这对推进生态文明建设形成巨大阻力，也是全面建成小康社会需要完成的一个重大课题。在加强生态文化建设的今天，学习和借鉴日本在发展循环经济方面的做法就显得尤为重要。

1966 年，美国人波尔丁提出了"用循环使用各种资源的循环式经济代替过去的单程式经济"观点，被认为是最早关于循环经济理论的观点。循环经济强调 3R 原则，即减量化（Reducing）、再使用（Reusing）、再循环（Recycling），同时这三个过程缺一不可，每个过程都是实现循环经济的重要环节。

中国环保之父曲格平认为，所谓循环经济就是"以资源的高效利用和循环利用为目的，以'减量化、资源化、再利用和无害化'为原则，以物质闭路循环和能量梯次使用为特征，按照自然生态系统物质循环和能量流动方式运行的经济模式"。①

（一）日本发展循环经济的背景及其成功经验

1. 日本建立循环经济的背景

"二战"结束后，作为战败国的日本经济受到重创，国家百废待兴，日本当局为缩短与发达国家的差距，弥补战争所带来的损害，大力发展经济，采取"生产优先"的发展方针，奉行"增长第一主义"的发展战略，大力发展重工业，在这种指导思想和战略方针指引下，日本经济得到飞速发展。但过分发展重工业的代价就是生态环境遭到严重破坏，造成巨大的资源消耗，形成严重的生态环境危机。而日本作为岛国，人口数量大，本身就面临资源缺乏和能源短缺的问题。一味强调发展经济特别是重工业，导致大量的污染物没有经过处理而直接丢弃和排放，造成严重的污染。在发展重工业时期，闻名于世的四大环境公害事件使日本政府和民众对经济发展模式进行反思，并开始重视由于经济发展而引发生态破坏这一问题。资源匮乏、能源紧缺和环境问题成为日本经济发展的瓶颈。日本为了追求经济的进一步发展，就需寻找新的经济发展模式。因此，从这一方面看，循环经济是日本经济发展的内部要求。

2. 日本循环经济发展的成功经验

（1）明确的战略定位——循环型社会。日本国土面积小、生态资源少、人口密度大，加之早期的工业发展废弃物排放量大，环境污染问题频发，基于此国情，日本政府提出了"循环型社会"的发展战略，以此推动社会物质流的循环再利用。与循环经济大不相同的是，日本的"循环型社会"是一种"资源循环型社会"，立足于社会整体层面，以构建物质流循环结构为目标。为推动"资源循环型社会"发展战略的实施，日本加强循环型社会的顶层设

---

① 曲格平：《发展循环经济是 21 世纪的大趋势》，《中国环保产业》2001 年第 1 期。

计，于 1993 年制定了基本环境计划，并于该计划中首次明确定义"循环"这一概念，于 1996 年的中央环境审议会废弃物分会上提出了"循环型社会"的构想，为社会物质流的循环再利用制定了详细蓝图。1997 年，日本经济产业省发表了《构筑循环型经济体系》报告，并于报告中明确提出建立物质循环型社会，为循环型社会的推进制定了发展战略和实施计划。2000 年，日本政府将构建"循环型社会"的战略计划以立法的形式确定下来，制定了一系列法律规范，如《推进循环形成基本法》《废弃物处理法》《资源有效利用促进法》等法律规范，将循环型社会的构建制度化、法律化，确保战略计划的推进有法可依、依法推行。在发展循环经济之初，日本提出了"循环型社会"的战略定位并一以贯之，循环型社会的构建理念建立在对以"大量生产、消费、废弃"换取经济发展的辩证性否定和反思的基础上，旨在追求经济发展方式和民众生活方式的变革、环境资源的循环利用、产品生产生态化以及环境负荷最小化。为确保循环型社会的战略计划得以有序开展，长期奏效，日本政府推行"千年计划"，该计划的制定以日本的社会发展现状为现实基础，为制定发展循环经济的举措提供政策导向。

（2）独特的运行机制——官、产、学、民一体化。从日本发展循环经济并取得巨大成功的经验来看，政府在其中发挥了重要作用。日本的循环经济发展是在政府前瞻性和科学性的决策前提下，由政府牵头，明确各部门在发展循环经济过程中的定位、分工、责任和义务，并协调好与其他相关部门的关系。

此外，日本各级政府在循环经济的发展过程中发挥主导作用，是具体的实施者和推动者，主要是制定法律法规框架、规定有关主体权责、通过各种措施发动各主体积极参与，而且政府也作为消费者参与，起到表率和带头作用。比如，日本政府在 2003 年颁布了《促进循环型社会形成基本计划》，于计划中对如何构建循环型社会以及所要实现的总目标加以具体化，对政府、企业以及个人应当承担的义务予以明确。值得一提的是，在政府机构中，环境省在循环型社会建设中发挥了不可替代的作用，主要负责制定促进创建循环型社会的基本计划，设立三项循环型社会考核指标，制定有关法律，构建协调的运行机制①。

企业是发展循环经济的践行者，是加快循环经济建设的重要力量，其产生的作用举足轻重。日本企业对于推进循环经济建设的贡献体现如下：其一，日本企业自觉承担更多的环境责任，利用集于一身的人、财、物优势，参与循环经济建设，努力创造资源节约型、环境友好型以及效益最高型的共赢成果。其二，对于企业产品，尤其是工业产品，日本企业在产品设计、研发和制造过程中，引入生态理念，即于产品开发和制作过程中，不仅追求产品制作的整个过程要尽可能减少污染物的排放和节约资源，还追求高品质、低负荷的生态产品，讲求循环利用。

大学和科研机构是循环经济的主要推动力量。发展循环经济离不开大量理论和技术的支持，而这一任务就落在了各个大学和科研机构身上。日本的许多大学和科研机构纷纷响应政府的号召，主要形式包括开展理论研究、基础研究、技术研究和人才培养，发挥了自身的独特优势，为循环经济的推行贡献了自身的力量。

全民共同参与是循环经济的内源支持。在政府的积极倡导和推行下，全民环保意识不断提高，环保理念不断深入，人们认识到环保的重要性，纷纷通过自己的实际行动为循环经济贡献力量，日本全民参与循环经济建设的主要方式不在于民众利用先进的科技产品抑或是通过立法施加更多环境保护义务于民众，从而减少环境污染量和资源消耗量。与之相反，日本民众参与循环经济建设的主要方式贯穿于日常生活之中，也是民众普遍最能接受和力所能及的，如通过垃圾的分类回收和利用、建立环境家计簿、改变出行方式、购买绿色产品等。

社会组织的积极参与是循环经济的重要补充。日本的社会组织在发展循环经济的过程中发挥至关重要的作用，一方面，社会组织可以弥补政府、企业在循环经济发展中的不足，在政府、企业和民众之中起到很好的桥梁和沟通作用；另一方面，日本的社会组织通过多种途径、多种方式开展环保活动，对环境保护和资源节约加以宣传，进一步增强政府、企业和个人的环保意识，同时也吸引更多的社会主体关注和投身于循环经济的建

---

① 李岩、刘研华：《日本循环经济发展及其经济借鉴》，《经济研究》2012 年第 2 期。

设之中，以此推动循环经济的发展，以北海道绿色基金总会为例，该组织推行绿色电费制，即入会的会员每月多缴 5% 的电费，将多缴的资金用于建立绿色能源基金。

（3）健全完备的法律法规和政策体系。健全完整的法律法规体系为循环经济发展提供法律支持和制度保障。从政府来说，要想改变传统高污染、高能耗、高浪费的发展模式，必须依靠法律作为背后支撑。因此，日本建立健全有关循环经济和环境保护的法律法规，从法律层面规定了相关主体的权利和责任，使各主体在法律范围内依法行动。可以说，日本是当今世界上有关循环经济立法最多、最丰富、最完善的国家。从法律层面上来说，分为基本法、综合性法和专项法（见表 7-1），三个层面的法律几乎涵盖了方方面面，明确划分职能部门的权责，同时对企业和个人的权利义务加以具体化，覆盖生产、使用、回收的全过程。同时，还根据实际和发展情况不断修改法律，比如《废弃物处理法》前后就经历八次修订。

有了法律法规的"保驾护航"，日本各级政府还纷纷建立较为健全的政策体系。主要分为经济政策、规制政策和奖励政策三个方面。从经济政策来说，主要是通过经济手段调整经济发展结构，促进和刺激经济朝着有利于循环经济的方向发展，比如，加大财政预算、给予税收减免优惠、征收环境税、提供环保援助资金等。在规制政策方面，加大各种违法犯罪的惩处力度，严格执法，使各主体不敢冒险。在奖励政策方面，加大各种奖励力度，对有助于环境生态保护和资源能耗、废弃物循环等方面的各种新工艺、新技术给予一定的奖励，使市场和企业更有动力发展循环经济、提高新技术的应用水平。

表 7-1 日本循环经济法律体系

法律层次	法律名称	制定时间
基本法	《环境基本法》	1993 年
	《建立循环型社会基本法》	2000 年
综合性法	《废弃物处理法》	1970 年
	《资源有效利用处理法》	1991 年

续表

法律层次	法律名称	制定时间
专项法	《容器与包装物的分类收集与循环法》	1995 年
	《特种家用机器循环法》	1998 年
	《建筑材料循环法》	2000 年
	《可循环性食品资源循环法》	2000 年
	《绿色采购法》	2000 年
	《多氯联本废弃物妥善处理特别措施法》	2001 年
	《车辆再生法》	2002 年

（二）对我国生态文化建设的启示

1. 政府和企业准确定位

发挥政府的主导地位、企业的主体地位是日本形成循环型社会的成功经验之一。从当前看，我国发展循环经济起步较晚，与发达国家相比仍然有很大的差距，在这样的背景下，更应该凸显政府在其中的特殊作用，发挥企业的应有作用，建立以"政府主导"和"企业主体""中介组织和公众"共同参与的循环经济发展主体系统。

政府主要是要发挥监督、管理、规范和引导的作用。循环经济的发展是一个系统性工程，涉及方方面面，需要政府进行缜密和系统的设计、推进。因此，政府的主导作用具体表现在：首先，提供财政支持，循环经济在发展初期需要较多资金，这就需要政府提供资金支持，在提供资金支持的同时也要发挥好政府投资对社会投资的引导作用。其次，出台税收优惠政策，通过奖励、减免等经济手段，使企业更有动力参与循环经济的推进。通过直接或者间接的经济激励，提高公众回收有用资源的积极性。再次，政府应做到赏罚分明。对积极主动参与循环经济建设的企业给予各种奖励，而对于违法的企业则给予严厉惩罚，通过发挥法律的作用做到赏罚分明，以此促进循环经济的发展。最后，政府需明确自身的职责，政府是起主导作用，是宏观调控，不是微观指导，因此政府要给企业和其他非政府组织足够的空间去发展循环经济。

　　企业是发展循环经济的践行者，其所扮演的角色以及所发挥的作用不容小觑，因此企业应当更加自觉地履行法定义务和承担保护环境的社会责任，而环境资源是企业生存和发展的核心推动力，因此企业在发展循环经济过程中应当自觉坚守"3R"原则，通过引进先进技术和设备，实施清洁生产，实现经济效益高、资源消耗少、环境污染小的多赢局面。目前，我国经济结构正处于转型和调整时期，一些企业为了追逐利润，仍然实行高污染、高能耗、高排放的粗放生产，造成各种污染和破坏。而从日本的成功经验可以看出，一方面日本政府的环保部门加强对企业生产行为的监管，另一方面日本企业也加强自身专业队伍的建设，以此促进日本企业减轻对生态环境的压力。因此，我国企业也应重视自身环保部门的职能发挥，加大研发投入和人才培养，实现技术的创新和更新换代。

　　除了政府和企业准确定位外，还需充分发挥行业协会的中介作用。当前，第三部门参与社会公共事务的范围越来越广，其重要性也越来越凸显。非政府组织能解决政府解决不了的，而企业又不想解决的问题。我国循环经济发展之路上也需重视第三部门的作用，大力培养第三部门参与环保事业，和政府、企业共同推进循环经济在我国顺利运行。

　　2. 加快循环经济立法

　　法律在循环经济发展中的独特角色是不可替代的，日本的循环经济发展之路表明建立一套法律法规体系是促进循环经济发展的有力保障。虽然我国循环经济法规体系已初步建立，但无论与发达国家相比，还是与现实需求相比，仍然有很大的提升空间。完善的法律规范体系是推动循环经济稳定持续发展的制度保障，在立法层面，我国可以借鉴日本关于发展循环经济的优越制度，明确政府、企业以及个人三者在循环经济建设中的权利义务关系，职责明确、职权清晰，确保循环经济的发展有法可依、有章可循。

　　日本采用多元化的立法模式，从基本法、综合法和专项法三个层面构建模式健全、内容完善的循环经济法律规范体系，将循环经济的发展纳入法律规范的调整范围，此种做法值得借鉴。从整个循环经济的立法进程来看，我国尚处于起步阶段，2002年出台了《清洁生产促进法》，但仅限于生产领域的企业层面。于2008年颁布的《循环经济促进法》，将发展循环经济的基本理念以法律条文的形式确定下来，成为我国发展循环经济的基础性制度，为其他法律规范的颁布提供纲领性指导。为进一步将法律规范加以细化，使之更具有操作性，充分发挥发展循环经济法律制度的优越性，商务部和国务院先后颁布了《再生资源回收利用管理办法》和《废弃电器电子产品回收处理管理条例》。但从实践中来看，有关循环经济立法体系的构建仍然任重而道远。日本的立法实践启示我们，要想将循环经济的理念和措施落到实处，仍然需要许多更有针对性和操作性的单行法律法规的出台，增强法律的可操作性，具体设定目标任务和进度要求，进一步明确政府、企业和个人的权利义务等。通过构建完备的法律体系和健全完善的法律规范，将发展循环经济纳入法律调整范围，依法有序、稳定开展，进而促进机制活、产业优、百姓富、生态美的新型工业化道路得以建成。

3. 建立技术支撑体系

科学技术在推进循环经济和循环型社会的构建中起到重要作用。日本的生态文化建设经验充分表明，发展循环经济需要以先进的技术作为支撑，以此来促成环境保护和资源节约目标的实现。日本的循环经济技术包括资源开发、清洁生产技术、废弃物利用技术、污染治理技术等涵盖从前端到终端循环的整个闭环。从总体上来看，我国循环经济技术的研究和应用与发达国家相比存在明显差距，虽然近年来取得了一些领域的突破，但由于缺乏支撑循环经济发展的核心技术，仍然受制于人或者举步缓慢。特别是中小企业由于研发能力和财力不足，循环技术迭代严重落后。当前需进一步建立技术支撑体系，尤其是建立循环经济的技术开发和技术咨询体系。这一方面需要政府在关系循环经济发展的关键技术上加大资金投放力度，重点开发资源节约和替代技术、能量梯级利用技术、"零排放技术"等。另一方面要建立完善的技术服务和技术共享体系，畅通技术咨询、技术推广、技术培训等渠道，进一步扩大循环经济技术的使用范围；发挥多种社会主体对于技术使用和推广的积极作用，如引导媒体及时向社会发布关于使用循环经济技术的优惠政策、最新产品以及技术维护与更新等方面的信息；鼓励企业对先进技术推广使用；要充分发挥行业协会的作用；同时进一步加强同掌握核心循环经济技术国家的交流与合作，如借鉴日本推行循环经济的成功经验，引进关键技术和装备。

技术创新与制度创新相辅相成，共同作用于循环经济。先进的技术为循环经济的发展提供行之有效的物质基础和技术支持，完善的制度为技术的推行提供保障。没有制度保障的技术是不能长久的，没有良好的制度设计，再先进的技术也只能束之高阁，因此，在我国发展循环经济时，不仅要重视建立技术支撑体系，也要协调好技术和制度的关系。发展循环经济的过程中，通过健全相应制度，充分发挥对循环经济的推动作用，此外，应加强对循环经济技术的研发力度，促进循环经济技术的开发和创新。

4. 发展静脉产业

日本的循环经济得益于静脉产业的发展。而我国在这方面严重落后，尤其是全社会还没有形成规范的循环利用和分类回收体系。我们需要将静脉产业的发展提上重大议事日程，首先，要搭建静脉产业的制度框架。从法律上明确规定废弃物排放者、收集者和处理者的责任和义务。其次，要加强过程管理。完善垃圾分类回收制度，对废弃物运输组织、运输终端进行严格管理，确保前端和过程的安全性。最后，加强实证研究。选取技术条件成熟、经济基础较好的地区以某类特定废物为主的再生产业园进行试点，通过试点—推广的模式针对特定类型废物进行循环利用技术的实证研究。

参考文献

[1] A. 杜宁:《多少算够——消费社会与地球的未来》,毕聿等译,吉林人民出版社 1997 年版。

[2] 阿格尔:《西方马克思主义概论》,中国人民大学出版社 1991 年版。

[3] 安体富、龚辉文:《可持续发展与环境税收政策》,《涉外税务》2003 年第 4 期。

[4] 奥·佩切伊:《世界的未来——关于未来问题一百页,罗马俱乐部主席的见解》,王肖萍译,中国对外翻译出版公司 1985 年版。

[5] 巴巴拉·沃特:《只有一个地球》,徐波等译,吉林人民出版社 1997 年版。

[6] 保罗·艾里奇、安妮·艾里奇:《人口爆炸》,张建中等译,新华出版社 2000 年版。

[7] 贝塔朗菲:《一般系统论:基础、发展和应用》,林康义、魏宏森译,清华大学出版社 1987 年版。

[8] 布赖恩·巴克斯特、曾建平:《生态主义导论》,重庆出版社 2007 年版。

[9] 蔡登谷:《森林文化与生态文明》,中国林业出版社 2011 年版。

[10] 常杰、葛滢:《生态文明中的生态原理》,浙江大学出版社 2017 年版。

[11] 陈墀成:《全球生态环境问题的哲学反思》,中华书局 2005 年版。

[12] 陈慈阳:《环境法总论》,中国政法大学出版社 2003 年版。

[13] 陈加元:《迈向生态文明》,浙江人民出版社 2013 年版。

[14] 陈家刚:《生态文明与协商民主》,《当代世界与社会主义》2006 年第 2 期。

［15］陈润羊、张贡生：《清洁生产与循环经济》，山西经济出版社 2014 年版。

［16］陈学明：《生态文明论》，重庆出版社 2008 年版。

［17］陈雪梅：《生态伦理学的生态道德教育支撑》，《求索》2009 年第 9 期。

［18］陈勇：《上书发改委：怒江水电开发"复活"潜流》，《经济观察报》2010 年 4 月 10 日。

［19］成金华等：《我国工业化与生态文明建设研究》，人民出版社 2017 年版。

［20］程虹：《寻归荒野》，三联书店 2001 年版。

［21］崔令之：《环保法基本原则之公众参与原则》，《湖南科技大学学报》2004 年第 7 期。

［22］丹尼尔·A. 科尔曼：《生态政治：建设一个绿色社会》，上海译文出版社 2002 年版。

［23］丹尼斯·米都斯：《增长的极限》，李宝恒译，吉林人民出版社 1997 年版。

［24］丁开杰、刘英、王勇兵：《生态文明建设：伦理、经济与治理》，《马克思主义与现实》2006 年第 4 期。

［25］范溢娉：《生态文明启示录》，中国环境出版社 2016 年版。

［26］方时姣：《生态文明创新经济》，中国环境出版社 2015 年版。

［27］冯照祥：《生态伦理调整的仍然是社会成员之间的社会关系——兼评西方生态伦理观》，《道德与文明》1998 年第 5 期。

［28］冯之浚：《循环经济导论》，人民出版社 2003 年版。

［29］甘新：《生态文明与美丽城乡》，商务印书馆 2014 年版。

［30］高翔：《生态文明与美丽中国》，中国社会科学出版社 2014 年版。

［31］高小平：《落实科学发展观，加强生态行政管理》，《中国行政管理》2004 年第 5 期。

［32］龚洁：《德国 90 联盟/绿党创建初探》，《德国研究》2006 年第 1 期。

［33］郭学军、张红海：《论马克思恩格斯的生态理论与当代生态文明建

设》,《马克思主义与现实》2009 年第 1 期。

[34] 郭永园:《协同发展视域下的中国生态文明建设研究》,中国社会科学出版社 2016 年版。

[35] 汉斯·萨克塞:《生态哲学》,文韬等译,东方出版社 1991 年版。

[36] 郝清杰:《中国特色社会主义生态文明建设研究》,中国人民大学出版社 2016 年版。

[37] 何林:《广西生态文明建设的理论与实践研究》,中国社会科学出版社 2017 年版。

[38] 何一峰、陈秀萍:《论生态文明建设——以澳大利亚为例》,《浙江学刊》2005 年第 5 期。

[39] 贺刚、张志祥:《论和谐林业与生态文明建设》,《现代农业科技》2009 年第 1 期。

[40] 赫尔曼·E. 戴利、肯尼迪·N. 汤森:《珍惜地球》,马杰等译,商务印书馆 2001 年版。

[41] 洪大用、马国栋:《生态现代化与文明转型》,中国人民大学出版社 2014 年版。

[42] 胡正源:《生态文明与生态产业发展》,中国农业科学技术出版社 2008 年版。

[43] 环境保护部环境与经济政策研究中心:《生态文明建设制度概论》,中国环境出版社 2016 年版。

[44] 郇庆治:《西方生态社会主义研究述评》,《马克思主义与现实》2005 年第 4 期。

[45] 黄宏:《马克思恩格斯的自然生态观与构建社会主义和谐社会》,《马克思主义与现实》2007 年第 3 期。

[46] 姬振海主编:《生态文明论》,人民出版社 2007 年版。

[47] 季杰:《德国推动环保事业发展的重要举措》,《国外经济管理》2001 年第 8 期。

[48] 贾治邦:《论生态文明》(第二版),中国林业出版社 2015 年版。

[49] 江泽慧:《生态文明时代的主流文化》,人民出版社 2012 年版。

［50］蒋高明：《怒江水电开发还得权衡利弊》，《新京报》2008年3月2日。

［51］焦必方、盛晓慧：《依法行政的日本式循环型社会及启示》，《世界经济情况》2005年第12期。

［52］解保军：《马克思科学技术观的生态维度》，《马克思主义与现实》2007年第2期。

［53］解振华、冯之浚：《生态文明与生态自觉》，浙江教育出版社2013年版。

［54］金瑞林：《环境与资源保护法学》，北京大学出版社2004年版。

［55］金纬亘：《当代西方生态社会主义探要》，《云南行政学院学报》2006年第1期。

［56］靳利华：《生态文明视域下制度路径研究》，社会科学文献出版社2014年版。

［57］克里斯托弗·卢茨：《西方环境运动：地方、国家和全球向度》，徐凯译，山东大学出版社2005年版。

［58］拉波波特：《一般系统论——基本概念和应用》，钱兆华译，福建人民出版社1993年版。

［59］莱易斯：《自然的控制》，岳长龄等译，重庆出版社1993年版。

［60］李冬：《日本的环境立国战略及其启示》，《现代日本经济》2008年第2期。

［61］李刚：《生态政治学：历史、范式与学科定位》，《马克思主义与现实》2005年第2期。

［62］李红梅：《中国特色社会主义生态文明建设理论与实践研究》，人民出版社2017年版。

［63］李宏伟：《当代中国生态文明建设战略研究》，中共中央党校出版社2013年版。

［64］李良美：《生态文明的科学内涵及其理论意义》，《生态环境与保护》2005年第6期。

［65］李欣广：《生态文明观与马克思主义经济理论创新》，中国环境出版

社 2011 年版。

［66］李亚：《论经济发展中政府的生态责任》，《中国林业》2005 年第
11 期。

［67］李玉新：《农村生态文明建设与乡村旅游发展的协同研究》，中国旅
游出版社 2016 年版。

［68］利奥塔：《非人——时间漫谈》，罗国祥译，商务印书馆 2000 年版。

［69］连玉明：《中国生态文明发展报告》，当代中国出版社 2014 年版。

［70］廖才茂：《论生态文明的基本特征》，《当代财经》2004 年第 9 期。

［71］廖福霖：《生态文明建设理论与实践》，中国林业出版社 2001 年版。

［72］《列宁选集》（第 3 卷），人民出版社 1965 年版。

［73］刘爱军：《生态文明研究》，山东人民出版社 2011 年版。

［74］刘本炬：《论实践生态主义》，中国社会科学出版社 2007 年版。

［75］刘金龙等：《从生态建设走向生态文明：人文社会视角》，中国社会
科学出版社 2015 年版。

［76］刘仁胜：《德国生态治理及其对中国的启示》，《红旗文稿》2008 年
第 20 期。

［77］刘仁胜：《生态马克思主义概论》，中央编译出版社 2007 年版。

［78］刘希刚、徐民华：《马克思主义生态文明思想及其历史发展研究》，
人民出版社 2017 年版。

［79］刘湘容：《生态文明论》，湖南教育出版社 1999 年版。

［80］刘宗超：《生态文明与可持续发展走向》，中国科学技术出版社 1997
年版。

［81］卢风：《从现代文明到生态文明》，中央编译出版社 2012 年版。

［82］卢风：《非物质经济、文化与生态文明》，中国社会科学出版社 2016
年版。

［83］马克思：《1844 年经济学哲学手稿》，人民出版社 1985 年版。

［84］《马克思恩格斯全集》（第 23 卷），人民出版社 1972 年版。

［85］《马克思恩格斯全集》（第 46 卷）（上），人民出版社 1979 年版。

［86］《马克思恩格斯选集》（第 1 卷），人民出版社 1972 年版。

［87］《马克思恩格斯选集》（第 3 卷），人民出版社 1972 年版。

［88］《马克思恩格斯选集》（第 4 卷），人民出版社 1972 年版。

［89］《马克思恩格斯选集》（第 5 卷），人民出版社 1972 年版。

［90］［美］汤姆·泰坦伯格：《环境与自然资源经济学》，经济科学出版社 2003 年版。

［91］孟利生：《对生态社会主义的几点评价》，《马克思主义与现实》1996 年第 11 期。

［92］欧尔·拉兹洛：《人类的内在尺度》，黄觉、闵家胤译，社会科学文献出版社 2004 年版。

［93］欧阳志远：《生态化——第三次产业的实质与方向》，中国人民大学出版社 1994 年版。

［94］P. 辛格：《动物解放》，祖述宪译，青岛出版社 2004 年版.

［95］钱易等：《生态文明建设和新型城镇化及绿色消费研究》，科学出版社 2011 年版。

［96］乔瑞金：《生态文明是可能的——"马克思主义与生态文明"国际学术会议综述》，《马克思主义与现实》2007 年第 6 期。

［97］曲格平：《我们需要一场变革》，吉林人民出版社 1997 年版。

［98］让·波德里亚：《消费社会》，刘成富、全志钢译，南京大学出版社 2001 年版。

［99］饶国宾、华启和：《解读"三个代表"重要思想的生态伦理特质》，《探索》2005 年第 1 期。

［100］任俊华：《"厚德载物"与生态伦理——〈周易〉古经的生态智慧观》，《孔子研究》2005 年第 4 期。

［101］萨缪尔·亚历山大：《艺术、价值与自然》，韩东辉、张振明译，华夏出版社 1999 年版。

［102］佘正荣：《生命共同体：生态伦理学的基础范畴》，《南京林业大学学报》（人文社会科学版）2006 年第 1 期。

［103］沈满洪、程华：《生态文明建设与区域经济协调发展战略研究》，科学出版社 2012 年版。

[104] 宋建国：《〈资本论〉社会和谐思想探析》，《经济问题》2005 年第 11 期。

[105] 宋锡辉、余明九：《思想政治教育视野中的生态文明观教育研究》，科学出版社 2018 年版。

[106] 宋周尧：《马克思恩格斯的生态文化思想及其现实价值社会主义研究》，《科学社会主义》2007 年第 2 期。

[107] ［苏］列·阿·列昂节夫：《恩格斯和马克思主义经济学说》，贵州人民出版社 1984 年版。

[108] 孙佑海：《循环经济立法问题研究》，《环境保护》2005 年第 1 期。

[109] 腾远主编：《中国可持续发展研究》（上卷），经济管理出版社 2001 年版。

[110] 托夫勒·阿尔温：《第三次浪潮》，朱志焱等译，三联书店 1983 年版。

[111] 托马斯·内格尔：《人的问题》，万以译，上海译文出版社 2000 年版。

[112] 万以诚、万研选编：《新文明的路标》，吉林人民出版社 2000 年版。

[113] 王宏康：《西方的深生态运动——生态危机的困惑和反思》，《自然辩证法通讯》2000 年第 2 期。

[114] 王鲁娜：《生态文明建设：国内实践与国际借鉴》，河北大学出版社 2016 年版。

[115] 王树义、黄莎：《中国传统生态伦理思想的现代价值》，《法学评论》2005 年第 5 期。

[116] 王伟中：《我国全面建立生态补偿机制的政策建议》，《理论视野》2008 年第 6 期。

[117] 王学俭、官长瑞：《生态文明与公民意识》，人民出版社 2011 年版。

[118] 王雨辰：《论西方生态学马克思主义对历史唯物主义生态维度的建构》，《马克思主义与现实》2008 年第 5 期。

[119] 王治和主编：《生态文明与马克思主义》，中央编译出版社 2008

年版。

[120] 魏全平、童适平：《日本的循环经济》，上海人民出版社 2006 年版。

[121] 温宪元、李莱德：《走向 21 世纪的生态文明》，中国社会科学出版社 2015 年版。

[122] 文正郑：《论人类社会三大文明——有关生态文明和制度文明的法哲学思考》，《现代法学》1999 年第 1 期。

[123] 吴大华等：《生态文明与开放式扶贫》，社会科学出版社 2016 年版。

[124] 向俊杰：《我国生态文明建设的协同治理理论研究》，中国社会科学出版社 2016 年版。

[125] 小约翰·柯布：《文明与生态文明》，《马克思主义与现实》2007 年第 6 期。

[126] 肖显静：《解决生态环境问题需要科学认识的革命性转向》，《中国科技论坛》2008 年第 2 期。

[127] 邢来顺：《生态主义与德国"绿色政治"》，《浙江学刊》2006 年第 1 期。

[128] 徐国祯：《中国传统文化中卓越的生态系统经营思想和实践》，《世界林业研究》2005 年 8 月 2 日。

[129] 徐民华：《马克思主义的生态学说与科学发展观》，《科学社会主义》2007 年第 6 期。

[130] 徐启刚、邹强：《论马克思和恩格斯的生态伦理思想》，《求索》2007 年第 3 期。

[131] 许崇正、杨鲜兰：《生态文明与人的发展》，中国财政经济出版社 2011 年版。

[132] 许恒、马晓媛：《社会主义生态文明的内涵层次及现实对策》，《社科纵横》2008 年第 10 期。

[133] 许进杰：《生态文明消费模式研究：基于资源性借给紧约束的视角》，吉林出版集团有限责任公司 2016 年版。

[134] 薛晓源、陈家刚：《从生态启蒙到生态治理——当代西方生态理论

对我们的启示》,《马克思主义与现实》2005 年第 4 期。

[135] 薛晓源、李惠斌:《生态文明研究前沿报告》,华东师范大学出版社 2007 年版。

[136] 严耕等:《中国省域生态文明建设评价报告》,社会科学文献出版社 2017 年版。

[137] 严耕、林震等:《生态文明理论构建与文化资源》,中央编译出版社 2009 年版。

[138] 严耕、杨志华:《生态文明的理论与系统构建》,中央编译出版社 2009 年版。

[139] 杨健燕:《论公民意识教育和生态文明建设》,《南京林业大学学报》2009 年第 4 期。

[140] 杨庆山、李静:《环保意识与消费者行为》,《天津理工学院学报》2000 年第 16 期。

[141] 杨书臣:《新世纪日本推进循环经济发展举措与前景展望》,《国外经济管理》2006 年第 1 期。

[142] 杨通进:《现代文明的生态转向》,重庆出版社 2007 年版。

[143] 尹成勇:《对我国发展循环经济的思考》,《生态经济》2004 年第 11 期。

[144]《影响和改变环保思想的著作》,《光明日报》2000 年 6 月 1 日第 5 版。

[145] 余谋昌、王耀先:《公共行政中的哲学与伦理》,中国人民大学出版社 2004 年版。

[146] 余正荣:《生态文化教养:创建生态文明所必需的国民素质》,《南京林业大学学报》2008 年第 9 期。

[147] 俞金香:《循环经济及其法律调整》,《甘肃社会科学》2003 年第 6 期。

[148] 约翰·巴里:《马克思主义与生态学:从政治经济学到政治生态学》,杨志华译,《马克思主义与现实》2009 年第 2 期。

[149] 曾文婷:《"生态学马克思主义"研究》,重庆出版社 2008 年版。

［150］张焕明：《环境伦理的主体向度阐释》，吉林人民出版社 2007 年版。

［151］张家荣、曾少军：《永续发展之路中国生态文明体制机制研究》，中国经济出版社 2017 年版。

［152］张康之：《公共行政中的哲学与伦理》，中国人民大学出版社 2004 年版。

［153］张妮妮：《运动和制度在建设生态文明中的作用：以德国为例》，《马克思主义与现实》2009 年第 2 期。

［154］赵成、于萍：《马克思主义与生态文明建设研究》，中国社会科学出版社 2016 年版。

［155］赵凌云等：《中国特色生态文明建设道路》，中国财政出版社 2014 年版。

［156］赵映诚：《生态经济价值下政府生态管制政策手段的创新与完善》，《宏观经济研究》2009 年第 9 期。

［157］中共中央文献研究室：《习近平关于社会主义生态文明建设论述摘编》，中央文献出版社 2017 年版。

［158］中国生态文明研究与促进会：《生态文明创新驱动》，中国环境出版社 2015 年版。

［159］中国生态文明研究与促进会：《生态文明美丽中国》，中国环境出版社 2014 年版。

［160］周珂、迟冠群：《我国循环经济立法必要性刍议》，《南阳师范学院学报》2005 年第 1 期。

［161］周绍朋、王健：《环境伦理学》，高等教育出版社 2004 年版。

［162］朱国芬、李俊奎：《生态德育：生态文明建设的价值支点》，《河南师范大学学报》2009 年第 5 期。

［163］庄世坚：《生态文明：迈向人与自然的和谐》，《马克思主义与现实》2007 年第 3 期。

［164］《自然辩证法》，人民出版社 1984 年版。

［165］佐藤孝弘：《日本循环型社会立法》，《北京市政法管理干部学院学

报》2002 年第 1 期。

[166] Gernot Strey. Umweltethik und Evolution, Göttingen: Vandenhoecku, Ruprecht, 1989.

[167] Halter Hans. Ökologische Theologie und Ethik, Graz: Styria, 1999.

[168] Klaus Steigleder. Grundlegung der Normativen Ethik, München: Verlag Karl Alber Freiburg, 1999.

[169] Willy Obrist. Die Natur — Quellevon Ethikund Sinn, Düsseldorf: Walter, 1999.

后 记

　　2015 年 6 月到 2016 年 7 月，我以高级访问学者的身份，成功申请到了福建省百千万人才工程的项目基金支持，来到了美丽如画的枫叶之国——加拿大。

　　从古典恬静的湖滨小镇到壮阔柔美的洛基山脉，再到加拿大的布鲁克大学，美国的哈佛大学、耶鲁大学和康州大学，伴随着澎湃的枫涛和妩媚的郁金香，我一路享受着湛蓝无边的天空、清澈明净的湖水、巍峨挺拔的雪山、透明温和的阳光，同时也拜会了许多来自加拿大和美国的专家学者，搜集到了大量的新鲜资料，并借此机会与他们讨论对中国环境问题的看法和趋势。我也以亲历者的身份，体验了国外城市与农村生态治理的实践及经验，以及这些绚烂画面背后的文化支撑。在交流的过程中，所有的海外学者都看到了近年来中国迸发式的发展展现的中国人民创造历史的非凡动力以及中国政府对生态问题的高度重视。但我们也深刻知道，在造就奇迹的过程中，对生态文化这一内在机理的探索和实践存在许多不足，需要付出更多的心血。

　　胡适先生说过：怕什么真理无穷，进一寸有一寸的欢喜。2006 年以来，我对生态文明的研究一直没有中断过。本书是国家社会科学规划课题"生态文化建设的社会机制研究"的最终成果。党的十九大报告提出要牢固树立社会主义生态观，推动形成人与自然和谐发展现代化建设新格局，为保护生态环境做出我们这代人的努力。我们由衷地希望，本书中理性思考的光芒能够成为当代中国生态文化建设道路上的一个火花，在我们的集体努力下，能够为建构有力诠释中国现象、有效指导中国生态文化建设的主流意识形态做出贡献。

　　本书是团队集体耕耘的产物。我作为课题负责人，负责团队的组织和协调、制定提纲以及全书大部分章节的写作和全书的统稿。第四章由刘宜君老师负责撰写，第六章由刘江翔老师负责撰写。除此之外，吴喜双、陈兆漫、苏礼和老师也对本书的修改做出了重大贡献。

首先感谢我的导师 Anthony Ward 博士，他是加拿大环境政策方面的学者。当我初入异国，还无法进行有效的专业沟通时，他不厌其烦地鼓励和安慰我，并在书稿的写作过程中提供了许多宝贵的资料和有益的指导。感谢热忱的 Ellie 女士，作为资深的教育专家，每周两个半天的庭院交流使我迅速适应了新环境，并深刻了解到环境政策对每个公民生活方式的影响。真诚感谢布鲁克大学孔子学院的小伙伴们，美丽聪慧的 Apple 姑娘、才华出众的刘敬老师以及善良温柔的秀凤老师，是你们的支持带给了我无穷的快乐。感谢同时期在布鲁克大学访学的周露阳博士和刘大为博士，与你们的思想碰撞，使我受益匪浅。感谢我的同学兼挚友朱明武先生，作为在美国的东道主，你的无私支持是我继续前行的动力。由衷感谢闽江学院法学院团队的伙伴们，尤其是张焕明教授、苏礼和博士，你们的大力支持使书稿能在最短时间内结合党的十九大精神，把握时代脉搏，实现文脉与国脉相连。感谢学界同人，是你们的研究成果，为我搭建了进一步登高远眺的学术阶梯。最后感谢国家哲学社会科学规划办公室、福建省哲学社会规划办公室、经济管理出版社、闽江学院对我的资助、支持和鼓励。

阮晓莺

2018 年 6 月 7 日